棕櫚油帝國

搾出權力，殖民與當代政經貿易角力，影響全球生態的關鍵原物料

Planet Palm

How Palm Oil Ended Up in Everything—and Endangered the World

喬瑟琳・祖克曼 Jocelyn C. Zuckerman 著

黃文鈴 譯

獻給守護森林的人

對被殖民的民族而言，最價值連城的，當屬這片大地，其意義非凡，也至關重要：這片土地必須能帶來麵包，自然也帶給人們尊嚴。

弗朗茲．法農——《大地上的受苦者》*

---

* Frantz Fanon, *The Wretched of the Earth* (1961;reprint, New York: Grove Press, 2004), 9.（中譯本《大地上的受苦者》，楊碧川譯，台北：心靈工坊，二〇〇九。）

目次

前言 油的危機

寇特・柯本（Kurt Cobain）在我的耳朵裡嘶叫著。我在賴比瑞亞東南方一處偏僻角落的泥土路上，越野車Land Cruiser哐啷哐啷顛簸前進著，從車窗望出去，舉目所見盡是一片焦灼橘紅[1]。僅僅幾週前，此處仍是蓊鬱的森林，迴盪著鳥兒啁啾與嘎嘎叫聲以及在矮樹叢裡動物抓撓的窸窣聲響。清澈的溪流流淌過岩石。在這個被解放的美國黑奴所建立的西非國家裡，此處居民世世代代都從森林裡採集藤來建造房屋與家具[2]。男人們傍晚帶著蜂蜜、螃蟹與旱獺歸來。女人們背著孩子，在他們小屋旁的空地，彎腰栽種山藥、瓜類與豆類。

這些舊畫面歷經歲月更迭，如今僅剩綿延不盡的塵土裡，間隔矗立的數千棵枯木。在清晨的霧中，這些樹木讓人想起在塵囂飛揚的戰場倒下的士兵。我們行駛數英里的路，沿途只見傷痕累累的土地與死去的植被，偶爾點綴著數台鮮黃色的CAT挖土機。我從未見過這般規模的破壞程度與致命的殺傷力。超脫樂團（Nirvana）〈強暴我〉（*Rape Me*）重擊的鼓聲與譏諷的吉他聲席捲而來，這首不斷在我耳邊迴響的歌，成了我這趟旅行的配樂。我目睹地愈多，內心的狂怒就愈響亮。

我從賴比瑞亞首都蒙羅維亞（Monrovia）一路開往錫諾縣（Sinoe），車上還有一位義大利攝影師與幾位當地學者。這趟目的是為了報導外地人掠奪土地或大規模收購土地的情形。二〇〇八年爆發金融與糧食危機後，投資銀行、退休基金、缺乏土地的國家與農業綜合企業，從擁有沃土、傳統土地權利容易被剝削的國家，像是衣索比亞與馬達加斯加等，攫取大片土地。這樣的現象引起全世界關注[3]。我選擇報導賴比瑞亞，部分是因為過去相當欽佩該國前總統瑟利夫（Ellen Johnson Sirleaf），也出於這個國家與美國的歷史淵源[4]。直到我往下追查才發現，掠奪土地的動機幾乎就是為了棕櫚油。即使我過去任職於《美食》（*Gourmet*）雜誌十二年，撰寫過數十篇關於環境與農業的文章，對於這個東西，我幾乎一無所知[5]。

賴比瑞亞像是給我一記當頭棒喝。當地所見的暴行從破壞國土延伸至賴比瑞亞人民的生計。在某個村莊裡，有一座新加坡公司經營的棕櫚特許園[6]，園裡零零落落蓋了幾間泥磚房與茅草屋，一名五十歲、擁有七名子女的父親說著這些外來者來到當地、並將自己住了一輩子的小鎮夷為平地。其他人則談論著這家公司如何毀了他們的莊稼與墓園，污染他們的溪流，將他們趕出家門。「我失去了很多東西」，一名五十三歲的婦女淚眼婆娑地告訴我。「我們不能種大蕉。我們不能種稻米。我們不能種甜椒。」將她種植的作物連根拔除、換種油棕的人們，只付給她幾百塊美金。「早就花完了」，她說。一位替當地人辯護的蒙羅維亞律師悲痛地表示，當地人失去了自我。「那個男人過去是受人尊敬的農夫，現在成了被奴役的勞工。」[7]

造成這些改變的罪魁禍首，在錫諾縣才動工十三個月。這家公司簽下一紙八十六萬五千英畝土地的租約，效期六十五年，得以延展三十三年[8]。換句話說，這不過只是剛開始而已。

我那篇文章最後沒有順著〈強暴我〉的事件作為開頭——可以想見這麼做的話，編輯們會大翻白眼——但這股作嘔的感覺從那趟旅程開始就揮之不去，直到文章見刊後仍久久不散。這整個經歷讓我覺得莫名地熟悉。雖然我可能對棕櫚油一無所知，但我知道住在赤道上偏僻的非洲村莊是怎麼一回事。我在二十多歲時，在肯亞西部的和平工作團（Peace Corps）當了兩年志工。在一所距離最近一名身著卡其色的旅客還有數百英里遠的偏遠據點，負責教高中生英文與數學[9]。那個叫做「布胡宜（Buhuyi）」的小村莊，沒有自來水，也沒有電，那時候也還沒有手機。我會跟公雞們一同甦醒，用當地爐火燒開一鍋水，簡單梳洗，早餐吃木瓜配奶茶，再跨上腳踏車沿著橘色的泥土路騎到學校。傍晚時，我會倚著燭光寫長信，或在蚊帳裡就著手電筒的光讀小說。儘管偶爾會覺得寂寞，那時還得了兩次瘧疾，但從許多層面來看，那二十七個月是我這一生最快樂的時光。我很愛雨水打在自家波浪狀鍍錫屋頂的聲音，跟被赤道陽光烤乾的泥土味。我很愛那些日子的慢步調，和當地人交談無需偽裝，沒有任何多餘的東西。

賴比瑞亞錫諾縣一處剛被開墾預備種植油棕的地

當然，那座村莊同樣深陷貧窮泥淖，因為缺乏機會，加上蝸牛般緩慢的改變步調，當地處處充滿挫折。（我會那麼愛這個地方，可能只是因為知道自己有離開的機票。）但布胡宜的居民以前擁有整齊的田地與關係緊密的家庭。他們有肥沃的土地、芒果與菠羅蜜樹，可能還有一頭牛或幾隻雞。空氣很清新，河水清澈。我們常常笑得開懷。在開頭那趟報導之旅後，我在半夜因為夢到所有布胡宜學生的農田都變成了油棕而驚醒。我的村莊看起來就像賴比瑞亞那處可怕的角落。

但不要誤解我的意思：我知道國際發展並非易事。我也曾躺在床上想著自己那篇賴比瑞亞的故事是否公平。那股發自內心的憤怒是否放錯了重點？那篇文章是不是典型空降記者（住在布魯克林還有健保跟健身房資格）鄉愿的看法？我在賴比瑞亞那片油棕種植區以外所看見的，很顯然不是迪士尼樂園。例如，我們從蒙羅維亞啟程的那條路，布滿溝渠、坑洞與意料外的湖泊，我們花了八個小時才前進了僅僅一百五十英里。錫諾縣雖然居民超過十萬人，卻有著被時間遺忘的氛圍[10]。「這就是『那座城市』嗎？」我們終於抵達該縣首府後，攝影師這樣評論。「這是座貧民窟。」

我抵達賴比瑞亞的當下，這個國家已經脫離了那場血腥內戰超過十年之久，從一九八九年到二〇〇三年，這場內戰奪去約二十五萬人的性命[11]。（伊波拉病毒疫情還要再過一年才會爆發，這場疫情差點害死一位當時同車的學者，但這是另一個故事了。[12]）即便如此，賴比瑞亞依然狀況很糟。瑟利夫在經濟方面做出的渺小貢獻，即是與看上當地自然資源（也就是土地掠奪的行為）的外地人，所簽署的特許權合約，除了農田之外，還包括豐富的木材與礦產。我很了解世界銀行相當看重想脫貧國家的農業成長[13]——所有受訪的棕櫚油從業人員都附和這一點。他們表示，賴比瑞亞雖然擁有肥沃的土地，國內卻亟需基礎建設與工作，這是他們需要面對的挑戰[14]。當然，成長過程裡不免會有些痛，但最後油棕園將成為這個國家的救贖。

但真的如他們所言嗎？這些種植園在其他地方也成了救贖嗎？而且棕櫚油**過去**究竟是什麼，怎麼可能突然之間這個世界這麼需要它？賴比瑞亞之旅結束後的幾個月內，我著迷似地想解開這些謎團。我發現賴比瑞亞地景大改造的情形，在東南亞早就開始了，而且這場農業革命的後果其實隨處可見。在這幾十年間，棕櫚油悄悄地潛入我們生活的每個面向，美國雜貨店裡約半數的產品都含有這種植物的某個部分[15]。（雖然此處所討論的商品是棕櫚油，但其來源植物——嚴格上來說不是一棵樹——稱為**油棕**。）單單棕櫚油就占了全球植物油總消費量的三分之一[16]。

當你一早醒來刷牙？牙膏裡含有棕櫚油。走進淋浴間？肥皂、洗髮精、潤髮乳含有棕櫚油。接著可能會使用的保濕乳霜、睫毛膏、唇膏亦然[17]。再來到廚房，奶精[18]、甜甜圈[19]、嬰兒配方奶粉[20]跟狗食[21]裡也有棕櫚油。你在孩子吃的吐司上，塗抹的Nutella巧克力醬也有這項成分[22]。（若你是在超市買的麵包，裡面可能也有。）午餐吃的脆薄餅跟冰淇淋，下午啃的士力架巧克力或Cheez-It起司餅乾也是如此。晚餐大致相同——包括現在躺在你盤子裡那片不論是牛、豬、羊或雞肉，牠們的飼料裡，也含有棕櫚油[23]。

如果美國人似乎過度食用這個東西，那國外的情形就更誇張了。印度目前全世界棕櫚油進口量排名第一，從一九九二年購買三萬公噸，到二〇一九年進口**九百二十萬**公噸[24]。中國的同期進口量從八十萬公噸，增加至六百四十萬公噸。而全世界棕櫚油的生產量在過去僅僅十五年間，成長超過一倍[25]；油棕園面積如今多達十萬零四千平方英里[26]——比整個紐西蘭還大[27]。當棕櫚油的生產者用光了印尼與馬來西亞的土地（這兩國所供應的棕櫚油占全球約百分之八十五）[28]，便將觸角伸至巴布亞紐幾內亞、菲律賓與索羅門群島[29]，甚至遠至拉丁美洲與非洲[30]。去年全球棕櫚油消費量幾近七千兩百萬公噸——地球上平均每人約用去二十磅[31]。

「您完全沉浸在其中」，這是美國棕欖公司（Palmolive）推銷自家以棕櫚油為主要成分的洗碗精台詞[32]。這項一九九六年首度亮相的宣傳活動，背後主導的廣告商當時還不曉得美甲師梅德（Madge）所言，有一天真的會成真：往後的五十年間，美國進口的棕櫚油從兩萬九千公噸，增加至逾一百五十萬公噸[33]。單單過去十五年內，其進口量飆漲百分之兩百六十三，一部分是因為食品藥物管理局（FDA）禁用反式脂肪[34]。棕櫚油在室溫下呈現半固體的特性，成了取代部分氫化油的理想替代品，以前製造商會以部分氫化油增加曲奇餅乾與蘇打餅乾等的口感、並用來延長保存期限。棕櫚油除了廣泛用於加工食品、化妝品、個人護理用品，也用於各種工業材料，且愈來愈常用作生質燃料[35]。

這個過去美國人幾乎前所未聞——更不用說見過——的作物，如何全面滲入我們的生活？是什麼原因讓這項物質突然間成為全球工業不可或缺的一部分？我在賴比瑞亞遇到的那些受到壓迫的村民、憤怒的勞工們，反映了全球油棕園的心聲，還是我剛好碰上一群特別倒霉的人？這場前所未見的農業榮景，對環境可能造成的長期後果為何？這些新的卡路里會對我們的身體造成什麼影響？消費者真的需要這項產品，還是情況恰好相反？

為了找出前述這些問題的答案，我展開一場長達數年的調查，橫跨了四大洲，時間軸則回溯逾兩世紀[36]。我發現，這株不起眼的植物對於我們所知的世界有著極大的影響力，從推進奈及利亞殖民化與第二次工業革命，到徹底改變東南亞國家與其他地區。就像鹽、棉花與糖重塑了我們的經濟與地貌[37]，也讓地理政治與我們的健康考量重新洗牌，棕櫚油也是如此——而且直至今日仍持續進行。研究這種植物長達數十年的旅程，就像在上不同科目的碩士課程，從殖民主義、商品拜物教（commodity fetishism），到全球化、現代食物系統的工業化（我也學了很多關於化妝的知識。）如今，棕櫚油在《刺胳針》（*The Lancet*）所稱的「全球併發性流行病」占了重要地位：這種病結合了二十一世紀肥胖、營養不良與氣候變遷的危機[38]。

但我講太快了。要好好講這個故事，我們得從頭開始。奇怪的是，故事的起源帶我們又回到了賴比瑞亞，或是它的鄰近地區。油棕，學名是*Elaeis guineensis*，原產於西非與中非，沿著非洲大陸西海岸，從幾內亞到剛果民主共和國茂盛生長，往東一路綿延覆蓋了剛果的中部地區。油棕是多年生植物，大片窄長的葉子往下垂墜，外型像是我們熟悉的椰子[39]。但不像椰子將果實藏在濃蔭樹冠下，你會發現油棕尖尖刺刺的棕色果串上，結滿了亮橘色如李子大小的果實，格雷安·葛林（Graham Greene）在一九六〇年出版的小說《廢人》（*A Burnt-Out Case*）裡形容油棕果實，「它們就像乾枯的頭顱，是野蠻大屠殺後的產物，」小說內容部分場景正好是剛果的油棕園[40]。

根據考古發現指出，埃及人早在公元前三千年便開始交易棕櫚油[41]；公元前五世紀，希臘歷史學家希羅多德（Herodotus）表示，木乃伊的製作過程裡可能加入了棕櫚酒[42]。當西非與中非的人為了農耕而開墾土地時，會留下一些油棕樹，因其用途多元，能用於烹飪、製酒、建造房

約一九〇九年的西非，正收割油棕

子，以及作為藥材等而備受重視。當農家收成一次或兩次後，會讓這些土地休耕，土地與森林因而得以再生，油棕會繼續生長，成為次生林的一部分[43]。人類與動物散落的果實會繁殖出更多的油棕樹，進而擴大該物種的分布範圍。正因如此，該地區的油棕林被稱為是「次自生的」（sub-spontaneous）[44]。

這種植物發亮的果實其實生產出兩種油——一種來自橘紅色的果肉，另一種來自中央的果核——兩種皆用途廣泛。（為了簡單起見，先前的段落我只使用「棕櫚油」一詞；從這裡開始，我將區別出棕櫚油與棕櫚仁油。）油棕在三歲左右開始結實，經濟壽命約二十五年[45]，產量異常地高，每英畝的油產量比大豆或油菜籽高出許多[46]。未經精煉的棕櫚油是維他命A與E的極佳來源[47]。

在賴比瑞亞部分地區——如同在喀麥隆、奈及利亞以及橫跨油棕帶的地區——取得這種未精煉棕櫚油的方式，與幾個世紀前的手續幾近一致[48]。一開始由一名男子（這個部分如今同樣由一名男子進行）負責攀爬其中一棵瘦長的樹幹，一直爬到頂端的成熟果實。他會將一條當地藤蔓製成的吊索，一段纏繞在他身上，另一段套在樹上，再向後傾斜，雙腳踩在樹幹上，像是有點搖晃的方式往上爬。若從高度九十公尺[49]的樹上跌落，很可能會出人命。再來他會用一把砍樹用的大砍刀，砍向看中的果實，直到果實整束掉到地上。（當地人知道要保持距離，因為飛過來的五十磅油棕果串可能會讓人受重傷。）直至此時，女性才出場，她們將一串串果束放在一張墊子底下「滲汁」，幫助果實鬆離尖刺的部分，再放進金屬桶裡煮沸軟化，以減緩產生游離脂肪酸的速度，這種物質會導致臭酸腐敗[50]。然後將蒸煮過的果實倒入一個大桶，靠著人力用力踩踏榨出油來，這是世界上一種古老的製酒技術，或者藉著人力、獸力、或機器碾磨這些果實。取出果核後（稍後會被碾碎以取出裡面的果仁），得到的深黃色糊狀物會被放到裝滿水的槽中，除去浮在表面的油。再次用火蒸煮後，將油倒入籃子或任何過篩的工具，以去除任何殘留的纖維，最後留下磚色的成品[51]。

搭船到非洲海岸的歐洲人會在下錨的港口碰到當地人兜售這種自產的油以及果仁[52]。「這種棕櫚油在當地用途廣泛……」，一名叫做約翰・巴伯特（John Barbot）的法國商人於一七三二年如此寫道，「除了用於調味魚、肉等食材，也用於油燈，照明他們的夜晚，也是一種治療風濕痛、四肢受到風寒或類似疾病的上等藥膏。」他補充，「尤其尚未開封時，這種油沒有讓人討厭的汁液。」[53]（非裔美籍飲食歷史學家潔西卡・哈瑞絲（Jessica Harris）指出，由樹液製作出的棕櫚酒，在放置數天後，有著調酒「鄉村騾子（country mule）」的勁道，是西非版的私釀威士忌。）[54]

奈及利亞小說家齊努亞・阿契貝（Chinua Achebe）於一九五八年出版的小說《分崩離析》（*Things Fall Apart*）寫道「格言即是與棕櫚油一同吃下的字」，這是這本書裡多次提及這種植物與其多種衍生物的其中一例[55]。（一位年長的村民曾經建議，「那些被善靈敲開自身棕櫚仁的人，不該忘記人得謙虛。」[56]）到了一八九〇年代，也就是阿契貝小說的時空背景，非洲大陸西海岸的棕櫚油國際貿易正蓬勃發展[57]。貿易中心位於尼日河河口，也就是今日奈及利亞南部，這條河以「油河」著稱——不尋常地預示了一世紀後尼日河三角洲將成為另一種油動盪不斷的交易據點[58]。歐洲人最初採買這些油用於油燈，但後來這兩種油被作為肥皂、蠟燭原料，以及那個時代閃亮嶄新的機器所需的潤滑油[59]。馬口鐵製造商逐漸以棕櫚油取代原本鍍錫所用的動物性油脂[60]。製成的罐頭最後用來保存歐洲人的食物，棕櫚仁則帶給他們飼養的乳牛營養[61]，十九世紀末，棕櫚仁油被用於塗抹在吐司上的人造奶油中。但正如阿契貝小說裡明白指出，長期蘊藏豐沛棕櫚油資源的地區雖因這些貿易而崛起，卻深受其害[62]。一八七〇年，撒哈拉沙漠以南百分之八十的非洲地區仍由原住民酋長與國王統治，但到了一九一〇年，一切都變了，這個地區被瓜分成外來白種人所監管的殖民地、保護國與領土[63]。

本書的第一部追溯了這段紛擾的歷史，透過少數幾位，嗯，典型帝國人物的視角來講述棕櫚油早期的故事。其中一位是出身莊園、行事風格特立獨行的喬治．戈第（George Goldie），最終因替英國皇室保住了奈及利亞殖民地而獲得獎賞。威廉．利華（William Lever）是一個古怪店主的兒子，他後來創立了之後成為跨國集團聯合利華（Unilever）的公司。並追隨比利時國王利奧波德二世（Leopold II）的腳步於比屬剛果建立了油棕種植園，襲用了許多這名國王惡名昭彰的殺人手段[64]。

我們也跟著載著奴隸的船隻橫越大西洋，駛往葡萄牙人在巴西建立的糖與菸草種植園。航行的路途中，俘虜們被餵食棕櫚油，而棕櫚仁最終踏上了新大陸的土地，也因此在非洲這種次自生樹林相當普遍[65]。逃跑與獲釋的奴隸沿著海岸邊的樹林建立了聚落，延續其非洲祖先的飲食與宗教傳統，作為一種反抗的形式，以及保存自身認同的作法。如今，**dendê***不只出現在巴西當地的傳統菜餚，在宗教儀式與藝術層面皆占有重要地位[66]。

最後，我們邁向另一個方向，前往馬來亞與荷屬東印度群島，在那裡與幾位「有文化修養的」英國人、法國人、比利時人與丹麥人相遇，他們在熱情澎湃的年輕時期出航，在異國東方尋求冒險與財富。像亨利．佛康涅（Henri Fauconnier）、阿德里恩．哈雷特（Adrien Hallet）、阿格．威斯騰侯茲（Aage Westenholz）這些先驅所留下的——實際上是許多家公司——在現今的棕櫚油產業仍舉足輕重[67]。

至於小說家葛林提及的那些大屠殺：很遺憾地，你將會在本書第一部不時讀到這些事件貫穿其中，如同不斷發生的血腥抗爭所揭示的，棕櫚油產業沒有別的，就是粗暴殘酷。

*【譯注】油棕果實的葡萄牙文，泛指棕櫚油。

賴比瑞亞現今的手工製油者

《倖存者，如我們》（*We, the Survivors*）的作者歐大旭（Tash Aw）解釋，「在種植園做工的印度人，為政府從英國人手上接收的大企業工作。新的老闆，規矩照舊。時光荏苒但勞工的生活從未改善。他們的工資低廉、住宿條件很糟、沒有學校，得終日與有毒化學物質為伍，夜晚除了喝害他們又瞎又瘋的自製三蒸酒之外，沒有任何娛樂。」[68]

《棕櫚星球》的第二部，我從殖民時期繼續向前，盡力將敘事交棒給那些隱形的勞工與村民手上，他們來自歐大旭在書裡描繪的故鄉馬來西亞。首先，我們將目光聚焦在這個產業對於原住民部落、小農與蘇門答臘北部原生動物的影響，後者與歐大旭書中那群愚昧的種植園勞工所在，只隔一道馬六甲海峽。如同多數油棕開發地——非洲油棕在赤道以北和以南十度繁衍生息[69]，這個地帶與地球的熱帶雨林相互重疊——蘇門答臘是生物多樣性熱點地區。此處是各種珍奇鳥禽、蘇門答臘象、犀牛與老虎的故鄉。一位說話輕聲細語的當地人帶我進入熱帶雨林，我們勇敢面對蚊子與水蛭，體驗曾被這些雄偉生物們統治的世界，一位盜獵極瀕危盔犀鳥的男人，向我們炫耀他的槍和專業的仿鳥鳴聲。我們還遇到一位多話的英國靈長類動物專家，侃侃而談拯救世上僅存的蘇門答臘猩猩所面臨的挑戰。

我坐在宏都拉斯西北邊一間小小的水泥屋裡，對面坐著一位三十四歲的年輕人，他的右臂從手肘以下全被截肢，全身布滿燒傷與植皮痕跡。這名名叫瓦特・巴內加斯（Walter Banegas）的男子，在為亞拉馬集團（Grupo Jaremar）採收油棕果實時，手上的鋁製收割桿不小心斜觸到電線。（在工業化種植園的工人不再需要攀爬樹木。）亞拉馬集團種植油棕的土地過去由美國聯合水果公司（United Fruit Company）（而後易名為金吉達〔Chiquita〕），原本香蕉共和國工資低廉、缺乏健保、普遍不穩定感的特徵，如今在中美洲油棕業繼續上演。離開宏都拉斯後，我仔細斟酌了整個棕櫚油經濟的勞動狀況，從馬來西亞被沒收護照（人性尊嚴也遭剝奪）的偷渡移民工人，到印尼童工與橫跨三大洲遭受性虐待與暴露在危險化學物質中的婦女[70]。

「當地人用很多也賣很多棕櫚油，」一名在印度首都新德里的記者告訴我，「但他們不談論這件事。[71]」本書的第七章，我前往世界上棕櫚油進口量第一的國家，調查這場棕櫚油革命對當地公共衛生產生哪些影響。過去二十年來，中收入國家的貿易自由化與經濟成長導致油的跨境交易流動激增，油炸零食與超級加工食品（ultra-processed foods）的生產量不斷增加。在較為貧窮的國家，人民肥胖、罹患糖尿病與心臟疾病的比率不斷飆升，兜售這些垃圾食物給他們的跨國公司則致力擴大產品市場。

二〇一五年，印尼油棕園火災所造成的長期霧霾，導致一萬人早逝[72]。（霧霾危機發生後幾週，政府官員要求疏散六個月以下的嬰兒。[73]）但這些大火對健康造成的長期影響無法統計。而火勢如此難撲滅，部分原因在於土壤裡的特殊成分。印尼擁有地球上最大的熱帶泥炭地[74]——即有機物經過數千年累積而成的土壤——當農夫與棕櫚油公司為了耕種將土地裡的水抽乾、焚地，會逸出大量二氧化碳，進入大氣層。雖然許多公司已經簽署了森林零砍伐（zero-deforestation）的同意書，並承諾保護環境，但我在蘇門答臘臥底調查時發現，當地在泥炭地與保護區裡非法種植油棕，並定期將棕櫚果實運送至碾磨廠，最後到達我們的廚房、浴室與燃料箱。這場災難很大部分可以歸咎於我們本身：在二〇〇〇年代中期歐美國家所實施的能源政策未能預料到對地球另一端可能產生毀滅性的連鎖反應[75]。

二〇一八年底，當英國一家連鎖超市宣布為了保護熱帶雨林，自家品牌產品將不再使用棕櫚油，馬來西亞境內價值一百六十億美元的棕櫚油產業透過社群媒體對該公司總裁進行人身攻擊[76]。數個月後，當歐盟出於類似原因，宣布將逐步停止於生質燃料中使用棕櫚油[77]，印尼則威脅要退出《巴黎氣候協定》。本書最後一部分將探討棕櫚油產業耍脾氣的惡劣行徑，並追溯這個產值高達六百五十億美元的產業[78]，背後運作的政治力量與不法所得——從監獄牢房裡發出的許可與躲在離岸空殼公司背後的負責人，到過世多年的村民簽字放棄自身權益，老人家被甜言蜜語的政府行政部門矇騙。二〇一九年，世界衛生組織比較了棕櫚油與菸酒產業所使用的遊說策略，他們要玩起髒來還真是一把罩。這些把戲不僅限於美國境外。近來發現一項指控抨擊棕櫚業的人都是「新殖民主義分子」的活動，雖然發起地點在馬來西亞，但其實背後是一家總部在華盛頓特區（獲得高報酬）的遊說公司，該公司過去的客戶包括共和黨多數機構，埃克森美孚（Exxon）與前緬甸軍政府[79]。

在這個地球上，敢公開反對棕櫚業的人，不論是勞工、小農、環保人士或調查記者，都常遭受暴力攻擊。寫書期間，我收到了來自獅子山、宏都拉斯、喀麥隆、瓜地馬拉、剛果、秘魯、哥倫比亞、巴布亞紐幾內亞、印尼與馬來西亞的電子郵件與WhatsApp訊息，其中涵蓋各種抗議、罷工、監禁與謀殺的最新情況，通通都與棕櫚油有關。「有非常多的人正置身危險之中，」雨林聯盟（Rainforest Alliance）主席奈傑．西哲（Nigel Sizer）在他位於曼哈頓的辦公室告訴我。「投資在種植園的大把金錢。加工過程所需的基礎建設。你擋了他們的路，就會落得你能想得到最殘酷的下場。」[80]

我想，這驗證了人類的聰明才智，我們設法將一顆小小的果實變出無數種變化，好滿足我們無止盡的慾望。但回顧棕櫚油過去與現在的故事，我覺得我們必須得考量這一切要付出的代價。數百位國際專家於二〇一九年發表一份研究發現，如今全球的生物多樣性正以人類史上前所未見的速度，逐漸減少，有一百萬種物種瀕臨絕種，除非這個世界做出改變，否則許多生物在數十年間也將面臨相同命運[81]。熱帶雨林雖然僅覆蓋地球表面不到百分之十的面積，卻有助於這個世界逾半數的生物多樣性[82]。數月前，大火再度席捲整個印尼，產生有毒的霾害，將蘇門答臘的天空染成一種非現實世界的紅。（「這是地球，」一名嚇壞了的當地人在推特寫道，「不是火星。」）等到大火終於熄滅，約兩千五百平方英里的雨林已被燒毀，排放到大氣的碳足以與加拿大的年排放量媲美[83]。

確立前進的方向並不容易。歐大旭在《倖存者，如我們》書裡一度描寫某個繁忙的馬來西亞港口近來陷入困境：「你只看到公車跟市場，店主清掃門外的人行道，人們坐著吃路邊攤——但你會錯過那股焦慮感，當地人知道整個城鎮都仰賴著遙遠國家的交易，貨物被我們永遠都不會認識的人們買賣……歐洲人想拯救這顆該死的地球，所以禁止在食物裡使用棕櫚油；一個月之內，整座港口就垮了。[84]」

但我們一定得拯救地球。如果放任造成地球頹敗的主要因素之一恣意發展，最後遠超過所能負擔的限度，我們就連一丁點挽救地球的機會也沒有了。寫完這本書時，我一直在回想最初那趟賴比瑞亞報導之旅，我很肯定自己的憤怒並未搞錯方向。我愈是了解棕櫚油，就愈肯定這個物質應會影響到我們每一個人。因為當我從剛果首都金夏沙的辦公園區冒險去到瓜地馬拉河鎮，從德里街市到婆羅洲熱帶雨林，在不見盡頭的泥土路上顛簸，招各種看來不太可靠的Uber計程車，由強大的fixer*將我的採訪問題翻譯成印尼語、西班牙語、剛果語、葡萄牙語、賴比瑞亞克里奧爾語（Liberian Kreyol）、印度的印地語，我一再被這個產業非常、非常巨大的影響力所震撼——不僅因為它已存在幾百年之久，每天影響數百萬人的生活，也因為我們共同的未來會變得如何，有極大的程度取決於這項產業。

* 【譯注】：協助記者完成採訪的當地嚮導，包辦翻譯、交通、聯繫等大小事。

第一部

帝國的油膏

第一章　戈第來了

者老們請示了他們的神諭，神諭指示，一位陌生的外來男子將瓦解他們的氏族，並展開大規模的破壞。

——齊努亞・阿契貝《分崩離析》[1]

在我腦海裡，喬治・達許伍・陶布曼・戈第（George Dashwood Taubman Goldie）收到消息的那一刻，正在豪斯曼大道的露天咖啡座啜飲著一杯艾碧斯，當時是一八七〇年九月十九日傍晚，普魯士士兵已經包圍了法國首都。距離這名二十四歲的高瘦男子說服他的家庭女教師一起私奔到巴黎，也不過才幾週，現在卻遇到這種事？他尚未意識到自己選的時機點有多糟。[2]

事實上，雖然戈第出身於貴族家庭，但泰半人生都活得一踏糊塗。戈第的父親是前任英國國王愛德華一世（Edward I）的後代，戈第從小備受溺愛，在英國曼島（Isle of Man）一處能眺望海景的石造豪宅裡長大，後來進入英國陸軍軍官學院受訓，但只在皇家工兵部隊撐了兩年。[3]他後來跟朋友說，「我就像一座裝了火藥的軍火庫，」更透露自己在期末考時「爛醉如泥」，最後還通過了考試[4]。

戈第意外繼承一筆家族遺產後，和一名年輕的阿拉伯女子在埃及蘇丹（Egyptian Sudan）閒晃遊盪了三年。最後他離開了「真主的花園（Garden of Allah）」，回到英國過著「遊手好閒、放蕩不羈」的生活。原本和那名叫做瑪蒂達．凱瑟琳．埃麗葉特（Mathilda Catherine Elliot）的年輕女教師在巴黎的冒險，應當是個全新的開始。[5]但這對剛陷入愛情的戀人卻在接下來的四個月藏身保命，像這座城市的其他人一樣，在這場歷史聞名的圍城裡，靠著像狗肉、老鼠肉這樣的食物維生[6]。一八七一年二月，他倆悄悄潛回英國，幾個月後便成婚了。當大哥約翰（John）在一八七五年向他吐露自己買下岳父快要破產的貿易公司，將岳父保釋出來，戈第腦中蹦出一個想法，也許自己正是能拯救那個東西的人。他想的即是「荷蘭賈克公司」（Holland, Jacques & Company），這家公司自一八六九年以來，持續自西非海岸採購棕櫚油[7]。

當然，歐洲與西非之間的交易不是什麼新鮮事。早在十五世紀葡萄牙人的船隻就已經抵達如今是迦納的地方，和當地人以布料、鐵跟銅交易非洲大陸內部的黃金[8]。其他歐洲列強緊隨在後，十六世紀則開始了人口販運。到了一七九二年，每年約十萬名被鐵鍊綑綁手腳的非洲人踏上新大陸[9]。當中約半數搭乘的船隻自利物浦啟航[10]。

儘管英國國會在一八〇七年明令禁止奴隸貿易，但這項制度奠定了英國商業帝國的地位[11]。例如，一七五〇年至一七八〇年間，英政府約百分之七十的收入都來自奴隸制殖民地的稅收[12]。（最近我的一名烏干達朋友提及[13]，從來都沒人質疑過珍・奧斯汀〔Jane Austen〕筆下那些找老婆的年輕男子，他們到底哪來的錢？）尤其是尼日河三角洲（Niger Delta），從奈及利亞拉各斯（Lagos）沿著海岸延伸約兩百七十英里至喀麥隆邊界的這個地區，是能帶來大量財富的寶地[14]。長達數十年的時間，利物浦商人在船隻與工人身上，投資了數百萬英鎊，並與負責從內陸協調運送奴隸的非洲中間商建立起關係[15]。（人口販運在此之前已存在幾世紀之久，但以非常不同的形式呈現。）位於三角洲低窪平原的邦尼（Bonny）、新卡拉巴（New Calabar）與布拉斯（Brass）等地，是從奴隸市場周圍發展形成的城邦[16]。

儘管如此，三角洲不是蔚藍海岸（French Riviera）。探險家瑪麗・金絲莉（Mary Kingsley）於一八九七年出版回憶錄《在西非旅行》（*Travels in West Africa*）裡寫著：「我相信，比亞法拉灣（Bight of Biafra，三角洲東側）大沼澤區是世界最大的沼澤地，其廣闊與幽暗的莊嚴氛圍，媲美喜馬拉雅山。」[17]

她言過其實了。三角洲迷宮般的潮溝與水灣，陰森無比，裡頭遍布紅樹林沼澤，造訪的人可能罹患瘧疾。歐洲人說當地海岸散發出「有害身心健康的瘴氣」，那裡蚊子肆虐，土壤太過潮濕，幾乎無法栽種任何作物[18]。奴隸貿易期間，歐洲人多數時間都留在海上，不敢冒著可能染上海岸線那頭的疾病與未知風險上岸[19]。一八六一年，探險家理查德．柏頓（Richard Burton）得知自己被任命為貝寧灣（Bight of Benin）與比亞法拉灣的領事，怒而詛咒派任的官員。「他們就是想要我死，」柏頓寫信給他朋友抱怨，「但我想活命，只能給那些妖魔們好看了。」[20]

儘管如此，為了此地蘊藏的寶藏，歐洲人仍然不斷湧入。當英國廢除奴隸貿易，皇家海軍在海上取締奴隸船隻時，歐洲人可不太高興。後來幾年，人口販運仍斷斷續續地進行著，直到其他國家也頒布了奴隸禁令才終於消聲匿跡。同時間，貿易商開始將注意力轉向棕櫚油這個「合法」的產品[21]。非洲油棕就生長在紅樹林沼澤後方的森林帶。

隨著第二次工業革命改變了英國的生活，植物油突然變得炙手可熱，大量用於新建的鐵路與機器的潤滑油。棕櫚油是一種理想的鍍錫助熔劑，也是那時製作蠟燭主要的原料。歸功於法國化學家米歇爾．歐仁．謝弗勒爾（Michel-Eugène Chevreul）的新發現，當時大量使用植物油生產肥皂，工人數量因而呈爆炸式成長，許多人在大煙囪排出的黑煙下，辛苦從事工廠生產線的工作，推動了肥皂這個新市場。到了一八五〇年，利物浦每年生產約三萬噸以棕櫚油為基底的肥皂[22]。同時間，曼徹斯特與其他歐洲城鎮快速生產了各項大量跟非洲交換的商品，包括以美國棉花做成的織品、酒精與廉價火槍[23]。

戈第踏入這一行時，棕櫚油出口市值已與奴隸貿易高峰的價錢相媲美，尼日河三角洲的繁榮

一八九九年，喬治・戈第的油畫像，出自畫家H・馮・赫寇蒙（H. Von Herkomer）

正要起飛[24]。一八五七年一位叫做約翰・豪禮・葛羅佛（John Hawley Glover）的中尉寫道，「我親眼見過某隻手寫下萬物真理，商船的貨物管理員（商船官員）一年可以賺進六千英鎊的手續費，每年為遠方的船主收穫一大筆財富，幾年內搖身一變成為商人。一百英鎊的小珠子跟彩色布料，換來價值幾千鎊的油，難怪他們稱那時是黃金盛世。[25]」另一個也叫約翰的，是利物浦的托賓爵士（Sir Tobin），他將早期棕櫚油貿易賺得的利潤投入一八一九年的市長選舉[26]。據說他以一張選票六先令的價碼買票，當地報紙描述「即使這座市鎮選舉風氣敗壞，這仍是最厚顏無恥、丟臉的賄賂行為。」[27]

這項貿易的潛在利益吸引了新一批的商人階級[28]。儘管當時多數歐洲人以探險家大衛・李文斯頓（David Livingstone）所倡導的三個C＊，深入「黑暗大陸」宣教，這些追逐棕櫚油的商人才不管基督信仰還是文明[29]。他們在乎的只有錢。這些人舉止粗魯、沒念過書、鎮日縱酒狂歡，一點小事就出手打人，因而贏得了「棕櫚油惡棍」的響亮稱號[30]。一八三〇年代在尼日河三角洲服役的軍官愛德華・尼可斯（Edward Nicolls）抱怨這群新來的無賴「絕大多數完全沒有原則。」「儘管會留下臭名或犯下滔天大罪，也無法阻止某些利物浦長官。」[31]

戈第跟這群人完全不同，但他銳利的藍色眼眸同樣也緊盯著盈虧狀況。如果荷蘭賈克公司沒有從這項新商品賺到錢，那他肯定不想重蹈覆徹。撇開戈第虛擲的青春歲月不談，他的確有顆聰明的腦袋。（八歲的戈第觀賞「計算人」〔Calculating Man〕表演，結果被趕出場，因為他在台上所謂的天才算出答案前，就大聲喊出了所有難題的解答。[32]）當他終於踏上著名的尼日河三角洲，才發現事情遠比想像的更加複雜。

他看著許多獨木舟不斷來回划至離岸停泊的船隻，非洲船員們一邊划槳一邊吆喝，他心裡臆測此處已建立起一種頗有效率的系統。從早上五點半到下午三點過後，船員們將沉甸甸的油桶扛上甲板，雖然頭上有竹子與棕櫚葉搭建的臨時屋頂，但船上其他人仍滿身大汗地大力敲打、壓實其他木桶，或將粘膩的油煮沸、過濾，方便運回歐洲的旅程保存[33]。除了內陸地區需要額外人手運送油到河岸——不像奴隸會自己走路，無法強迫笨重的油桶在陸地上前進[34]——河岸公路網更方便人們交易棕櫚油。

問題出在於主事的人。戈第得知，棕櫚油貿易建立在一種名為「信任」的以物易物體系。英國貿易商——大多來自利物浦，少數來自布里斯托、倫敦與格拉斯哥——將火槍、酒與許多無用的小飾品卸貨給非洲的中間商，接著在海上蹲守，有時等候的時間長達數月，等待中間商將貨物載往內陸，再將換來的棕櫚油裝滿他們的獨木舟[35]。和貿易商一樣，中間商迅速將重心從滿足歐洲人對勞力的需求，轉至滿足他們對於棕櫚油的渴望[36]。「國境內生長著棕櫚樹的國王發現，讓子民們採集果實、榨取棕櫚油所獲得的利益，遠高於把他們當成奴隸賣了，」化學家李奧波德．菲爾

---

*【譯注】：即基督信仰（Christianity）、通商（Commerce）與文明（Civilization）。

德（Leopold Field）於一八八三年告訴倫敦的觀眾們[37]。「他們像所有白人一樣敏銳地意識到自身利益，談生意時變得富有人情味。」對於這些非洲國家而言，他們鼓勵歐洲貨物輸入促進在地生產，自身文明因而快速發展，帶來的影響遠超過無關自身利益的傳教士們所施加的宗教壓力。

多年來，領頭的三角洲中間商透過一種複雜的政治體系，與鄰國與敵人經常產生衝突，以取得奴隸與自由身的人民，因而建立起一種稱為「房屋」（houses）的類企業實體（entities）。中間商聲稱的「客戶」數愈多，掌控的地理範圍就愈廣，取得油的來源就更多。規模較小的房屋，有數百名客戶，「王室」的房屋則聲稱有上千名客戶。（中間商通常是酋長與國王，他們的權力來自家族血統，但也有少數出身社會底層的中間商。[38]）這些房屋彼此的競爭非常激烈，衝突持續不斷，最後導致軍艦集結：裝設大砲與大口徑槍枝的獨木舟，在溪上護衛著其他載著棕櫚油的獨木舟[39]。若中間商們覺得油價太低，也會合謀拒絕買賣。「他們是一群極具魅力、很聰明的人，」人類學家派西．阿莫瑞．塔爾伯特（Percy Amaury Talbot）在他一九三二年出版的《尼日河三角洲的部族》（*Tribes of the Niger Delta*）中提到，「頭腦冷靜、機智敏銳，他們是天生的商人。一位遊歷各國的（歐洲）主要代理商甚至認為，（三角洲的商人）能與猶太人或中國人平等競爭。」[40]

情勢在二十世紀中期時出現了變化，當時奎寧問世，讓歐洲人能深入瘧疾肆虐的非洲大陸。同時，輪船登陸非洲也意謂著商人們可以在雨季沿著尼日河的主要河道逆流而上數百英里。到了一八六〇年代，新來的商人已經往北推進到位於棕櫚油產區的埃伯（Aboh）與奧尼查（Onitsha），沿著河岸建造了被稱為「工廠」的原油儲存與加工設施。當他們的船隻載滿了水果與油逆流而下時，常會遭到與沿海中間商結盟的當地人攻擊[41]。（利物浦商人惱於失去了數十年來建立的關係，相當樂意提供當地盟友武器與彈藥。[42]）由於身處沼澤地，這些中間商只能取得魚類，並仰賴與內陸的貿易養家活口。為了反擊持續不斷的襲擊（包括一艘荷蘭賈克公司的輪船遭擊沉），一八四九年被任命到該區的首位英國領事，下令砲艦逆流而上燒毀沿岸的村落，讓當地人明白誰才是老大。[43]

隨著緊張局勢升高，貿易商愈常向倫敦求援[44]。過去只需英國納稅人付出極少的代價，靠著少數領事與砲艦就能維持這座隱形帝國的利益，如今事態嚴重。大衛・李文斯頓的弟弟查爾斯・李文斯頓（Charles Livingstone）接任柏頓擔任貝寧灣與比亞法拉灣的領事後，於一八七一年發給外交部一則備忘錄指出，該區從事棕櫚油貿易的公司超過二十家，在七條河上，成立了六十家工廠[45]。「這些公司的英國製品、大型船隻、房屋、內河輪船、縱帆船、駁船，總值至少一百萬英鎊，」他寫道，「通常還不只這個數目。」[46]儘管棕櫚油年出口量約三萬噸，但出口制度卻遠遠不臻理想。「我們的代理商在所有的河流裡，都只與擁有河口的部落進行交易，他們並非棕櫚油的生產者，只是經紀商或中間人。」他接著寫，「為了雙方利益，距離最近的棕櫚油生產者很樂意直接與白人進行交易，甚至部分白人與許多黑人交易者會前往生產棕櫚油的市場，但黑人經紀商是嚴謹的貿易保護主義者，除非經由他們、以他們的定價進行交易，否則不會同意與白人或黑人交易……所有人都是貿易保護主義者，一直都是。野蠻的非洲是保護貿易制度與異教徒的家園。」[47]

作為一個公開的無神論者，戈第並不反對異教徒，但他曾為貿易保護主義所擾，因為這並非他的信念。他一回到倫敦——對於這位年輕的貴族而言，在不健康的瘴氣裡無法安居——便著手研究他的競爭對手，並在兩年內說服了三個荷蘭賈克公司的主要競爭對手與他合併。戈第以其浮誇的言論與聰明才智，迅速於棕櫚油界揚名，並於一八七九年宣布成立聯合非洲公司（United African Company，簡稱UAC）。

他雇用了一千五百多人，派遣多艘輪船前往棕櫚林以火器、杜松子酒、萊姆酒，和當地酋長、國王直接換取棕櫚油——絕不經過中間商。UAC沿著尼日河跟貝努埃河（Benue River）成立了數十家工廠（貝努埃河由東邊匯入尼日河），很快便與當地的房屋爭奪經濟與政治主導權。位於尼日河中部河口的布拉斯國王，曾是棕櫚油貿易要角之一，他發現自己的生意受到重重包圍，便直接上訴英國外交部：

多年前我們藉著販賣奴隸給歐洲人維生，但被你們的政府禁止了，貴國與我國簽署的一項協議提議我們不應繼續交易奴隸；建議我們應當從事合法貿易……我們這麼做了，貿易量也慢慢增加到每年平均運送四千五百噸至五千噸棕櫚油。為了從事貿易，我們得在尼日河上成立貿易站，或我們稱之的市場，最遠甚至到奧尼查……幾年前一名白人男子開始在尼日河上交易……只要他們的輪船是在我們到達不了的遠方交易，對我們就沒有影響……但最近這六年來，他們開始在我們的地盤建立貿易站……（如今）我們連每年運送一千五百噸都達不到……這對我們而言非常艱難，所有的河流都是如此……市場被他們獨占了，我們的河流也是。我們沒有可以種植大蕉或山藥的土地。如果不能交易的話我們就沒東西吃了。[48]

戈第不為所動。他和當時年輕又奮進的領事愛德華．海德．休伊特（Edward Hyde Hewett）（湯瑪斯．帕肯南〔Thomas Pakenham〕在他一九九一年所出版的《爭奪非洲》〔*The Scramble for Africa*〕裡，形容休伊特「是個歡樂的傢伙，除非因為發燒臥床，不然這人總是心情愉悅」[49]）都認為唯有透過正式的政治協議才能維護英國在當地日益增長的利益。但在倫敦的官員卻不這麼認為。「海岸是瘟疫之地，」殖民地大臣金伯利勳爵（Lord Kimberley）於一八八二年寫給首相威廉．格萊斯東（W.E. Gladstone）的信裡恫嚇道，「當地人數眾多，難以管理。幾乎可以肯定，若英國占領此地勢必會與當地人開戰，造成納稅人沉重負擔。」[50]

然而，整個非洲大陸的事態發展迅速，不僅限於尼日河，甚至往西沿著海岸到達埃及，法國與其他歐洲列強正積極爭權奪位。戈第看見自己的時機來了，那年年底他買了UAC的資產，成立了「非洲國民公司（National African Company，簡稱NAC）」，並親自挑選與他政治關係良好的董事們。一八八三年一月，他們自己去敲外交部的門。戈第向集體訴訟保證，NAC「不打算取得『獨占優勢』」，壟斷尼日河的交易，但隨著法國人與德國侵占該地區利潤豐厚的貿易——爭奪戰現在正全面開戰——總要有人做點什麼來阻止他們[51]。戈第認為，如果英國與當地建立起正式關係，無論是以殖民地或保護地的名義，他都可以在自由貿易協議下實現合法壟斷。但若是法國取得當地掌控權，惡名昭彰的貿易保護主義者一定會徵收關稅，並阻擋英國在當地的貿易。

戈第真正想要的是一張皇家特許狀（royal charter），能全權控制整個區域。「我小時候的夢想，」他承認，「是把整張地圖染紅。」[52]

儘管那張地圖已經濃濃地塗上萬花筒般繽紛色彩，上頭的五顏六色代表著無數個部落與王國，有著歷史悠久的階級制度與社會習俗。例如，當戈第還過著他的沙漠田園快樂生活，一位名為賈賈（Jaja）的年輕奇才已經躍居三角洲棕櫚油產業頂端[53]。高大迷人的賈賈小時候被賣為奴隸，在青少年時期他默默觀察、並記下這個產業的各個面向。到了一八六三年，他被任命為邦尼灣一間重要的貿易房屋的負責人。隔年八月，當時的領事伯頓在一封信中警告他的同胞，「有

國王賈賈，曾是尼日河三角洲最傑出偉大的棕櫚油商人

一個叫做賈賈的普通黑人，父親來自叢林但不知是誰。賈賈年輕健康又強大，野心勃勃、精力充沛、個性果斷。他是尼日河最具影響力、最傑出的商人，據說每年經手五萬英鎊。他大多跟歐洲人住在一起，不給新來邦尼灣的人留情面。短時間內，他要嘛被人射殺，不然就會擊敗所有敵手。」[54]

一八六六年，一場大火席捲了邦尼灣，燒毀了賈賈所有武器，他的競爭對手們逮住這個機會，紛紛乘著武裝的獨木舟駛入河流。幾天後，賈賈捎來一封訊息，「紳士們，我求您們通知法庭，我不能再戰鬥了，因為我沒有房屋、沒有馬車也沒有槍枝，一切都被大火燒毀了。」[55]但，僅僅八週後，新領事李文斯頓回到邦尼灣，發現酋長們不確定他們是否打敗了這個傢伙。賈賈搬到了更東邊一個叫做安多尼（Andoni）的地方，他掌管的河流流向幾處擁有該區品質最佳的棕櫚油市場。一年後，他擺脫了一切，成立了自己的王國，稱它「奧波博（Opobo）」。[56]

賈賈接著占領沿河的戰略要地，並阻止歐洲與非洲的中間商進入。到了一八七〇年，賈賈直接向英國賣出八千噸棕櫚油，成為「現代奈及利亞東部最偉大的非洲人。」[57]

「賈賈的封鎖完全斷了七家英國公司的貿易，他們完全進不去奧波博，」李文斯頓在同年大聲疾呼，當時利物浦的交易量已減少整整一半。奧波博國王導致多家在邦尼灣交易的英國公司破產，一度甚至派出五十艘配有武器的獨木舟，迎戰一群試圖與歐洲人直接交易的團體，殺了對方數百人。[58]（賈賈和歐洲人的敵對競爭，並無礙他將自己的孩子們送到一間一流的格拉斯哥學校就讀，或招募白人在他國內建造的世俗學校裡擔任老師。他還非常清楚地表明，奧波博附近方圓百里都不歡迎傳教士拜訪。）[59]

正當倫敦外交部與殖民辦公室就如何處理三角洲的問題，以及誰該為此買單吵得不可開交時，當地的緊張局勢持續升級。一八八二年，布拉斯部族的情況變得更加嚴峻，國王上呈英國外交部的書面陳情完全沒用，他們只好向NAC的船隻開槍，並襲擊數間NAC的工廠。[60]不久之後，一支上游部族殺了一間NAC工廠的主管與四名員工，現場洗劫一空。領事休伊特則派出砲艇一如往常般砲擊，並焚燒村莊，更加證明在油河地區簽署正式政治協議的必要性。

倫敦最後默許了，同意建立一個「紙上保護國」，並關閉數家領事館，包括檀香山（Honolulu）在內，以支付管理新領土所需的副領事費用。[61]一八八四年，休伊特乘著一艘砲艇從三角洲最西端的貝寧（Benin）出發，沿途停靠了從瓦里（Warri）到安多尼的絕大多數城邦，不斷為當地酋長與國王提供萊姆酒，脅迫他們簽署協議，將領土割讓給英國。[62]雖然賈賈同意將他的名字列在與王室的「保護」條約內，但前提是當中不包括英國「自由貿易」的條款，賈賈很清楚如此一來他的市場腹地便會向外洞開。[63]

數個月後，非洲大陸衝突肆虐，德意志帝國首相俾斯麥（Otto von Bismarck）於柏林召開會議，與歐洲列強的外交官共同商討解決永無休止的領土爭議，以避免全面開戰。戈第此時已買斷所有法國競爭商行的股份，他協同英國代表與會，在幕後提供建議，並提供休伊特取得的已簽署條約，以茲證明英國在三角洲的統治地位。[64]於一八八四年至一八八五年召開的柏林西非會議（West Africa Conference），會中達成的《總議定書》像切蛋糕似的瓜分了非洲大陸（「促進當地居民的道德與物質福祉……並為他們帶來文明」[65]），英國在這場會議裡得到了一份大禮，盛產棕櫚油的三角洲，現在正式稱為「油河保護國（Oil Rivers Protectorate）」。[66]

一八八六年七月，憑著幾乎一己之力為王室保衛了大片江山，戈第終於獲得了夢寐以求的特許狀。這張特許狀授權其公司「在尼日河的盆地與河流，擁有行政權、得以締結條約、徵收關稅與進行貿易。」倫敦的董事會則變成新命名的皇家尼日公司（Royal Niger Company，簡稱RNC）的「理事會」，戈第擔任副理事長與政治行政長官[67]。公司的代理商橫跨領土內的數條河流，向四面八方擴散，簽署了數百條條約[68]，同時間，戈第下令，任何來自尼日河領土以外的「大小船隻、獨木舟或其他在水上航行的工具」，要進入皇家尼日公司主據點——沿海城邦阿卡薩（Akassa），都得先通過海關當局的認證批准。

他要求貿易商進口菸草、鹽、槍枝、火藥、杜松子酒與萊姆酒——基本上任何他們可能會進口的東西——通通都要繳納關稅，等到他們回程時，也得繳交棕櫚油與棕櫚仁的稅。[69]

再來，戈第花錢打造了一支量身定做的砲艦艦隊，一整年都能在尼日河上巡邏（為了「安撫」那些隨時準備掠奪我們工廠的「強盜頭子」[70]），並建立了皇家尼日警察部隊（Royal Niger

Constabulary），這是一支由英國軍官與約一百五十名奈及利亞人所組成的精良軍隊與海軍，在接續的十四年內，進行了一百多次軍事遠征。他的代理人仍持續與其他地區簽署合約，「簽署方將全數領土割讓給皇家尼日公司」，並授權不讓其他人在「公司」領土裡做生意。（對貿易保護主義的法國人就只好作罷了。）整個油河地區與尼日河的部落如今只能在皇家尼日公司的交易站進行交易，若他們想把東西賣給別人或以任何方式密謀反對該公司，輪船就會駛出混濁的河水，朝這些村莊開火，燒毀他們的房屋，婦女與孩子們逃進森林裡，男人們則試圖以箭、長矛與古老的火槍固守陣地。

同時間，賈賈在東邊的勢力日漸擴增。到了一八八七年，新領事哈利·約翰斯頓（Harry Johnston）告知這位年輕的國王，他向英國直接供應免稅棕櫚油的做法是並不符合公平競爭，並命令他停止對英國商人徵收關稅。賈賈拒絕服從他的指令，約翰斯頓便直接前往奧波博王國，並邀請他上砲艇會面商談。賈賈拒絕了。[71]

「我特此向您保證，無論明天您接受我的提議與否，都不會受到任何人身限制，」約翰斯頓的便條這麼寫著。賈賈被說服了，他上了船，立即被告知可能會因為阻礙貿易而接受審判，或者他的國家將遭受英國連續轟炸。他被匆匆趕到鄰近國家迦納（Ghana）的阿克拉（Accra）接受審判，被判有罪，並立即被流放到西印度群島。一八九一年八月九日的《紐約時報》刊載了他的訃聞，標題是「奧波博國王賈賈逝世：英格蘭和他的事，就此劃下句點。」[72]賈賈仍被認為是上個世紀最偉大的奈及利亞人之一，如今遊客可以看到這位年輕國王的雕像矗立於奧波博鎮中心，就在這位具開創性的君主自利物浦運來的三層樓樓房不遠處[73]。

到了一八九二年，RNC的貿易站點遍布尼日河下游，該公司控制了每條小溪與支流。戈第違反了特許狀的規定，他將所有競爭拒於門外，不論是歐洲人或非洲人。甚至曾是中間商堅定盟友的利物浦商人，那時也選擇與狡猾的戈第合作。一度繁榮的布拉斯部落也淪至在夜裡偷偷透過河流走私棕櫚油，結果被戈第的手下開槍攻擊，甚至沒收了所有從內陸運來、要養活族人的山藥與木薯。[74]一九八四年底，布拉斯部落的人餓得奄奄一息，天花肆虐整個部落。RNC的員工開始表現得就像沒有規矩的兄弟會男孩，動不動就冒犯當地習俗。一名布拉斯部落的婦女遭到RNC職員的強暴，成了壓垮部落的最後一根稻草。[75]

一八九五年一月二十八日的夜晚，一名叫做可可（Koko）的國王，剛接任布拉斯的已逝領袖，帶領著絕望的族人們尋求正義。他脫下西褲與有鈕扣的襯衫，換上阿契貝會稱作「戰袍」的傳統服，將身體塗上白色粉末，並在腰間繫上一串猴子頭顱。接著和部落一千名男子將聖水灑在身上，乘坐獨木舟船隊，從城邦首都內貝（Nembe）啟程。他們在皎潔的月光下划進阿卡薩，搶掠、破壞RNC所有的工作室、海關房、碼頭、工程設備房與辦公室。[76]更悄悄潛入熟睡的非洲員工小屋，屠殺了當中的七十五人——多數的歐洲人靠著一艘小艇潛逃——可可一行人最後將擄來的人與戰利品裝進獨木舟，返回內貝。在可可一聲令下，布拉斯族人殺害了這些俘虜，為了平息猖獗的天花瘟疫，烹食他們的身體部位作為獻祭。[77]

「我們的孩子們放火、殺害、搶掠，甚至擄了無辜的糧販，再殺了他們，」事件發生不久後，可可在一封給英國外交部的信上承認。「如果英國女王像尼日公司那般行事，整個非洲都將因飢餓死去……尼日公司不是女王的子民；相反的，如果我們布拉斯人要因飢餓而死，我們寧可迎戰他們，死在他們的草地上。」[78]

戈第回到倫敦收到消息大感震驚。「我們一直以為阿卡薩像皮卡迪利（Picadilly）一樣安全，」他發誓要報這個仇[79]。他先說服外交部發了一封電報給尼日海岸保護國（Niger Coast Protectorate，油河保護國已於一八九三年易名）總領事克勞德．麥可唐納（Claude MacDonald），下令要求布拉斯人繳械。[80]

「布拉斯人完全理解一直以來他們都在彌補過去的罪行，」麥可唐納以挑釁的口吻回覆電報。「大砲、獨木舟、戰利品跟俘虜都已經上繳，參與這場暴行的首領也被罰款了；小鎮被摧毀了，貿易幾乎毀於一旦，婦女跟小孩在荒野裡挨餓；數百個人被殺了；天花肆虐；雨季開始了。我親眼見證了一切，也親自去過被摧毀的城鎮，」他總結。「我以人道名義強烈反對進一步的懲罰，並要求和解這場爭端。」

被教訓了一番的殖民地大臣告訴麥可唐納，將會另外調查RNC的行徑，而非解除戈第的貿易封鎖。[81]當謠言在布拉斯部落流竄，據說負責調查的人會建議將該部落所在地移轉給戈第的公司，可可國王與他的酋長們草擬了一封信給威爾斯親王（Prince of Wales），乞求不要「**報復性地迫害並滅絕他們**」。他們寫道，正是「皇家尼日公司激起的**不滿**與帶給他們的**苦難**，促使我們以報復的手段私自治罪，搶劫阿卡薩的工廠並攻擊他們的官員，我們對自己的所作所為感到**非常非常抱歉，特別是殺害並吃掉**部分員工的部分。」[82]

阿卡薩攻擊事件之後，戈第在《倫敦時報》（*London Times*）發表了一篇文章，吹噓自己協助驅逐賈賈，並指責總領事麥可唐納維護布拉斯人。麥可唐納則寫了一封信給外交部反擊戈第的說法，「賈賈會被驅逐出境……是因為他是一個大壟斷者。」「現在我們能輕鬆擊敗布拉斯人是因為他們努力攻擊最大群的壟斷者——皇家尼日公司。而且我敢說，您也發現了尼日公司廣闊的領土裡完全沒有任何其他的外來貿易商，黑人、白人、綠的或黃的都沒有。整個市場都是他們的。他們可以任意開關任何市場，決定當地部落能夠活命或者他們得挨餓。他們能向生產者任意出價，後者只能接受否則就得餓肚子。為什麼？看在老天的份上，為什麼？因為（那家公司）必須得付股東百分之六或七的股份。」[83]

世事變遷（**Plus ça change**），就像他們說的。一八九六年底，戈第屆滿五十歲，他拿掉了自己名字裡像是日耳曼發音的「陶布曼」，即將迎來三角洲的最後一役，率領著公司的部隊迎戰兩個尼日河三角洲北邊的伊斯蘭戰士國家，努佩（Nupe）與伊羅林（Ilorin）。[84]這兩國的統治者長久以來不斷挑戰英國在尼日河中部的管轄權，如今法國也不斷抱怨尼日公司龐大貿易領域的非法性。他們表示，RNC聲稱擁有的那個區域——約三百平方英里——比那些傲慢的英國人實際持有條約的領土還寬闊得多。[85]現在法國人開始往南推進，自己動手奪取一部分的領土。誰奪取了這片土地就能夠往東北推進到富裕豐饒的邦，進而推進到令人垂涎的蘇丹。[86]

一八九七年一月，戈第帶著約三十名歐洲人、五百一十三名非洲士兵與九百名當地搬運工，並配備了最新的前線技術，從位於洛可賈（Lokoja）的基地出發，擊敗了擁有數萬名士兵的努佩軍隊。三週後，他抵達伊羅林，近距離砲轟這座城市，眼睜睜目睹全市陷入火海。[87]一年後，《尼日公約》在巴黎簽署，將三角洲西北部與東北部的重要領土全數割讓給英國。

不過，到了那時，就連戈第的同胞們都開始厭倦了他的噱頭。利物浦報紙以頭條報導控訴RNC「謀害當地土著」，而且眼裡只有領土。當時的殖民地大臣已經受夠了沒完沒了針對戈第非法壟斷的抗議，也受夠了利物浦商人抱怨自己無能治理，以及陷入困境的布拉斯人不斷的請求。[88]一九〇〇年一月一日，英國政府終於撤銷了皇家尼日公司的特許狀，且掌控了該公司的財產，支付給戈第與其合夥人八十六萬五千英鎊——以今日幣值計算約一億四千萬美元[89]。尼日公司所擁有的領土與鄰近土地被重新劃分為南、北奈及利亞保護地，是今日非洲最大經濟體的前身。[90]

雖然戈第沒有如願將整張地圖染成紅色，但多年來他設法成功染紅了其中一大片。為了保護英國棕櫚油利益所付出的努力，揭開英國統治尼日河三角洲的序幕，且百分之一的私人帝國將成為非洲大陸特許公司前進的典範。戈第仍被稱為「奈及利亞的創始者」[91]，常與南非礦業大亨賽西爾．羅茲（Cecil Rhodes）相提並論[92]，羅茲因拓展了大英帝國在南非的大塊版圖而獲得讚揚。戈第於一九二五年於倫敦一家旅館房間過世，享年七十九歲，此前他被維多利亞女王封為爵士，且有一種罕見的西非毒蛇，樹眼鏡蛇（Pseudohaje goldii）以他為名[93]。戈第銷毀了所有的私人文件，不准自己的孩子撰寫他的人生。無論如何，喬治．達許伍．戈第不會是最後一名緊抓著毫無戒心的油棕果實，藉以玷污非洲大陸的英國人。

第二章　家鄉的滋味

就像有人往非洲劃了一刀，紮根在巴西的土壤裡，花兒因而再度綻放。

——羅傑・巴斯蒂德，《巴西的非洲宗教》[1]

我們放低身子坐在露天船上，幾乎是用吼叫的音量來蓋過引擎的巨響，頭髮在風中狂亂飛舞。船駛離碼頭前幾分鐘，十個左右的當地人將他們的後背包和裝著水果的塑膠袋扔在船頭，在一堆四方形油桶與各式各樣農村通勤者的雜物中找到空位坐下。我們正沿著河面緩緩前進，兩側深深淺淺的紅樹林像兩堵牆包圍著河，原本深褐色的根反倒被白色細瘦的樹幹給取代了，向天空張牙舞爪伸出枝枒，像一根根蓬亂的拖把。大概一八九〇年時，尼日公司輪船船長弗雷德里克・盧賈德（Frederick Lugard）在船上看著相似的景色說，「它們就像不再遵循任何植物該有的禮數，從潮濕的土壤裡捲曲翹起的樹枝站在高蹺上，細瘦的根被迫暴露在半空中。」[2]

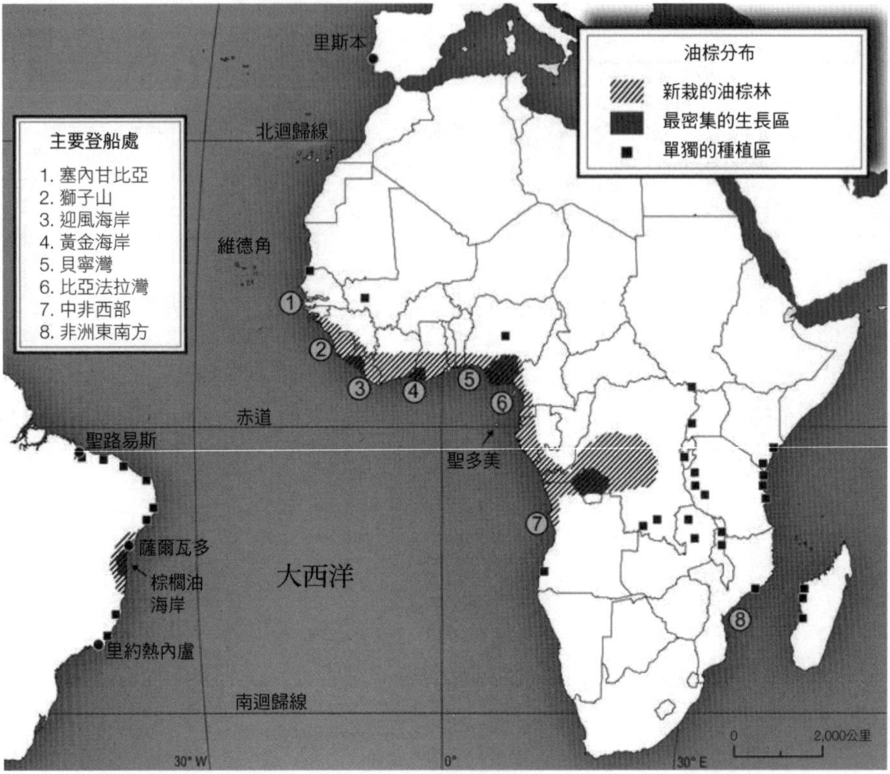

西元一千五百年至一千九百年，非洲與巴西橫跨大西洋的主要奴隸登船處與*Elaeis guineensis*油棕分布圖

我們雖然已經人在尼日河三角洲。實際上，還距離一整個海洋這麼遙遠，幾乎與戈第在油河的舊領地隔著大西洋相望。[3]我和幾名住在巴西巴伊亞州（Bahia）首府薩爾瓦多（Salvador）的舊識，一路往南開了六十英里到達這個由小島與河道組成的濱海迷宮。早在西元一千五百年登陸巴西沒多久，葡萄牙人便動員大批印地安人在新開墾的甘蔗與菸草種植園

裡埋頭苦幹。[4]對於日益成長、亟需勞動力的公司而言，當地人口實在太少——外來者帶來的疾病讓情況更加惡化——因而葡萄牙人從國外引進了勞工[5]。到了一八八八年，巴西終於廢除奴隸制時，已有約五百萬名以鐵鍊綑綁手腳的非洲人被押上岸來到巴西——幾乎占了一半整個跨大西洋貿易過程裡，所有一千零七十萬名登陸美洲的奴隸數量。[6]

對照過去數百萬名男人、女人與孩子遭綁架的非洲地區，與非洲次自生油棕林分布區域幾乎重疊，從現今的塞內加爾北部一直延伸到安哥拉。（經由奴隸貿易來到巴伊亞州的非洲人當中，有百分之五十四是在貝寧灣登船。[7]）與這些俘虜們一同航行的油棕果實，正是他們被迫拋下過去種種的有力象徵。詹姆斯麥迪遜大學（James Madison University）地理學家凱斯・瓦金斯（Case Watkins）細細記錄下有關這個現象的細節。[8]

在殖民統治早期，棕櫚油是葡萄牙人與其他商人於非洲港口的主要交易商品之一；一六四二年，荷蘭商人彼得・莫塔墨（Pieter Mortamer）在帳簿上記載著從安哥拉與聖多美島，持續不斷交易棕櫚油與棕櫚仁至巴西加彭（Gabon）海岸。[9]在橫渡大西洋的船隻上，女性奴隸通常負責搗碎與煮熟果實，生產出的油用來調味奴隸們所食用的稀粥。[10]當英國軍隊於一八三八年扣押一艘西班牙縱帆船時，他們指出，「雖然船上沒有發現任何奴隸」，但「所有的事實都顯示出這艘船近期剛卸下一批奴隸」，船上有「三個奴隸鍋爐……又稱作『三個澄清棕櫚油所用的大鍋』。」[11]當奴隸船靠近港口，棕櫚油會被塗抹在奴隸的皮膚上，用於掩飾他們的傷口與傷疤，賣相更佳，更吸引買家[12]。

棕櫚仁最後被種在巴伊亞州的土壤裡，油棕林以這個沿海地區為中心，自殖民地首都薩爾瓦多往南延伸三百英里。這個地帶仍是你唯一能在這片新大陸找到如同非洲棕櫚林般密集自然生長的棕櫚林之處。[13]一六九九年，英國私掠船船長威廉．丹皮爾（William Dampier）寫道，巴西擁有為數眾多的非洲奴隸後代，「多到成為當地最大的族群，」他並描述「棕櫚漿果（當地稱為dendees）」在巴伊亞州大量生長，最大的跟核桃一樣大。「這些漿果或堅果與他們在幾內亞海岸當地盛產用於製作棕櫚油的漿果或堅果是同一種：我聽說他們在這裡也用這些果實製油。」[14]「dendê」這個詞，在巴西指的是油棕果實——事實上棕櫚油的名字是「azeite de dendê」，源自於金邦杜語（Kimbundu）「ndende」。[15]奴隸貿易時期被運往巴西的多數奴隸會說西非與中非本土的幾種班圖語言（Bantu），安哥拉北部的金邦杜語是其中一種通用語。[16]一七五一年，一位被稱作阿托吉亞伯爵（Count of Atouguia）的葡萄牙貴族來到巴伊亞評估幾種作物的商業價值，他寫到某種油「是給黑人吃的……來自一種當地稱為dendê的種子，這種油多到很難賣到葡萄牙橄欖油的價錢。」[17]

如同伯爵所稱，殖民統治者不太在乎dendê。他們關心的是經濟作物。但和油棕相反，菸草與糖不適應沿海的鹹土[18]。在他們看來，這片土地最好拿來種植木薯，可以餵食當時占人口半數的奴隸工人。[19]一六三九年初，皇室頒布法令要求農民在這片南方海岸種植這種也稱為樹薯、原產於美洲的澱粉塊莖。當非裔巴西人砍伐大片森林以種植作物時，會和非洲祖先開墾種山藥一樣，刻意留下一些油棕樹[20]。早在十八世紀，許多獲得自由的奴隸——無論條件為何——選擇繼續耕種，通常是耕種點綴著油棕的木薯田。Pirao，一種以棕櫚油調味的的木薯粉粥，依然是巴伊亞美食佳餚之一，且通常與moqueca一同食用，這種富含棕櫚油的辛辣燉菜，裡頭加了許多當地紅樹林盛產的魚蝦與蟹。[21]

德國博物學家約翰・馮・斯皮克斯（Johann von Spix）與卡爾・馮・馬修斯（Karl von Martius）一八一九年在巴伊亞州旅行時，也注意到了dendê在當地的普及。「棕櫚油的製作過程由奴隸負責，所以不太細心……特別是黑人常在烹飪時使用這種油；也用於油燈、作為藥膏。他們認為這種藥膏能治療皮膚病……在巴伊亞街上常常可看到黑人在準備夜間舞蹈（Candomblé）前，會將煮過的dendê塗抹在自己身上。」[22]

我親自前往靠海的巴伊亞見證dendê在當地有多普遍，除了占據了大片地景地貌，在當地文化也占有一席之地，包括與Candomblé這種神秘的聲音舞蹈結合。一位住在薩爾瓦多的廚師阿里斯歐・沙羅斯（Alicio Charoth）與當地一座寺廟（terreiro）說好，將為廟裡信眾準備一頓慶祝大餐，他邀請我同行。這位五十八歲的廚師穿著黑色背心、頂著一頭剪得極短的灰白頭髮，是巴西富有思想文化的飲食界名人。沙羅斯離開歐洲的餐飲界後，過去幾年一直努力鑽研、傳頌家鄉的本土料理。[23]他打算藉由這次在terreiro的餐點，向世世代代保存該地區飲食方式的祖先們致敬[24]。我們所處的地區叫做卡加伊巴（Cajaiba），位於瓦倫薩市（Valença）南部，當天一同用餐的人當中，有許多人都是該地區quilombos的後裔，quilombos是奴隸制度時期，由離家出走、逃跑或遭遺棄的奴隸所組成的社區[25]。而candomblé舞蹈正是在這樣的社區中蓬勃發展。複雜的信仰體系——遠遠超出了「夜間舞蹈」的範疇——源自於約魯巴人（Yoruba）與其他西非民族帶來的習俗，並融合了羅馬天主教與美洲原住民傳統元素[26]。（因為candomblé長期是葡萄牙政府的眼中釘，這種舞蹈的愛好者常將習俗與符號隱藏在主流宗教裡。）棕櫚油在當地的傳統地位之崇高，candomblé的信徒不僅被稱為povo do santo（聖人），甚至被稱作povo do dendê。[27]

整個十九世紀，販賣奴隸的船隻除了棕櫚油外，還經常偷偷攜帶可樂果（kola nuts）、寶貝貝殼與織品——這些東西最終要賣給非洲人與他們在新大陸的後代。[28]一封於一八〇二年發表的信裡，一名叫做路易斯．多斯．桑托斯．維爾赫納（Luis dos Santos Vihena）的葡萄牙官僚寫道，「黑人婦女」與歐洲批發商合作銷售布料，「其中大部分不是違禁品、偷來的，就是從幾內亞與米納（Mina）海岸的貿易站，向外國船隻買來的……以避免（應）向國王陛下繳交的關稅。」他抱怨，這些婦女也「在街上賣最糟、最卑賤的食物……carurus、vatapás、粥，……acaraje、ubobó，」這些食物的主要成分都是棕櫚油[29]。

到了十九世紀後期，隨著奴隸貿易的結束，巴伊亞州與非洲之間的貿易也隨之沉寂，國內的

dendê種植者則填補了這塊空白。一八七八年，薩爾瓦多日報《監督者》（*O Monitor*）報導，從巴西南部海岸運抵二十桶棕櫚油。奴隸制正式廢除的九年後，巴伊亞州的官員盤點了一位剛逝世的前奴隸擁有的房屋，發現一個研磨缽、一個大罐子與一小罐的棕櫚油，代表她一直以來都私自製油販售。[30]同時間，該國菁英們仍持續貶低棕櫚油與其代表的文化。一九〇五年另一家薩爾瓦多報紙《新聞日報》（*Diário de Notícias*）的一篇文章寫道，「隨著candomblé這種拜物教的信徒人數增長，禮拜堂與神職人員的數量自然也會增加——他們利用容易上當的傻瓜。雖然這對社會有害，卻讓所謂的azeite de dendê貿易商致富……對這群無知的白痴來說，沒有什麼道德上或實體的惡，是抹點藥草混azeite無法戰勝的。」[31]

一世紀過後，「白痴們」吃的卑賤食物已成了巴伊亞州最自豪的文化。如今薩爾瓦多最受遊客歡迎的景點之一是這座城市的baianas，當地婦女戴著色彩繽紛的頭巾、箍裙（hoop skirts）與蕾絲邊上衣——源自於非洲傳統服飾的穿著——在城市各處的臨時攤位提供這些菜餚。[32]當中最常見的是acarajé，一種辛辣的油炸眉豆餅，就像這些婦女的祖先們在非洲以明火製作的餅一樣。（炸鷹嘴豆餅falafel則是由阿拉伯商人在幾世紀前帶往南方，而流傳下來。）acarajé一詞由約魯巴語的「火」（akará）與「吃」（ajume）組成。這種在candomblé舞蹈儀式中，被視為神聖祭品的糕餅，通常塗著由乾蝦米、椰奶、棕櫚油與花生所製成的vatapá醬，上面再擺著大蝦。在薩爾瓦多雜亂廣大的São Joaquim市場裡，有一條狹窄的「acarajé街」，貨架上陳列一瓶瓶深橘色的

薩爾瓦多街上，以棕櫚油炸著類似鷹嘴豆餅falafel的acarajé

dendê與混濁的椰奶，托盤上堆滿了磚紅色的小蝦、白色的fradinho豆與一英吋長的馬拉蓋塔椒（malagueta）。[33]

沙羅斯打算製作一道更精緻的料理。在船上他和一名他稱為多娜．瑪莉亞（Dona Maria）的當地婦女就眼前這片海岸的自然珍寶以及它們如何融入當地宗教傳統進行了一番深談。[34]瑪莉亞今年八十歲，數十年來在quilombos社區身任要角。（雖然目前的terreiro僅能回溯至一九九五年，但其根源可追溯至逾一個世紀前。）走至建築物的路上，兩人每幾英尺就停下腳步從樹叢裡摘下樹葉、從果樹上摘下我不熟悉的水果，不斷發想如何將這些食材做成料理。瑪莉亞剝開一顆長滿硬毛、大小如高爾夫球的豆莢，裡面是小小的紅色果實，她解釋，以前她的父親會將這種urucum（胭脂樹）做成亮光漆，刷在家具上閃閃發亮。（在美國這種植物稱為annatto或achiote，巴西亞馬遜原住民將其作為身體彩繪的重要基底，因此非常看重胭脂樹。）幾個小時後，沙羅斯將這些種子搗成膏狀，做成膠漆，塗抹在他剛剛在路上殺價買來的tainha魚片上。

瑪莉亞從粗壯的樹莖上拔下幾片幾呎寬的大樹葉給沙羅斯，這些莖幹大小有如恐龍時期的瑞士甜菜。沙羅斯將葉子切成碎碎的，用dendê炒過，最後完成的菜餚與我在賴比瑞亞鄉村吃到的幾乎一模一樣。[35]其他沙羅斯端出的大餐裡，使用食材包括licuri，這種葡萄大小的褐皮果實，來自某種更內陸地區的原生棕櫚樹，以及叫做jambo vermelho的梨狀果實，都是我們從薩爾瓦多開車的路上買的。那次旅行還有件事讓人印象深刻：當我們抵達「Dendê海岸（Costa do Dendê）」

時，四周掛滿了寫著地名的黑白招牌。巴西政府長達幾世紀堅決否認這種植物存在後，終於明白這片油棕豐饒的地區所擁有的旅遊潛力，並於一九九一年正式命名這段七十英里長的地帶。

我們在早上八點多抵達terreiro，整個社區才剛從前夜的派對狂歡裡甦醒。在沙羅斯的安排下，我們參訪的時間正巧碰上二月初讚頌河流女神的慶典「耶馬尼亞節（Festival of Iemanjá）」，抵達當下已是慶典結束後十二小時。兩個不斷尖叫的男孩追逐著一群小雞，大人們——大多數是女性，所有人都一身全白，從露肩背心裙、長裙到睡衣式的舊式燈籠褲——疲憊地四處走動。有些人拿著裝了水的金屬平底鍋正要去洗澡。好多白色洋裝、襯衫、燈籠褲吊掛在晨光下。整個地區一同慶祝這個節日，candomblé的信眾們穿著白色衣服，在水邊向女神獻上鮮花。高聳入雲的油棕樹、椰子樹、木瓜樹以及其他樹種交雜生長。許多人下半身都繫著白色棉布條。

一名奶茶色肌膚、身形魁梧的女人從一棟建築物裡走出來，給沙羅斯一個大大的擁抱。這名叫做梅・芭芭拉（Mãe Bárbara）的女子，當天身穿金屬孔裝飾的白色洋裝，與相襯的頭巾，是terreiro的女祭司。她帶我們參觀院落，這裡由十幾個白色水泥平房組成，有木門與波浪狀的金屬屋頂。她指出小型的博物館與學校，我注意到一扇門上印了「祖先、記憶、教育與反抗」的字樣。社區所有活動——包括收成作物、舉辦工作坊、烹飪、參與不同類型的舞蹈——都體現了terreiro核心使命：「建立世界（world-building）」，以期奪回自我的身分認同與權力。[36]

沙羅斯穿著有很多口袋的短褲跟夾腳拖，以典型的巴西風格，在工作中抽菸、喝酒，全心投入準備食材。他在院子裡一張搖搖晃的桌子上，將油棕葉與香蕉葉鋪開當成桌巾，再走到一間簡陋的竹屋充當的開放式廚房，開始以他蒐集的食材即興創作。和我們從薩爾瓦多一同旅行的助手，拿萊姆替我們在碼頭買的aratu蟹調味，再用一塊銳利的石頭剖開椰子。沙羅斯最後用dendê油炸小塊的蟹肉混合物，製作他自創的油炸餡餅acarajé。「Dendê不只是一項配料」，他告訴我。「它象徵著巴伊亞人與我們的飲食傳統，是反抗的典範，是我們與殖民者的決裂。」幾個小時後多娜・瑪莉亞出現在廚房，手裡拿著從路邊一家手工磨坊買來的一袋樹薯粉與又一公升裝的dendê。「即使做菜做了這麼多年，」沙羅斯一邊煎著魚說，「最讓我感興趣的不是盤子裡的食物，而是從食物裡那滿溢出來的東西。」

和沙羅斯一樣，薩爾瓦多藝術家埃爾森・赫拉克利托（Ayrson Heráclito）以dendê來表達巴伊亞人性格的本質[37]。赫拉克利托的爸爸是非洲原住民、媽媽是葡萄牙與義大利混血，他在二十年前初次接觸到candomblé舞蹈，自此幾乎所有作品裡都融入這項象徵元素。例如，他其中一項引人注目的羅斯科式（Rothko-esque）裝置「Divisor（分隔者）」，是在一個玻璃槽裡裝滿清澈的鹽水，黏稠的橙紅色棕櫚油在其中漂浮成帶狀，藉這項作品沉思奴隸制與所謂「販奴航線（Middle Passage）」的跨大西洋旅程遺留給後代的影響。位於洛杉磯的「福勒博物館（Fowler Museum）」最近展出關於巴伊亞的展覽，策展人特意讓觀展民眾一入場就看見這項裝置。赫拉

埃爾森・赫拉克利托的「分隔者」，結合了鹽水與棕櫚油

克利托告訴我，奴隸貿易時期，歐洲人刻意分隔不同語言與習俗的種族。「分隔者」裡的dendê不只代表灑落在奴隸商人手上的非洲人血，也代表了聯繫非裔巴西人與跨海的祖先們的「連結空間」。「大西洋是黑色美洲的子宮，」他說，「所有非洲人皆混居於此。」他補充，在玻璃槽裡，棕櫚油與鹽水共存，「但這兩者永遠不會真正融合。這是一種思考種族融合的形式。」[38]

赫拉克利托常常在非洲的文化據點布展，像是巴馬可（Bamako）、達克爾（Dakar）、金夏沙（Kinshasa）等，他也在位於塞內加爾的戈雷島（Gorée）的奴隸之家（House of Slaves）表演淨化儀式，該處是俘虜們被送往海外前的住處，也是巴伊亞過去一處種植園。他表示，淨化典禮結合了傳統、象徵元素、candomblé的食物，是從奴隸制的痛苦裡的一種「解脫」，也是治癒深刻的歷史傷痕的一種方法。

回到terreiro，處處可見這樣的思想。許多附屬建築物的門框上方懸掛著由金屬、稻草與其他材料製成的小神龕，以及與orishas相關的儀式食物與象徵元素的標誌，據說orishas這些類人神靈會干預candomblé修行者的生活[39]。每個orisha有自己喜歡的菜餚跟顏色[40]。例如，供奉給Oshala（人類生命的創造者與智慧和平的象徵）包含了魚、麵包與dendê[41]。棕櫚油通常代表了血液，也被用於安撫好戰的神靈，神職人員準備儀式餐點時，會以棕櫚油浸泡動物屍體[42]。（orishas在巴伊亞文化的地位十分崇高，甚至在薩爾瓦多市中心的大湖「Dique do Tororó」，湖面有一群二十呎高、玻璃纖維製的orishas共舞。）

中午過後，我走到中央大樓，社群成員們紛紛匯集於此。他們之前先遊行到附近的河邊，頭上頂著鮮花與一盤盤事先準備好的食物。Iemanjá是這一週慶祝活動的主神，她原本是約魯巴人的女神，特別是奈及利亞西部的奧貢河（Ogun River），但她的巴西化身掌管著海洋與河流，外型則結合了美人魚與聖母瑪莉亞的元素[43]。

人群漸漸聚集在沙羅斯創造的可食地景前。他小心翼翼地在五英尺寬的炒蔬菜上擺放了一打油棕果，分別塞在魚頭、蟹肉條、水煮蛋、大蕉片、水煮jambo，與這頓大餐的其他食材裡。沙羅斯刻意不提供盤子或銀器，鼓勵社群成員們用手指捏著吃飯，和他記憶裡小時候拜訪住在巴伊亞鄉間的祖父母一樣。用意是讓每個人明白當地豐富的傳統，包括他們非洲祖先世代孕育的獨特景觀。

每個人都很開心地伸出手指抓食，沒過多久整件事就出現了超自然的轉折。媚．芭芭拉突然發出像是嘶啞的呻吟聲，她雙眼緊閉，頭往後仰的樣子像是毒蟲剛插入針頭。接著她捂著肚子前後搖晃，看起來像是要生了。其他婦女們很快也捂著她們的肚子，瘋狂地回應唱和著「喲！喲！喲！」我在當地的 fixer 在我耳邊小聲說著「聖靈降臨了。她們很開心。」

這群人接著跳起舞來，排成長長一列隊伍，一個接一個與芭芭拉擁抱。八個男人敲打著很高的鼓，人群搖搖擺擺、滑步移動，像是一種步調緩慢的康加舞。看著眼前這一幕，我回想起過去在肯亞西部的一個清晨，那天旁觀看了好幾個小時類似的舞蹈與吟唱後，當中部分參加割禮的盧希亞（Luhya）婦女，變得很像也被鬼魂「附身」了。[44]

「任何關於殖民世界的研究，都必須含括對於舞蹈與殖民地現象的理解。」弗朗茲．法農（Frantz Fanon）於其一九六一年出版的《大地上的受苦者》（*The Wretched of the Earth*）一書中寫道，「被殖民者正是透過這種巨大的狂歡來放鬆，在過程當中將最野蠻的侵略與衝動的暴力，引入、轉化後，再悄悄地化去。」[45]

我無法假裝自己理解那天下午在巴西海岸看見那股澎湃能量底下蘊藏了什麼樣的情緒。但我確知這樣的畫面——一群人像是著了魔般——不論是出於恐懼、怒氣、挫折或喜悅——將成為我棕櫚油報導過程裡不斷反覆出現的主題。

第三章 肥皂界的拿破崙

這個有著遠大商業抱負的男人如今將前進西非，前進剛果，他將成為當地一股重要的力量，不論帶來的結果是好或壞。

——記者艾德蒙・莫羅描述威廉・利華[1]

那隻烏鴉飛過時，後工業小鎮波頓（Bolton）僅距離曼島東岸九十七英里[2]，但威廉・海斯克斯・利華（William Hesketh Lever）於一八五一年出生時的那棟小房子[3]，與戈第家族世代居住的「修道院（Nunnery）」那片廣為人知廣闊的草坪與僕人居住區，相差天差地遠[4]。波頓市被克羅爾河（River Croal）一分為二，這條河流惡臭污濁，據說被拿來當公共下水道[5]。由於城市快速發展，約有七萬多名波頓居民因而擠在雜亂無章的工廠、磨坊與大型零售店裡工作。（出身當地的哲學家弗里德里希・恩格斯〔Friedrich Engels〕於一八四四年寫道，「即使是最好的天氣裡，波頓仍是一個黑暗乏味的洞。」[6]）利華誕生時，戈第剛從一所貴族小學畢業。他是長男，家裡十個孩子排行老七[7]。利華在當地教區學校唸書，十六歲時已經在父親的批發雜貨店全職工作。二十一歲時，一舉成為合夥人。

利華的身材矮胖，身高五呎五吋，長相平庸無奇，手腳明顯短小。除了一雙眨也不眨的灰綠色雙眸，看得出他意志堅定外，其他外在特徵毫無特別之處。他很早就成家，妻子伊莉莎白·愛倫·休姆（Elizabeth Ellen Hulme）來自同一個小鎮，婚後即著手擴大家族事業。兼併另一家批發店後，利華開始定期往返愛爾蘭與荷蘭，直接進貨當地的奶油與蛋，在英國的雜貨店裡上架，大獲好評搶購一空。不透過中間商販售的做法，為利華帶來了競爭優勢。他觀察不斷變動的商場局勢，發現城市裡的中產階級人數持續增長，也留意到這個族群格外重視清潔[8]。波頓離利物浦僅二十五英里，他造訪當地時，在碼頭看著從西非甫抵達的船隻，卸載一袋袋油棕仁與一桶桶的棕櫚油，再被運到附近如雨後春筍般出現的肥皂工廠[9]。

一八八四年，三十三歲的利華推出自家品牌肥皂，刻意命名為日光（Sunlight）。他和弟弟詹姆斯（James）在鄰近城鎮瓦靈頓（Warrington）租下一間工廠，宣布成立利華兄弟公司（Lever Brothers Ltd.），專門生產、販賣肥皂。當時有許多公司製作相同產品，但利華並不隨波逐流。他不斷實驗不同成分配方，終於找出能產出最理想的泡沫與清潔效果的組合——成分當中包含百分之四十一點九的棕櫚仁或椰子油，且以單顆肥皂方式販賣。（當時多數雜貨商是從長條狀肥皂切下部分，再秤重按磅數定價售出。）為了避免滲漬會玷污其他產品，他採用羊皮紙包裝自家肥皂，再放入顏色繽紛的紙盒中。利華還大手筆花費在廣告宣傳，強調「日光」品質極佳且不含有毒物質，採用宣傳標語，並發放免費贈品，這些都是他觀察美國市場趨勢學來的策略。他甚至開始購買當代畫作的版權，將這些作品縮小比例，重製用於包裝與廣告。在利華的眼中，英國主婦代表了一個等著被撬開的錢包。他的宣傳活動刻意迎合這個市場，保證自家肥皂能減少臉上細紋，並免費提供小冊子教導顧客如何洗衣，以及維繫完美家居的技巧。「從事肥皂產業的人在生產方面可能遠比我出色，」他說道，「但他們沒人了解該怎麼賣肥皂，……廣告、代理商等等，反倒讓其他人來負責這些事。」[10]

利華的生意蒸蒸日上，一八八七年工廠已投入全面產能。擴廠空間不足的情況下，他和詹姆斯在波頓西南方約三十英里找到一片沼澤地，兩人在靠近陌西河口（Mersey River）布隆伯格池（Bromborough Pool）一帶買下五十六英畝土地。該處不僅公路、鐵路、水路交通運輸便利，地點更位處在利物浦碼頭與港務局會費徵收機構範圍之外。兩兄弟將該區命名為日光港（Port Sunlight），其中二十四英畝的土地預計將興建利華兄弟肥皂工廠。剩下的三十二英畝在接續的幾年內，將轉型為工廠員工眷舍聚落。[11]利華身為熱心的資本家，且活躍於當地公理會（Congregationalist）教會，深信自律與努力工作的真理，但他也很擔心快速工業化對社會帶來的影響。他看過太多像波頓一樣的城市竄起，髒亂到沒人想住，更別提在這裡生兒育女。日光港將

威廉・利華，於一九二〇年

代表一種不同類型的社區，每棟住宅前都有專屬的景觀庭院，除了設有學校與小型鄉村醫院，還有運動場與舞廳。利華指出，他打造這處聚落的用意在於讓員工之間彼此的「商業關係得以社會化與基督教化，讓辦公室、工廠與工作坊能回到過往美好的勞動時代，彼此如家人般緊密。」[12]

到了一八九四年，利華的公司上市了（詹姆斯當時已經病倒，並於隔年退休），且三年內利華兄弟公司每週生產兩千四百噸日光牌肥皂[13]。利華持續推出新的品牌，包括很快就家喻戶曉的「衛健」（Lifebuoy）、Lux Flakes、Vim，隨著二十世紀到來，英國人民平均每年每人要消耗掉約十七磅的肥皂，其中多數都由利華公司製造。[14]

身處於維多利亞時代晚期，利華逐漸以帝國的視角來看待這個世界。他在海外成立新公司，同時接管或併吞其他公司，最後許多產品都移往海外製造。在國內，利華渾身有如蜂鳥般辛勤不輟的精力與對於安逸的恐懼，讓他似乎永遠都停不下來。為了善用每一分鐘的工時，未來潛在的生意夥伴往往會陪他搭火車前往下一個約會地點。到了目的地，再由安排好的司機護送方才同行的會面對象回家。除此之外，他更航行至北美、澳洲與其他新開發的市場，探勘未來的海外前哨基地，利華公司很快就將成為一個全球帝國。

回到日光港後，他會大肆談論自己最新的理論，主題包羅萬象，從工廠專制、種族決定論，一直到合股公司與民主。在此同時，他開始沉浸在藝術收藏、建築與園藝等中產階級的喜好裡，並請來專家為他上課，一同打造新計畫，隨著利華的財富逐漸增加，計畫規模更加擴大。景觀建築師湯瑪斯．毛森（Thomas Mawson）與利華於一九〇五年首度會面，他回憶，「我們第一次見面時，他給我的印象是名符其實的拿破崙，包含他行走的樣子與姿態、闡述自身思想本質的演講，面對迎面而來的困難，方方面面都在他的掌控之中。他擁有所有我們能聯想的到『小下士（Little Corporal）』*的特徵。[15]」

在一個明亮的六月下午，我搭乘的火車從倫敦尤斯頓（Euston）站行駛了三個多小時，抵達日光港。[16]這裡小到完全不需要招計程車；眼前修剪整齊的草坪與兩層樓的半木頭結構建築，看來就像故事書裡的場景。我將行李推到人行道，在轉角一家小下午茶店左轉，朝著我的旅館走去——旅館就位在日光港老舊的鄉村醫院內——十幾個九歲左右的孩子排成一列騎著腳踏車經過，他們身上閃亮青檸色背心就像是站在車隊頭尾兩端的大人身上背心的迷你版。古色古香的銀行、郵局、一群戴著帽子的老人在草地上滾著黑色的小球。我接著彎進住宅區，漫步在石造、磚造、灰泥與木造房屋的大雜燴之中，每棟建築前都有一片整潔的草坪與卡通風格的花箱。井然有序的安靜街道，板球場邊壓低了音量的觀眾——在在凸顯了陌西河畔梅伯里（Mayberry）†的氛圍，一切都很愜意、安全且適得其所。唯有旅館身材瘦長的夜班經理，穿著黑色Converse Chunk T帆布鞋，留著不加修飾的山羊鬍，悶悶不樂地咕噥著，與旅館乾淨俐落的外觀一點也不相襯。

我去了利華原本的公司總部，在聯合利華檔案館度過了幾個下午。如同先前提過的，我們的「小下士」最後為當今世上最大跨國食品企業之一奠定了基礎。聯合利華生產各種個人護理產品與食品，且一直以來位居全球棕櫚油與棕櫚仁最大買家之列[17]。這家公司格外宣揚自身永續性的特點；在官網上，「有使命的品牌（Brands with Purpose）」這項口號閃過廣袤的農田與不同種族的模特兒照片。[18]位在日光港的「利華大樓（Lever House）」是主要辦公大樓，宏偉的建築印證了舊日時光，裡頭有著鑲木地板、拱形天花板、彩色玻璃穹頂與安放於基座上的大理石半身像。透過接待處的鑲嵌玻璃窗，訪客得以俯瞰狹長的辦公區，員工們坐在超大尺寸的電腦前，陽光自上方灑落。這座一八九五年落成的大樓採用最新科技，就像前美國總統格羅弗・克里夫蘭（Grover Cleveland）時代的銀行搖身一變成為摩登的金普頓酒店（Kimpton Hotel）。舒適的休息區有著鋪著毛氈的椅子，紫色與橡實色的色調，流露出一種北歐友善工作的氛圍。聯合利華的旗艦商品像是寶瀅（Persil）洗碗精與多芬香皂，如同皇室珠寶般安置於博物館的玻璃展示櫃中，電視螢幕上播放著公司的老照片，配上「健康」與「包容」等字幕。

但我花了數小時彎腰研究約一百年前打字在洋蔥紙上的信[19]，顯示出聯合利華早期經營並不

---

* 【譯注】：小下士是拿破崙的綽號。

† 【譯注】：梅伯里是美國六〇年代兩部知名情境喜劇「安迪・格理菲斯秀」（*The Andy Griffith Show*）與「梅伯里R.F.D.」（*Mayberry R.F.D.*）劇中虛構的小鎮。

總是一帆風順。這些信以「我們的閣下大人」開頭，收件人是「尊敬的利華休姆（Leverhulme）子爵大人」（利華於一九一一年受封準男爵、一九一七年受封男爵、一九二二年成為子爵，自從他的妻子於一九一七年逝世後，他將兩人的名字合併為「利華休姆」），並以此名簽署雇用外籍貿易代理商、耶穌會牧師與非洲酋長。[20]

一九一四年，利華採用多角化經營開始生產人造奶油，這種油的由來可追溯至幾十年前（就在戈第與埃麗葉特受圍困於巴黎前），法國拿破崙三世要求提供便宜的奶油替代品給軍隊與底層人民。一八六九年，化學家伊波利特・米格—穆里耶（Hippolyte Mège-Mouriès）想出一個以製造肥皂用的牛油脂攪拌牛奶的新配方，製作出新的人造奶油（oleomargarine）。[21]（這項發明其實基於另一名法國人發現並命名為「十七酸」〔acide margarique〕的脂肪酸。）[22]兩年後，一家荷蘭奶製品家庭企業拿到了米格—穆里耶的配方，並將成品染成一般奶油的乳黃色。這種新抹醬很快成為荷蘭勞工階級廚房的必需品。[23]

就在世紀交接後不久，德國科學家威廉・諾曼（Wilhelm Normann）研發出一種新技術，能將液體油製成固體油脂，讓歐洲的人造奶油製造商以植物油取代過去仰賴的動物油脂[24]。「氫化反應」的技術也正好在此時問世：短短幾年後，要如常從芝加哥取得便宜的動物油脂會變得相當困難，該市的肉類包裝工人開始集結抗議，薪資上漲導致肉類價格隨之攀升。其他的荷蘭公司——第二家家族企業至此也加入市場——便改用棕櫚油來製造人造奶油[25]，並將貿易範圍擴至英國與其他地方。一九〇八年，和利華第一家工廠同樣來自瓦靈頓的肥皂製造商「約瑟夫・克羅斯費德父子」（Joseph Crossfield & Sons）買下諾曼的專利，並製作自家的人造奶油。[26]利華也如法炮製，克羅斯費德告他侵害專利權。利華不但打贏了這場官司，後來一連串的訴訟也多數都勝訴，他要讓外界明白，在商場上與其利益衝突得冒多大風險。（艾德溫・C・凱薩〔Edwin C. Kayser〕，原本是為克羅斯費德效力的一名化學家，後來任職於俄亥俄州辛辛那提市的寶鹼公司〔Procter & Gamble〕，他從氫化棉籽油的過程，取得兩項專利。寶鹼公司也靠著這些技術於一九一一年推出至今仍暢銷的Crisco起酥油。）[27]

雖然利華刻意將自己描述成卑微的肥皂製造商，但**謙虛**可不是熟識的人會用來描述他的詞彙。「第一眼看到他的時候，我會把他當成一個不重要的矮子，」一名公務員寫道。「但這種印象稍縱即逝。從這個男人所說出的每一句話、每一個動作都散發出魅力、機智、果斷與力量。我從沒遇過像他這樣狂妄自大、我行我素的人。」[28]

隨著英國人大量生產人造奶油，荷蘭人加入肥皂市場，競爭西非棕櫚油與棕櫚仁的戰局逐漸升溫。利華下定決心要取得獨家供應權，不僅因為他對數量不一致的運送量與浮動價格感到厭倦，也因為他不相信西非當地的生產者，他認為對方又懶又缺乏紀律。如果他能在非洲取得一塊土地，好好訓練當地工人，就能提高加工與運送的效率，同時提升油的品質。（如同前述，加工有助於降低游離脂肪酸。）利華向英國政府提出要在當時的保護國奈及利亞租用一塊地，但遭殖民當局否決。畢竟，他們才剛擺脫一個喬治・戈第。[29]

利華接連提出要租用英屬西非領地（後來的獅子山共和國）與黃金海岸（現在的迦納）的土地，但都遭到拒絕，最後他只好將目標轉到布魯塞爾。[30]當戈第的人馬在尼日河三角洲締結條約時，威爾斯記者暨探險家亨利・摩頓・史丹利（Henry Morton Stanley）已在剛果晃蕩已久，他在剛果河沿岸成立貿易站，在急流周圍開闢一條崎嶇的小徑，讓他的贊助者比利時國王利奧波德二世（Leopold II）得以穿越地勢航行直抵下游。[31]一八七九年至一八八四年，史丹利通常只靠著廉價的杜松子酒，威脅利誘約四百名非洲酋長簽署合約，交出部落土地給利奧波德國王，但他們根本讀不懂那些合約上的文字。[32]在同一場英國人獲得尼日河三角洲的柏林會議中，五十歲的利奧波德國王取得剛果自由邦（Congo Free State）的外交承認，該自由邦的面積是比利時的七十五倍大，這項會議也讓利奧波德成為世上唯一擁有私人殖民地的「所有者（proprietor）」。[33]

靠著販賣象牙，利奧波德很快就發了大財，珍貴的象牙可以雕刻成任何東西，從鋼琴琴鍵、撞球到棋子、假牙。[34]一八九〇年代約翰・波伊德・登洛普（John Boyd Dunlop）推出充氣輪胎，引起腳踏車熱潮後，利奧波德國王將其業務拓及橡膠。[35]當地原住民很早就發現割「俄瓦膠藤」（Landolphia owariensis）這種生長在中非熱帶雨林的藤本植物，會流出一種白色乳膠，乾掉之後具有彈性，有無數種用途。[36]隨著汽車工業開始生產，需要絕緣的電報線與電話線數量大幅增長，橡膠市場持續不斷擴大。[37]

利奧波德二世身材高大、氣宇非凡，更是維多利亞女王的表弟，當時整個歐洲都欣賞這名深思熟慮且樂於助人的領導人[38]。他直言不諱地力挺探險家大衛．李文斯頓提出的三個C，談論道德提升、廢除奴隸貿易與發展科學，他也欣然歡迎傳教士進入他的殖民地。一直到該世紀末，一名叫做艾德蒙．丹尼．莫羅（Edmund Dene Morel）的年輕員工開始四處搜尋線索，世人才相信剛果自由邦的情況與利奧波德描繪的正好相反。莫羅是利物浦「愛爾德．丹斯特」（Elder Dempster）船運公司的員工，他前往安特衛普查閱帳簿時，發現運往剛果自由邦的貨物數量，與運回的橡膠與象牙量相比少到不成比例——而且無論運往剛果的貨物為何，主要都是槍枝與鏈條。自一九〇一年，莫羅就其調查結果，發表了一系列爆炸性的文章，英國外交部因而派遣來自愛爾蘭的領事羅傑．凱斯門特（Roger Casement）進行調查。

利奧波德公開聲明他的大片領地都是私人領地（domaine privé），他可以在領地內自由採集原物料並隨意徵稅。但由於缺少貨幣，剛果男人唯一支付人頭稅的方式就是以工作抵押。凱斯門特得知，官方的人會到村莊徵召男人，要他們徒步深入雨林採收橡膠，這項艱巨的工作得冒著遭遇蛇與豹的風險，且要將橡膠塗抹在全身，一旦乾了可以直接撕下——連他們的頭髮與皮膚都可能跟著扯下來。若有男人逃到叢林裡躲避徵召，這些代表會將他們的妻小抓起來當人質。被徵召的人得上繳固定數量的橡膠，未達標者往往可能喪命。利奧波德二世的私人軍隊，是一支多達一萬九千多人的「公安軍」（force publique），成員不僅荷槍，還有一支被稱為「奇科地」

（chicotte）的河馬皮鞭，他們凌遲人質、強姦婦女，並屠殺整個村莊。不論受害者們是死是活，士兵們都被要求得剁下、並呈交這些人的手，證明沒有浪費國王寶貴的子彈。凱斯門特的報告促使「剛果改革協會」於一九〇四年成立，到了一九〇八年，利奧波德二世被迫將剛果自由邦的殖民統治權交給比利時政府。如今已證實當初利奧波德政權謀殺了當地約一千萬名人民。[39]

受到這場公關災難的打擊，布魯塞爾的官員反倒在利華．威廉的身上看見挽回名譽的機會。新加冕的阿爾伯特國王（King Albert），也就是利奧波德二世的姪子，派了一名代理人到英國向利華提議在新成立的比屬剛果進行一項投資。利華寫了一封信給莫羅（當時他已離開「愛爾德．丹斯特」公司，但持續投入反對染上非洲鮮血的「紅橡膠」）活動[40]），信裡強調他並不想在剛果興建油棕園。但其實他早已與英國殖民部長亨利．戴克瑟（Henri Dekeser）談過此事。（有追蹤英國新聞的人會認得這人的名字；戴克瑟當時才剛頒布命令要一群士兵剁下一名剛果酋長女兒的雙腳，這樣他才能拿到腳踝上沉甸甸的銅踝環。[41]）

一九一一年，利華簽署了一份總計一百八十萬英畝的特許權合約，得以在比屬剛果種植並收成油棕，並開了一家新公司「比屬剛果棕櫚油廠」（Huileries du Congo Belge，簡稱ＨＣＢ）。[42]這份為期三十三年的租約，授與了五個獨立區域的土地所有權，每個區域的半徑為六十公里，每英畝的價格是六十二美分。[43]在這五個特許區中，「盧桑加」（Lusanga）的條件最好，此處位於兩條河流交會處，且是次自生油棕林密集區。與奈及利亞的油棕林一樣，這裡的油棕林幾個世紀以來都由當地居民負責照顧，棕櫚油與棕櫚仁在當地的飲食與文化生活裡占有重要地位[44]。利華打算興建種植園，等待油棕樹成熟長大的同時，也從原本的樹林裡採集油棕果實。他發誓會尊重對待剛果當地民眾，並永遠支付合理公平的薪資，但莫羅還是存有疑慮。他聽聞這項消息時寫道，「利華是沒有受過教育的人，他不帶情感，擁有經商天賦，家財萬貫，雖然可能擁有一副好心腸卻也相當冷酷，僅把人類視為一座不帶靈魂、欲望或企圖心的巨大生產引擎，這些人只會滋養他的獨裁專斷（louis d'or），鮮少有人與他意見抵觸。這個擁有遠大商業抱負的男人，如今將前進西非、前進剛果，他將成為當地一股重要的力量，不論帶來的結果是好或壞。」[45]

利華毫不耽擱，立即著手自己的計畫。該年底，他已經從利物浦運送了一千噸的機器到盧桑加的一家工廠，並將盧桑加重新命名為「利華維爾」（Leverville）。[46]一九一二年三月，第一批剛果棕櫚油已經運至安特衛普。（一個月後，一個象牙匣裡端放著一塊以這些油製成的香皂，呈至阿爾伯特國王的王宮門前。[47]）幾個月後，利華在妻子與隨行人員的陪同下，親自前往剛果。[48]沿著滔滔水流而上，他目睹了作家約瑟夫．康拉德（Joseph Conrad）在小說《黑暗之心》（*Heart Of Darkness*）裡描述的原始叢林景色，書中是基於作者二十年前的親身經歷所寫成。「順著這條河往上游就像回到世界初始，」康拉德寫道，「彼時陸地上植被茂盛，大樹為王。」[49]作家整趟旅程多數時間都罹患痢疾且高燒不退[50]，他還目睹了先前所描述的那種暴行——「我看見營地裡躺著一個巴康果部族（Backongo）的屍體，」他在一篇日記裡寫著。「被射死的嗎？氣味好難聞。」[51]——這也許可以解釋為什麼他在書裡形容剛果河是「一條展開的大蛇」，深入「地球上最黑暗之處之一。」[52]

利華在自家豪華的尾輪船「**盧桑加**（這個名稱找到新用途）」上欣賞著眼前的美景，對前景更加樂觀。他在日記裡寫著，在利華維爾的油棕樹「都很健康強壯，結出的果實與雜亂叢生的野生油棕樹的果實一樣好。」[53]他對工作環境則不太樂觀。在天然油棕林收成果實比採集橡膠更加艱巨——甚至可以說更加危險，比屬剛果棕櫚油廠的駐地員工一直很難找到人來做這份工作。

儘管他的副手已經解釋過了，但利華還是不明白為何勞動力會是個問題。「當地人的素質好，很願意也很急著要討好白人，」[54]他在日記裡寫道。「若能更加理解非洲人，他們會是很好的工人。就我所知，他們的表現值得稱讚。但這裡的白人老是叫他們『懶惰黑鬼』。他們只是個孩子，是願意做事的孩子，但需要訓練跟耐心對待。」

利華已經答應比利時政府將在五處油棕種植園裡各興建一所學校與一間醫院，他與耶穌會傳教士達成協議，交由他們辦理，建議他們要訓練最有前途的剛果人擔任簿記員、技師與其他商人——只要早一點開始訓練他們的話。「這是眾所皆知的事實，」利華寫給某一名主管，「非洲人一旦長大成人，大腦就會停止接收新資訊。」[55]

為了滿足國內對於棕櫚油與棕櫚仁的需求，剛果殖民當局與利華的代理人開始向酋長們施壓，派遣更多人力投入生產。比屬剛果棕櫚油廠廠方最終說服比利時政府徵收人頭稅，到了一九一四年，所有剛果男人都需要支付impôt indigène，妻子們則被徵收額外費用。（關於妻子的稅制是針對酋長而設，酋長們實施一夫多妻制，被迫得徵召更多工人或派自己的奴隸才能償還鉅額債務。）利奧波德二世掌政時，當地官方代理人開始襲擊村莊，揮舞著嚇人的「奇科地」。沒過多久部落回以箭矢反擊。招募人員開始隨身攜帶軍隊，收受了豐厚報酬的酋長們則迫使整個村落搬遷至利華種植園與工廠附近。

回到英國，利華則將他在非洲的成就視為跨文化合作的典範。[56]「顯然我們在剛果唯一的生存權，是以合情合理的做法，發展並改善剛果與當地種族，」一九一八年，他寫給一名同事的信上寫道。「同時我們當然也平等兼顧英國顧客。我認為，唯有兩者並行才能臻及完美，這需要比利時與英國政府的幫助。」[57]

一九一四年戰爭爆發後，利華在德國的市場崩塌了，英國政府也開始限制任何與荷蘭生意上的往來。「我們花了三十年累積起來的生意基礎，都被破壞了，」他怒火中燒地說。[58]

實際上，這場衝突帶給他極大的好處。除了向軍火商提供甘油（製皂的副產品，用於生產無煙火藥），利華提供給英國政府的肥皂與人造奶油，是以因封鎖無法銷售給德國的廉價棕櫚油與棕櫚仁所製成。[59]一九一四年至一九一八年間，英國人造奶油的年產量從七萬八千噸，成長到二十三萬八千噸，利華因而開了一家專門製造人造奶油的工廠。[60]戰時對棕櫚油與棕櫚仁的高需求，導致兩者價格一飛沖天——棕櫚油從一九一四年每噸二十九英鎊，隔年飆漲至每噸四十一英鎊——英國政府最後只得針對兩項原料制定價格上限[61]。

而在另一片大陸，剛果人並沒有從這波物價上漲得到任何好處。相反地，愈來愈多當地酋長提供的勞工是奴隸，大多是婦女與小孩。一九二一年，一位省長在報告裡寫著，「因為有些人在利華維爾工作時或回部落的途中死亡，當地人想到要被徵召就覺得害怕，所以公司很難在尼亞迪（Niadi）地區招募員工。」他解釋，持續不斷往返村莊與工廠與兩地奔波的長距離，不只容易傳播疾病，也破壞了原本傳統家庭關係。[62]

一九二三年，一名叫做埃密利耶．勒瓊（Dr. Emile Lejeune）的比利時醫生於利華的盧桑加種植區進行了為期六天的巡視，並向所在地的省長遞交了一份報告。他寫道，當時已雇用約六千五百名員工的比屬剛果棕櫚油廠，許多人的工作期限是三個月，但卻連條毯子或把大砍刀都沒有。「奎盧河晚上很冷。有時一陣濃霧籠罩著河床，直到隔天早上才散去，歐洲人得裹得緊緊地才能保持溫暖。此外，許多人因呼吸系統疾病去世。我認為毛毯是絕對的必需品。」[63]

他接著說，利華公司雇用了「非常大量」的青少年與孩童。「我在利華維爾看見孩子或青少年推著推車，在奎盧河的船上裝載木頭與油棕果實。他們不是該做這些工作的年齡。」他也寫道，這些工人一直無法取得烹調食物的設備。「任何人要是知道原本黑人們的食物有多澎湃，以及在村莊裡準備食物的衛生條件，都不會太意外工人們為何不滿意公司所提供的飲食。」[64]

雖然利華在英國吹噓自己在剛果興建最先進的房屋與學校，但勒瓊形容這些建築是「磚造的營房，如果有廁所、廚房與垃圾坑，外圍有圍欄、能清除營區裡的灌木叢，並定期粉刷，那就太好了。此外，這個營區僅能容納為數不多的在職工人……在這種情況下，不難理解為何三個月工作期滿的工人會拒絕重回崗位。」他又補充，這些工人完成任務後，每個人都消瘦許多。「總而言之，我發覺這裡的情況相當悲慘，比屬剛果棕櫚油廠於利華維爾與昆吉（Kwenge）兩處提供給黑人的醫療服務，存在明顯的缺失，我感到非常失望。」[65]

（與此同時，日光港的模範花園城市也成為海市蜃樓。實際住在裡面的利華員工與眷屬不到一半，住戶們對房子也不甚滿意。[66]）「任何思想獨立的人都無法長期忍受日光港這裡的氛圍，」工程師工會波頓分會的秘書於一九一九年寫給利華的信裡這樣呈述。「這對閣下可能是新聞，但我們已經嘗試過了。這套分享利潤的系統不僅奴役、貶低工人，使他們變得奴性、阿諛，更讓他們淪落到機器維護機器的水準。」[67]

一九二四年一月，比屬剛果臨時總督將勒瓊醫生的報告轉交給殖民地部長，並附上一張紙條：「在非洲的主事者將招募不到員工的過錯，歸咎於黑人的懶惰，但真正的原因出在他們對待員工的方式。至關重要的是，比屬剛果油廠（Huileries du Congo Belge）董事會得了解奎盧的真實情況，並積極迅速干預。」[68]

該公司的干預方式是實行一種所謂三方合約，據說這種做法獲得全數五處種植區的省政府與當地民眾同意。這份合約完全壟斷這五區，當地貿易商於五個種植區的半徑六十公里範圍內不得銷售棕櫚油或棕櫚仁，甚至禁止他們收成自己的油棕果實，敢這麼做的話就會被控竊盜，以河馬皮鞭處以鞭刑。除此之外，包含舞蹈、釀酒與部落慶典等本土傳統都被禁止了。幾年後，一名比利時區專員在期刊《剛果》（*Congo*）上發表一篇文章，描述了三方合約對其管轄範圍的影響。「目前情況與（利奧波德的）剛果自由邦的特許區非常類似，」他寫道。「不只是土地與棕櫚樹的問題，還包括油棕林裡或白人企業裡或多或少的強迫勞動，不同型態的徭役，以及不准打獵、不准割棕櫚樹取酒、禁止舉行慶典等羞辱，這些新的規定與羞辱擾亂了當地人的生活方式，帶給他們痛苦。」他寫道，「生活在被賣給利華公司的土地上，他們不再覺得這裡是自己的家，對於白人正義的信任也深深的動搖了。」[69]

而此時的利華，正在英國過上他人生最美好的日子。一九二〇年，繼兼併英國最後兩家與其競爭的肥皂公司後，[70]他以逾八百萬英鎊的價格，買下喬治・戈第的前皇家尼日公司，兼併這家棕櫚油貿易公司巨頭。[71]（這項消息在「修道院」引起的反應不太好，戈第召來他的老同事斯卡伯勒伯爵（**Earl of Scarbrough**），給他兩萬英鎊現金，要他去對抗「肥皂鍋（soap boiler）。」）[72]一年後，利華收購倫敦的皇家旅館（**Royal Hotel**），這座旅館由德・凱澤（**De Keyser**）於一八七〇年興建。利華將其重新命名為利華大樓（Lever House），並將公司業務遷於該處。[73]但到了一九三二年，這座位於維多利亞堤岸旁黑衣修士橋附近的建築，由於業務不斷擴增，顯得太過擁擠，因而被夷為平地，原址重建全新的利華大樓，《標準日報》（*Daily Standard*）將其描述為「現代商業的奇蹟大樓……最理想的狀況下能容納四千名員工。」當時利華風風火火興建了各種豪宅，他的藝術收藏更能與國內各收藏家媲美。[74]

一九二四年，這位大亨再度、也是最後一次造訪剛果。[75]他乘坐著「豪華號」（Cabine de Luxe）逆流而上，以金屬絲網保護他免受蚊子煩擾，船上的菜單有鵝肝醬、魚子醬，「藉著這種飲食來『熬過』」這段旅程，他在一封信裡開玩笑道。看見比屬剛果棕櫚油廠有七座工廠、至少十九艘輪船與七十二艘內河駁船，讓他相當滿意。[76]當地非洲員工數多達一萬七千人。[77]「獨木舟在前攤優雅地划著」，他在一封信裡寫道，「沒有比這個更好的貢多拉了，黑棕色的大力士、深膚色的婦女與少女們，胖乎乎的黑人小孩都開心地笑著。」

笑著，也許吧——或者可能從遠遠地看起來像是笑著。如果他在岸上多花點時間，就會發現他的剛果員工們，就像鄰國奈及利亞的布拉斯人，覺得自己被逼到瀕臨崩潰邊緣。事實上，奈及利亞近期才爆發一次血腥叛亂，直衝戈第的皇家尼日公司而來。一九二九年，謠傳該殖民地的婦女們會跟男人們一樣被徵稅，奈及利亞好幾個小鎮紛紛爆發抗議。警方在賈賈的奧波博與其他地方朝著人群開火，超過五十名婦女喪生、幾十人受傷。[78]「我們悲憤的是，這已經不是我們以前的土地，」一名抗議者事後表示。「我們都快死了……自從白人來了之後，我們的油沒辦法帶來財富。我們的棕櫚仁沒辦法帶來錢財。如果我們拿貨物或山藥到市場上賣，穿著制服的法院代表會把東西沒收。」奈及利亞的歷史書總以好幾頁的篇幅描述該國因棕櫚油爆發的「一九二九婦女起義」。[79]

兩年後在剛果發生了一起最嚴重的反抗事件，住在基蘭巴（Kilamba）的潘德（Pende）部落族人拒絕派人前往比屬剛果棕櫚油廠盧桑加地區擔任砍伐果實的工人。某天早晨，當族人們得知比利時招募人員將造訪部落，男人們趕緊逃進森林裡，利華公司主管便抓走了他們的妻子，把她們關在一個穀倉內。招募人員與殖民地官員們在三天內喝了一箱的酒，反覆輪姦在穀倉裡的婦女。最後整件事演變成長達數月的事件，約千餘名潘德部落的人遭殺害，其中一名比利時招募人員被斬首、肢解。[80]

屠殺事件發生後，比利時派了一位住在金夏沙的律師歐仁．楊格斯（Eugène Jungers）調查始末。他在最終報告裡寫道，「所有砍伐果實工人可以說都是被迫去利華維爾工作的，不是被『授勛』的酋長，就是被殖民地公務員與代理人直接強迫……任何了解當地習俗的「叢林居民」都不會認為在部落資源幾乎充足的情況下，部落的人會為了生活在非常惡劣的條件裡，甘願徒步跋涉到五、六天路程外的地方工作，長達半年拋家棄子。」楊格斯續道，為比屬剛果棕櫚油廠工作的兩萬人裡，「不到四千人住在河岸的大營區裡，根據一名目擊者表示，……許多人都住在破破爛爛的小屋，『跟動物一樣』被關著。」[81]

一九二九年，利華公司旗下的尼日公司與西非另一家大型貿易集團「非洲與東方貿易公司（African and Eastern Trade Corporation）」合併，成立聯合非洲公司（United Africa Company）。[82]（不要跟戈第最初的「聯合非洲公司（United African Company）」搞混。）同年，利華兄弟與前述兩家荷蘭公司所結合的「人造奶油聯盟（Margarine Union）」合併，《經濟學人》形容這是「歐洲歷史上最大的工業合併之一」。[83]聯合利華與其子公司並未立即成為「健康」、「包容」的模範。例如，一九三九年，一家英國委員會發現聯合非洲公司與其他貿易商一直以來壓低付給西非農民的價格。二戰期間，流亡倫敦的比利時政府與剛果總督勾結，對當地人施加愈來愈苛刻的要求，強逼他們得為戰爭做出貢獻。一九四二年三月，通過了一項新法令，村民被迫得無償栽種、收成、採集油棕果實與野生橡膠的天數，從六十天增加至一百二十天。違反這項法令的人，當局加重刑期，從原本被關七天，增加到一個月。剛果遭殖民統治期間（直至一九六〇年），始終存在著高壓政治與壟斷，村莊的領導者因提供勞力而獲得好處，拒絕工作的果實砍伐工人會被送進大牢，直到一九五九年，牢裡仍使用河馬皮鞭作為懲罰。[84]

一九二五年五月，利華過世之前（僅比戈第早三個月），建了一間哥德式教堂、將一座波頓老建築轉型為博物館，並建造了幾幢豪宅，其中一座有正式的花園、寬敞的藝廊與大型動物園。

他還收藏了超過千件的民族誌物品，從武器、衣服、面具、碗，到獨木舟與原住民服飾。他贊助藝術的事蹟最終與亨利・克萊・弗里克（Henry Clay Frick）與約翰・D・洛克菲勒（John D. Rockefeller）相提並論，且有一本書的作者將利華的人生與安德魯・卡內基（Andrew Carnegie）與伍德羅・威爾遜（Woodrow Wilson）歸為同類。和戈第一樣，利華與賽西爾・羅茲的生涯成就被拿來相比。[85]「後來的日子裡，兩個人逐漸互相欣賞對方，」利華的兒子寫道（他父親設法讓他就讀英國貴族中學伊頓公學與劍橋大學），「兩人在許多方面的性格與成就都很相似。他們都擁有不凡的勇氣、組織能力與開闊的視野，且都為非洲帶來了巨大的貢獻。」[86]

當然，也許非洲人難以苟同這個觀點，但說到棕櫚油，這項產業已開始蓬勃發展。幾位英勇的丹麥人、法國人將目光投向這種獲利豐厚的作物，並為這項產業奠定基礎，讓油棕在東方擁有當時沒人預想得到的未來。

第四章　南中國海的花花公子

這片叢林將見證其他愚蠢行為。

——亨利・佛康涅，《馬來亞的靈魂》1

站在《維多利亞號》的甲板上，海風吹亂了他捲翹的棕髮，一名年輕的法國男人看著馬賽的燈光漸漸隱沒於遠方。那是一九〇五年三月，亨利・佛康涅剛與母親與四名手足，以及摯愛的家鄉夏朗德（Charente）道別，那裡位於波爾多（Bordeaux）東北方約八十五英里。他父親查爾斯（Charles），一位魅力十足的干邑經銷商，在四年前過世了，家裡的孩子們也因此結束了如田園詩般充滿音樂、文學與藝術的童年。佛康涅的身材頎長、削瘦的臉頰更凸顯出大大的鷹鉤鼻，他隻身搬到英國，在那裡學英語（與板球）的同時，一邊教授讀預科的男孩們音樂與法文，就在這時他剛好讀到一篇文章，提到歐洲人靠著在婆羅洲的叢林裡種植西谷米（一種澱粉棕櫚）賺大錢。他說服了一位有錢的同鄉出資買船票，兩人於初春啟程向東航行。[2]

他們搭乘的船在新加坡下了錨，當年二十六歲的他還記得那城市的氣味：「一種濃稠而溫暖的亞洲氣味，瀰漫在厚重的空氣裡，可能來自於土地，也可能來自於碼頭上黃褐色的人群。」兩人可能沿著碼頭漫步，身旁是來自世界各國船隻雲集的船桅與煙囪，然後在萊佛士酒店（Raffles Hotel）的露台上牛飲著杜松子酒。過去幾年，這座迷人的建築接待過魯德亞德・吉卜林（Rudyard Kipling）與約瑟夫・康拉德（Joseph Conrad），書呆子氣的佛康涅近來也透過閱讀他們的作品找出自己的路。[3]三年前，萊佛士的客人們被一頭從海灘路（Beach Road）一家馬戲團逃脫的老虎嚇壞了，老虎一路逃竄到酒店的酒吧與撞球間，最後遭到射殺。[4]

鎮裡的外國人圈子流傳，真正進帳大筆現鈔的不是婆羅洲西谷米種植園主，而是馬來聯邦的橡膠園主。三十年前，一名叫做亨利・威克漢（Henry Wickham）的英國人深入巴西叢林，回程扛了含有七萬顆橡膠種子的巴西橡膠樹（Hevea brasiliensis），放在返回倫敦的船上。皇家植物園（Royal Botanic Gardens）的員工們栽種了數千種植物，將這些植物送往新加坡、英屬馬來亞與荷屬東印度群島等地。[5]在歐洲金主的金援下，許多勇於開創的外國人仿造遍布蘇門答臘東海岸與馬來半島西部利潤豐厚的咖啡與菸草種植，建立了數座橡膠園。[6]一八九〇年，全世界橡膠年供應量大約有百分之八十五仍來自巴西（其餘來自*Landolphia owariensis*，即利奧波德國王摯愛的剛果盆地藤本植物），但情勢很快就變了[7]。從種植園收成橡膠不僅比跋涉穿越熱帶雨林砍伐樹木與藤本植物來得容易許多，來自中國、印度、爪哇的大批低薪契約工，大大降低了生產成本，也更有效率。[8]

一九〇五年，全球橡膠需求大增、價格隨之上揚，從三年前一磅四先令，漲到一磅十二先令。[9]雖然突如其來的東南亞橡膠種植熱，導致短期供過於求，但一九一〇年左右汽車業蓬勃發展，帶起難以估計的輪胎需求量，讓橡膠價格再度攀升。不久後，亞洲種植園產出的高品質優良橡膠注定了巴西橡膠業的沒落。（下次去里約別提到亨利．威克漢的名字。）[10]

佛康涅在吉隆坡西部沿海低地巴生市的一座橡膠園，找到為期六個月的學徒工作，學習栽種橡膠的基本功，他已經能說著一口流利的馬來話與園裡眾多南印度同事所說的泰米爾語（Tamil）。才短短幾個月，他當上主管，在漫長而炎熱的日子裡，指揮赤腳的「苦力」團隊或雇用的工人們清理森林、興建苗圃，並在泥土裡種植橡膠樹幼苗。（「苦力」這個詞源自於泰米爾語Kuli，「薪資」的意思，如今被認為帶有種族歧視意味，似乎是大英帝國時期以簽署契約的勞工取代奴隸時，引進的用詞。）[11]該年底，佛康涅寫信給母親與法國其他親戚，要他們匯錢資助他買地。他在距離吉隆坡西北方約四十英里的雪蘭莪河（Selangor River）對岸，找到一片丘陵地，最後在蘭斗班讓（Rantau Panjang）買下一千五百英畝的地。一九〇六年，他大多都住在一間小茅草屋裡，忙著建造他的「棕櫚屋（House of Palms）」，後來的幾年他都稱這座通風的斜屋頂平房是自己的家。「很多事要考慮、要注意，」他在一封信裡寫道。「沒有家具，盡可能不要穿太多衣服，以米飯與醃製品為主食，橡膠園園主和他的苦力們一同度日，他既是國王、法官、也是醫生，在靈魂的孤獨裡只能倚靠自己，擁有至高無上的權力，卻隻身一人。」[12]

他形容那裡的叢林，「裡頭的樹木比人高上二十、三十倍」——荷蘭作家馬德隆·盧洛夫斯（Madelon Lulofs）在一九三三年出版的小說《白金》（*White Money*）裡，引述這句話——他也驚嘆要讓一棵樹倒下得耗費多少時間與精力。劈去大樹下茂密的矮樹叢後，一隊工人會拿著斧頭花上數小時對著巨大的樹幹砍、砍、砍，直到它倒下。有時候大樹的樹根大到伐木工人們得搭建腳手架（scaffold），才能搆到樹幹。樹木砍伐殆盡後，他們會放火將植被燒得一乾二淨，最後成為我在賴比瑞亞途中見到的死褐色地貌。[13]

比利時銀行家暨農學家阿德里恩·哈雷特在新加坡落腳時，聽說了佛康涅在吉隆坡北部叢林的事蹟，打算與他見上一面。哈雷特靠著在利奧波德掌權的剛果種植了大面積的橡膠與油棕樹而致富，他最近才剛搬到蘇門答臘想如法炮製。一九〇九年，哈雷特開始一連串種植與金融業務，最後成立「金融橡膠公司（La Société Financière des Caoutchoucs）」，又稱「蘇爾芬（Socfin）」（稍後會詳細介紹），兩年後他先在兩處種植了油棕，其中一處位於蘇門答臘的日裡雪冷縣（Deli Serdang）的Bangun Bandar[14]。後來這兩處成為印尼最早專門從事商業貿易的油棕園。[15]（油棕約於六十年前引進東南亞，當時四株幼苗從留尼旺島〔Island of Reunion〕與阿姆斯特丹的植物花

亨利·佛康涅攝於馬來亞，約一九一五年

園，被送往爪哇島茂物市〔Bogor〕的植物園。最初用來裝飾菸草園。）[16]

和哈雷特碰面的幾個月後，佛康涅帶著新朋友的金援，前往布魯塞爾，成立了自己的種植園公司。回到馬來亞後，他將哈雷特給他的幾株油棕樹苗種在棕櫚屋入口裝飾長廊上。

他很快就大賺一筆——一九一五年，橡膠價格漲了兩倍，追過了錫，成為馬來亞最有價值的出口商品，佛康涅買了第二塊地，種植咖啡與更多的橡膠。第一次世界大戰爆發時，他才創業三年，就得回歐洲服役。兩年後，當咖啡與橡膠價格暴跌，佛康涅建議他在馬來亞的下屬們將這些作物通通砍除，改種油棕。第二座種植園，取名為「田納馬讓」（Tennamaran），後來成為馬來西亞首座專門的商業油棕園。一九一七年，佛康涅設法悄悄離開崗位，在法國的家中與一位種植園同行的妹妹瑪德蓮．梅斯莉爾（Madeleine Meslier）結婚。[17]這對夫婦在往後幾年鮮少碰面，懷了孕的梅斯莉爾在西貢蹲守住了幾個月，一九一八年她帶著還是嬰孩的女兒安全抵達法國，儘管兩人搭乘的船在地中海遭魚雷擊中。[18]

一九二〇年代初期，橡膠價格不斷下跌，愈來愈多的東南亞種植園主走上哈雷特跟佛康涅的路。[19]蘇門答臘的油棕種植面積很快就超越了七萬七千英畝，雖然相比之下，馬來亞的油棕面積才八千四百英畝，但二〇年代末已經狂飆至五萬英畝。[20]愈來愈多的棕櫚油從馬來亞出口到美國，製皂商放眼高檔品牌，人造奶油製造商開始以棕櫚油替代本土棉籽油。美國人看重新產品的穩定性與溫和口感，從西非進口的油反倒味道太酸——西非的英國官員因而開始稱呼這項東南亞新興產業為「東方威脅」。[21]

同時間，哈雷特加快拓展蘇門答臘的速度，他增加了蘇爾芬的種植面積，投資增加產量的研究與基礎設施計畫。並在該島東海岸勿拉灣（Belawan）興建容納巨型金屬油桶的散裝設施（bulking installation），漸漸汰換原本非洲貿易那種會漏油的油桶。[22]運往歐洲的出貨量成倍增加，到了一九三二年，馬來亞一群棕櫚油生產商集資建造一座位於新加坡的散裝設施。[23]

同樣在棕櫚油業大放異彩的外國人，還有兩個丹麥人，威廉·連納特·古魯特（William Lennart Grut）與阿格·威斯騰侯茲。佛康涅從馬賽啟航後隔年，古魯特搭船來到了暹羅（Siam），他來幫忙姐夫威斯騰侯茲新建的橡膠園。威斯騰侯茲早在二十年前就從哥本哈根來到暹羅東部，當時他才二十六歲，已是出色的土木工程師，在曼谷電車公司（Bangkok Tramway Company）覓得一職，並迅速獲拔擢。威斯騰侯茲的個性隨和、聰穎，天生就適合擔任領導者，不久後就被任命為暹羅電力公司（Siam Electricity Company）的董事會主席。幾年後他在一個叫做十碑（Jenderata）的地方投資了一塊土地，就在佛康涅住所往北數小時距離的茂密叢林裡。（他也匯錢給任性的姪女凱倫·碧麗克絲〔Karen Blixen〕，資助她在英屬東非的咖啡園。）一九二六年，他在烏魯波南（Ulu Bernam）買了第二塊地，專門種植油棕。[24]

雖然烏魯波南距離十碑才十七英里，但兩地之間缺乏像樣的路，只能花上七個小時搭船，逆流渡過大批身長二十英尺的鱷魚出沒的河流。古魯特與威斯騰侯茲花了好幾個月砍伐竹林，涉水渡過高度及腰的河流，開墾土地時，他們得與食人爬蟲類、黃蜂與大象群奮戰。當擔任新主管的艾克索·林德奎斯特（Axel Lindquist）於一九二九年來到十碑——當時他的親戚（也就是威斯騰侯茲與古魯特）已經成立「聯合種植」（United Plantations Berhad，UP）——他聽說一名十二歲的男孩剛剛在河邊被咬死了。接下來的四年裡，林德奎斯特為了報復殺了至少一百五十五條鱷魚，有些是直接槍殺，大多數是用所謂「釣魚」的方法置牠們於死地：他先把一隻死猴子掛在一個大魚鉤上，再把魚線繫在河邊的一棵樹上。等到鱷魚一旦上當撲向猴子，身體就會被刺穿。[25]

一次從曼谷開往新加坡的船上，這些丹麥人與一名荷蘭種植園主偶然起了衝突，成了他們改種油棕的契機。[26]雖然聯合種植如今已躋身油棕業最創新、最成功企業之列，創業之初的路並不平順。兩人種下第一批油棕樹苗的隔年，雨季下起滂沱大雨，成群的老鼠結伴逃出叢林。威斯騰侯茲招募了大批泰米爾工人捕殺這些嚙齒動物，才短短兩個月，老鼠們就扼殺了兩千株油棕幼苗。倖存下來的油棕恰好在兩次世界大戰間的經濟大蕭條低點，達到成熟狀態。

雖然許多外來的油棕種植園主終能致富，極少人會稱自己的日子很好過。甚至可說，與世隔絕與會吞噬靈魂的無聊，跟當地高溫、蚊子肆虐與鱷魚一樣充滿威脅。一般的種植園主每天工作十小時，下工後回到自己簡陋的平房，脫下汗涔涔的卡其服與叢林帽，身邊唯有一名年輕男僕的陪伴以及溫熱威士忌的慰藉。種植園公司早年不鼓勵結婚，歐洲女性鮮少出現在當地。無論是什麼社交活動，都是同一群被太陽曬得通紅的單身漢週末聚會，他們喝著熱啤酒、數落著自己頑固的工人、抱怨這週哪些機器又故障了。與世隔絕、酗酒、種族主義──所有的一切都記載於當時的文學作品裡。葛拉罕．葛林（Graham Greene）反思帝國統治下的馬來亞，抱怨「英國俱樂部、粉紅杜松子酒，與會被毛姆（Maugham）記錄下來的小醜聞。」[27]

不只是英國小說家薩默塞特．毛姆（Somerset Maugham），匈牙利的賽克伊（Ladislao Székely）與妻子馬德隆．盧羅弗絲（Madelon Lulofs），作品主題都著重於外籍種植園主的生活。佛康涅自己則寫了小說《馬來亞的靈魂》（*Malaisie*），並於一九三〇年獲得在法國等同於普立茲獎的「龔固爾文學獎」（Prix Goncourt）。這本小說的主角深深著迷於新家的異域風情，卻因自己也參與其中的暴行而飽受折磨──這些暴行不只針對那片土地，還包括當地居民們。[28]讀到書末「狂亂的」場景，讓人很難不聯想到三角洲布拉斯族人、剛果的潘德部落與發起抗爭的奈及利亞婦女，這些人都無可避免地被逼到了理智的邊緣。「這種被稱為『amok』的狂熱很可能是種報復。」佛康涅小說的敘述者沉吟著，「透過反抗實現自我解放；一個對於暗示過於敏感的靈魂，因意識到自己被奴役而感到羞辱，最後崩潰了，累積了過多的精力，只需最微弱的藉口就可以讓其釋放。」[29]

「苦力」的生活著實黯然無光。逃離中國與印度的戰爭與飢荒後，數千名絕望的苦力暴露在昆蟲以及叢林裡無數的威脅中。他們住在骯髒的棚屋裡，吃的僅僅足夠讓他們能夠繼續工作，卻經常遭受瘧疾、登革熱、貧血與腳氣病等疾病的折磨。還有各種傷勢。無論是毒蛇咬傷、踩到森林地面散落的竹片導致腳部撕裂傷，或從棕櫚樹上跌落傷到了背。和利華的剛果自由邦一樣，勞工制度反映了那個時代的想法。社會達爾文主義假設世界上的種族演進成不同性質的亞種，每一個種族都在社會裡占有特定位置。白皮膚的歐洲人占據了最高位階，膚色黑的非洲人則處於最底層。[30]「從勞工的角度來看，」英國錫礦大亨查爾斯・沃恩福德・洛克（Charles Warnford Lock）於一九〇七年寫道，「實際上有三個種族，馬來人（包括爪哇人）、中國人跟泰米爾人（通常被稱為Klings。）從本質上來看，馬來人很懶、中國人是小偷、泰米爾人是酒鬼，但從工作層面來看，若每一種人都受到適當監督的話，他們都很便宜，又有效率。」[31]就像美洲種植園的奴隸與非裔巴西人跳的Candomblé，苦力視音樂與靈性為慰藉與反抗。「我整天鋤地，晚上睡不著覺，」一首他們工作唱的歌這麼唱著。「今天我渾身都痛，詛咒你們這些arkatis（招募人員）。／我日以繼夜的勞動／從進了你家開始。／身體的皮膚都乾涸了／幸福不過是個夢。」[32]

一九三四年，荷屬東印度群島（今日的印尼）棕櫚油年產量已超越奈及利亞，意謂著這個產業出現了翻天覆地的變化。[33]幾年前，奈及利亞殖民當局官員派了兩名農業專家到亞洲試圖找出為何產量會被大幅超越，卻相當不滿專家們最後帶回來的報告。[34]首先，報告裡說了，蘇門答臘與馬來亞的油棕以整齊劃一的方式種植，行列之間留有寬敞的道路，方便接近樹木，且好維護周圍地帶。因為樹木相距一定距離，生長速度較慢，果串成熟的位置離地面更近，方便採收，採收時也不那麼危險。亞洲的種植園主已經開始安裝窄軌鐵路，載著果串的車能直接從種植區開到工廠，有助於維持低酸度。（後來，配備蒸氣管線的鐵路油罐車能確保油維持液態，直接被抽送至港口的汽船。）簡言之，東南亞實施的多項改善升級、品質控制系統都表明了——在偷來的遺傳物質與實際上是苦役的體制助長之下——奈及利亞油棕貿易將步上巴西橡膠業的路。也就是說，過時了。[35]

但這件事晚一點才會發生。二戰的爆發讓亞洲棕櫚業猛踩煞車，當時蘇門答臘與馬來亞的油棕種植面積分別達到約二十三萬五千英畝[36]、五萬七千英畝[37]。一九四一年，日本軍隊突襲兩地，歐洲園主們大肆逃離——其中一些人靠著私人飛機死裡逃生——遺棄了他們的中國與泰米爾工人。日本人占領了暹羅的種植園、囚禁原本的管理人員，數百名工人被迫在「死亡鐵路」上工作。[38]只有半數的人活著回來。[39]（法國小說家皮埃爾．布勒〔Pierre Boulle〕在戰前、戰後都曾擔任哈雷特蘇爾芬的種植園主，他在小說《桂河大橋》〔*The Bridge on the River Kwai*〕描寫了這條鐵路，後來成為同名獲獎電影的藍本。）一九四五年歐洲人回到他們的種植園後，發現作物跟設備都毀損了，日本人只留下了一些油棕樹，顯然是因為油棕果實含有豐富的維他命才倖免於難。

直到一九四七年都是英國北婆羅洲（今日的沙巴）的首府山打根[40]，是其中一處永遠留下戰爭傷痕之地。這座城市近來因成為叢林之旅看紅毛猩猩、侏儒象的出發點而聲名大噪。但歡欣口吻的旅遊手冊只說了一部分的故事。我造訪當地搭乘的那架飛機降落使用的跑道，其實取代了澳洲與英國戰俘於一九四二年建造的那條跑道。住在一英里半外的戰俘營人數約三千五百人。一九四四年底，上頭下令，「徹底殲滅他們」，日本士兵便槍殺、吊死、毒死了一千名山打根的囚犯。一九四五年一月，當時盟軍的空襲炸毀了飛機跑道，日本人強迫剩下的兩千四百三十四名戰俘徒步至一百六十五英里外的拉瑙（Ranau）。俘虜們憔悴不堪、衣衫襤褸，飽受痢疾、瘧疾與腳氣病各種折磨，他們艱辛穿越沼澤、爬上山頭，在茂密的叢林裡劈出一條道路，沿著直接橫過河流的小徑前行。膽敢休息的人慘遭槍殺、被刺刀刺死或被棍棒打死。（後來還有途中被釘在十字架上、閹割、吃人肉的報導。）一九四五年底，山打根的所有戰俘都死了，唯有六名澳洲人成功逃跑。建於原有戰俘營址的「山打根紀念公園」所展出的照片，那情景堪比納粹的奧斯威辛集中營。[41]

（在另一塊大陸上，這場戰爭至少留下了一件快樂的事情：當戰爭打到最激烈之時，一名住在義大利皮埃蒙特的烘焙師，將當地盛產的榛果做成巧克力糕點，作為戰時的可口糧。皮特羅·費列羅（Pietro Ferrero）最初賣的是塊狀的榛果巧克力（Gianduiot），但在一九五一年推出鮮奶油狀的產品。十年後，他的兒子接手事業，以創意手法調整配方，推出可塗抹的榛果巧克力「Supercrema」，後來重新命名為「能多益（Nutella）」。自此之後，這間家族企業愈來愈仰賴棕櫚油，如今棕櫚油占這種廣受喜愛的抹醬比重多達五分之一。）[42]

在戰爭爆發之前，農藝學家哈雷特一直在研究油棕品種，希望能培育出一種耐寒、油產量多的作物。他的棕櫚樹種源自於當初植物園的植物，多數是*dura*品種，產出的果實果殼厚、果肉較多。這些果實隨著蘇門答臘特有的土地與氣候演變，成為*Deli dura*品種，這個品種最初只產自哈雷特的種植園，後來遍及該地區。但哈雷特深信自己可以做得更好。一九〇二年任職於喀麥隆的德國植物學家們，發現當地有一種叫做*tenera*的油棕品種，產出的果實籽較小、含油的果肉比例較高。該品種在野外鮮少被發現，育種培植品質也不穩定，所以很快就被遺忘了，直到一九三〇年代，鄰國剛果的研究人員確定*tenera*其實是*dura*跟一種很少見的無殼品種*pisifera*的雜交種。得知這件事後，哈雷特開始雜交*dura*與*pisifera*，配出適合蘇門答臘土地的*tenera*。當戰爭中斷了所有事物時，他的試種區正位於蘇爾芬的*Bangun Bandar*種植園。

戰後幾年，合成橡膠持續侵占天然橡膠的市場，歐洲種植園主不得不放棄多數倖存的橡膠樹改種油棕——愈來愈多人種植哈雷特的*tenera*品種。但要將棕櫚業恢復至戰前蓬勃的面貌，是項複雜又艱巨的任務。[43]戰爭導致的後果包括了反殖民情緒，尤其當地人目睹不斷擴增的種植園面積如何顛覆他們原有的生活方式。在戰爭爆發的這幾年間，中國工人接管了被遺棄的種植園，並開墾了新的土地。但這一切並不合法，重返種植園的歐洲人斥責他們「擅自占屋」，要他們離開。到了一九四八年，出於前述理由以及醞釀許久的不滿情緒，馬來亞的農村地區爆發了游擊隊叛亂。（我們在第五章會談到，當時有一場類似的風暴正於蘇門答臘麻六甲海峽醞釀中。）

這場英國人稱為「馬來亞緊急狀態（Malayan Emergency）」、馬來亞全國民族解放軍（Malayan National Liberation Army）稱之為的「反英民族解放戰爭」（Anti-British National Liberation War）持續了十幾年，主要衝突都發生在橡膠與油棕園，住在城市的人反而與這些衝突隔絕了。克里斯托弗·黑爾（Christopher Hale）於二〇一三年出版的《馬來亞大屠殺，揭露英國的馬來》（*Massacre in Malaya, Exposing Britain's My Lai*）寫道，「當滿臉陰沉的種植者或種植園主走進吉隆坡的酒店時，」這些都市人「不可置信地（盯著）對方，彷彿看見從狂野的西部電影裡走出來的角色，他們腰間別著左輪手槍，或手持讓人望而生畏的步槍。」[44]

實際上，「馬來亞緊急狀態」奪走了數名種植園主與種植園管理人的性命，一九五一年，英國駐馬來亞高級專員也因此喪生。五十三歲的亨利·葛尼（Henry Gurney）和妻子在前往吉隆坡六十英里遠的一家高爾夫球俱樂部途中遭到伏擊，兩人坐在自家勞斯萊斯後座，葛尼試著逃出車外，但隨即遭槍斃。[45]不久前一座位於峇冬加里（Batang Kali）的橡膠園發生一場大屠殺，整個村莊遭人縱火，現場還發現了二十四具肢體不全的屍體。[46]

儘管「緊急狀態」肆虐，馬來亞的殖民官員與種植園公司仍傾全力推動這項產業。一九五五年，英國公司夏利臣（Harrisons & Crosfield）在吉隆坡南部興建了一座研究站，專門研究育種與害蟲防治。[47]蘇爾芬公司合併了佛康涅的公司後，也興建了類似設施，丹麥的「聯合種植公司」也如法炮製。[48]回到剛果，利華的比屬剛果棕櫚油廠（當時是聯合利華的子公司）開發了一種專為果肉格外軟糊的*tenera*種而設計的螺桿式研磨機，很快蘇門答臘跟馬來亞就大量採用了這種機器。隨著不斷擴大的肥皂與食品貿易，棕櫚油與棕櫚仁油的需求也持續增長（再加上剛果甫陷入政治動盪），聯合利華也開始將目光投向東方，於新加坡北方的居鑾（Kluang）種植了約一千一百英畝的油棕，最後更將觸角伸至婆羅洲北端的沙巴。[49]

「顏色、濕度、熱氣、空氣裡足夠的藍。」這是瓊·蒂蒂安（Joan Didion）的小說《民主》（*Democracy*）主人翁伊內茲·維克多（Inez Victor）被問到為何選擇留在吉隆坡，他給出的原因。書中背景是一九七五年，當時的吉隆坡仍是默默無聞的落後之地。[50]（「我們坐在一片沼澤森林裡，」蒂蒂安寫道，「在亞洲的邊緣，這座城市一世紀之前幾乎還不存在，如今存在的意義也不過出於某些跟領土相關但毫無意義的事。」）[51]四十多年後，一切都不一樣了。如今造訪吉隆坡的旅客，可以下榻於麗池卡頓酒店（Ritz-Carlton）、瑞吉酒店（St. Regis）或四季酒店，她可以背著寶緹嘉（Bottega Veneta）、Burberry、Tiffany與托尼·柏奇（Tony Burch）的提袋，昂首闊步走出閃閃發亮的購物中心。這座城市的天際線，包括像外型像一對陽具、由西薩佩里（César Pelli）設計的的雙子星塔，直到二〇〇四年仍是世界上最高的建築物，城市的天際線盡是如同川普酒店帷幕大廈的摩天大樓。起重機在城鎮四處呈直角盤旋，鮮綠色的保護網覆蓋在無數棟興建中的摩天大樓鷹架上。

但如今俯瞰吉隆坡，映入眼簾的是單一、獨特的綠色陰影。[52]油棕樹向四面八方蔓延，好幾百萬顆翠綠色小星號排列成整齊的矩陣，或以鬆散的同心漩渦狀自綿延不絕的梯田山坡傾瀉而下。馬來西亞近幾十年來對於油棕變得極端狂熱，甚至國際機場跑道裡才幾碼的距離就長出了粗壯的油棕樹。駛離時髦的建築、有如太空時代的弧線與懸臂樑，你可以在地面上看見完全相同的壯觀景色：種植在八車道高速公路兩側的油棕樹。

自一九五七年獨立後，馬來西亞政府面臨了如何重新分配國家財富給全國七百多萬公民的挑戰。[53]由於大部分農村地區仍處於極度貧窮，該政府因而成立「聯邦土地開發局（Federal Land Development Authority，簡稱FELDA）」，主要目的是「為無地者提供土地、為失業者提供工作。」而這些計畫免不了得砍伐大面積的雨林，才得以重新安置幾十萬個貧困的馬來家庭。除了分得一小塊土地，這些移居者還會獲得房屋、橡膠與油棕樹苗。聯邦土地開發局成立數年後，橡膠價格再次下滑，該局更大步向油棕靠攏。[54]這幾十年來，該局鼓勵與國外種植公司建立夥伴關係，並在馬來西亞半島與鄰近的婆羅洲開發了數十萬英畝的油棕園。（婆羅洲是世界上第三大島嶼，由馬來西亞、印尼、汶萊共同管轄，馬國占了三分之一，汶萊蘇丹國則占據北部一小塊範圍。）馬來西亞聯邦土地開發局是如今世界上最大的油棕地所有者之一，包辦商業私人種植園與小農種植園，以及多元化的業務，包括榨油、精煉、貿易與行銷產品，以及多種不相關的商業行為。[55]

馬來西亞為了種植油棕，砍伐大面積森林

一九六六年，馬來西亞成為世界最大棕櫚油出口國，超越了鄰國印尼。歐洲在戰時為了餵飽士兵與工廠工人，便興起了添加棕櫚油的冷凍或真空包裝食品與餐飲業提供的食物。後來精煉加工製造商將顏色鮮豔、味道濃郁的棕櫚油化成無臭、無味、無色的產品，用來取代更高價的奶油與豬油，愈來愈多種類的餅乾、脆餅與其他烘焙食品，也用棕櫚油來改善口感、延長保鮮期。棕櫚油高冒煙點（smoke point）的特質更適合拿來油炸大量薯片。[56]

除此之外，棕櫚油也進入了家庭廚房。一九五〇年代晚期，國際醫學界警告奶油的高飽和脂肪含量似乎會增加心臟疾病的風險，全球消費者因而投向植物油為基底的人造奶油。[57]到了一九六九年，聯合國報告指出，包括歐洲、美洲、亞洲與大洋洲八十五個國家的人都使用工業植物油（包括油棕製成的油）來煎炸食物，不再像過去一樣以水煮方式烹食。[58]

一九七四年，聯合種植公司開設了馬來西亞第一家工業棕櫚精煉廠。（其管理層也因推出收割桿而獲得好評，這種用來收割的工具很快就成為全球種植園的標準配備。）很快地，馬來西亞港口載著原油的油輪不再全數駛向外國加工，從更值錢的產品所獲得的可觀利潤，也不再只進到國外的銀行帳戶。其他的種植園公司跟著也成立了自己的精煉廠，正如同該產業的技術人員發明了新方法，可以將棕櫚油混進不同質地、不同化學成分的產品，彷彿什麼需求都能滿足。一九七〇年代原油價格飆漲也對該產業大有助益，以棕櫚油為主的油脂化學品填補了石油化學產品製造商減少供應時的空缺。歐洲國家增加棕櫚油進口量，馬來西亞因此栽種更多油棕，例如，在婆羅洲擴增種植面積。一九六四年至一九八四年間，馬來西亞逐步將種植業轉為國有化，該國油棕產量大漲逾二十五倍。[59]一九七九年，該國政府成立「馬來西亞棕櫚油研究所」（Palm Oil Research Institute of Malaysia，簡稱PORIM），旨在推廣棕櫚油產業，二十年後，該機構與同為國營的「馬來西亞棕櫚油註冊許可局（Palm Oil Registration and Licensing Authority）」合併為「馬來西亞棕櫚油委員會」（Malaysian Palm Oil Board，簡稱MPOB）合併。記住這個名字，接下來的章節我們會追蹤該機構的功績。

一九八〇年代早期，棕櫚業出現了一項重要的創新，與一隻小蟲子有關。一直以來，東南亞油棕都以人工方式授粉，一大群工人揮舞著特製的風箱，在適當時機小心翼翼將花粉吹到雌花上。但一名聯合利華資深員工，始終認為還有更好的做法。這名叫做萊斯利・戴維森（Leslie Davidson）的蘇格蘭人在二十歲時移居馬來西亞，一九五一年時，他種植油棕的經驗已長達數十年，更曾在喀麥隆駐點。在西非實地考察時，他注意到有些昆蟲經常成群圍繞著油棕。一九七四年，當時他升職擔任「聯合利華國際種植集團」（Unilever International Plantations Group）副主席，他派了三位昆蟲學家到喀麥隆調查。果然，科學家們確認「*Elaeidobius kamerunicus*」這種象鼻蟲是當地油棕主要的授粉昆蟲。但馬來西亞並不存在這種蟲，經過與馬國政府長時間的談判後，聯合利華終於獲得許可，引進大量的非洲象鼻蟲。一九八一年二月二十一日，該公司位於柔佛州（Johor）的員工輕率地往空中釋放了大約兩千只象鼻蟲。一年內，該國的油棕年產量暴增至四十萬公噸。[60]

隨著產量不斷上漲，該產業面臨到消除存貨的挑戰。許多公司與馬國政府合作，在亞洲、東歐、非洲建立新的市場，並尋求提高棕櫚油價值的新方法。大型公司垂直整合，不只精煉自家生產的油，更壓碎果仁、製造食用油、食品、特殊油脂（specialty fats）、油脂化學品，以及生質燃料。[61]

我戴上一頂安全帽，穿上一件螢光黃背心，和一雙厚重的黑鞋，跟著一名技術人員穿過「沙比油棕工廠」（Sapi Oil Palm Mill）的大廳，進入前方的停車場。該廠位於山打根以西兩小時車程

馬來西亞婆羅洲的沙比油棕工廠正準備進行加工作業

的比魯蘭縣（Beluran），每年加工約三萬噸棕櫚油。十幾輛翻斗卡車上堆著一座座尖尖刺刺的油棕果實，清晨的空氣瀰漫著像是燒焦糖蜜的氣味。地上放著許多果串，果實在陽光下閃耀著橘紅色、深紅色的光芒[62]。當時是十月中，正值當地收穫季節的高峰期，因此包括這座位於沙比的工廠在內，全馬來西亞四百五十多家工廠[63]、遍布一千四百萬英畝土地的種植園[64]，都日以繼夜地工作著。

卡車一輛輛開到地磅上，負責的員工在冷氣亭裡將磅數輸入電腦。接著，司機們將貨物卸載到金屬製的軌道車，這些車子會沿著軌道開到一個類似高壓鍋的裝置，進行消毒（阻止游離脂肪酸產生），果粒同時自堅硬的果殼鬆脫[65]。回到建築物裡，機器巨大的轟鳴聲、颼颼聲、噹啷噹啷的聲響，讓帶我導覽的技術人員不得不用吼叫的音量講話[66]，一個個果實自果串剝落、脫粒到一個不停滾動的桶裡，看起來像是焦黑的海棗。一台蒸煮器像慢速攪拌機一樣運轉，果肉漸漸與果殼分離，同時加熱已成團狀的果糊，準備榨油，榨油時會排出黑色泥狀物的油質纖維與果核。接著這些泥狀物會被運送到離心機，分離出深棕色的「果粕餅」與油，再將淨化後的油輸送至鋼桶內，準備運往煉油廠。含有果仁的果核邊緣有一圈米白色的黏性物質，看起來像小型的椰子，果核們會被載往不同的設備，被壓碎後，再取出果仁。

幾天後，我成功突破山打根的圓環，在正中午汽車喇叭聲大作的交通布陣裡，穿過工業廢棄區，最後安坐在山打根食用油公司（Sendaken Edible Oils）的會議桌前，這家公司是全球最大棕櫚油貿易商「豐益國際」（Wilmar International）的一座精煉廠。（幾週前，我透過電子郵件與這家新加坡公司的媒體代表交談，確認可以進入高度安全的設施。）三名穿著繡有公司標誌襯衫的中年男子帶我參觀精煉過程，以一系列不同顏色、密度的棕櫚油與棕櫚仁油的罐子，說明不同精煉階段以及最終的成品。他們向我解釋，在攝氏九十度到一百一十度的範圍內，用磷酸處理，可以讓黏稠的原油脫膠，再進行漂白、冷卻、過濾。最後以高溫兩百七十度進行「氣提」，以去除游離脂肪酸與揮發性化合物，這個過程稱為中和與除臭。而產生的「RBD油（精煉、漂白、脫臭」，則是全球商品市場多數產品使用的食用油[67]。

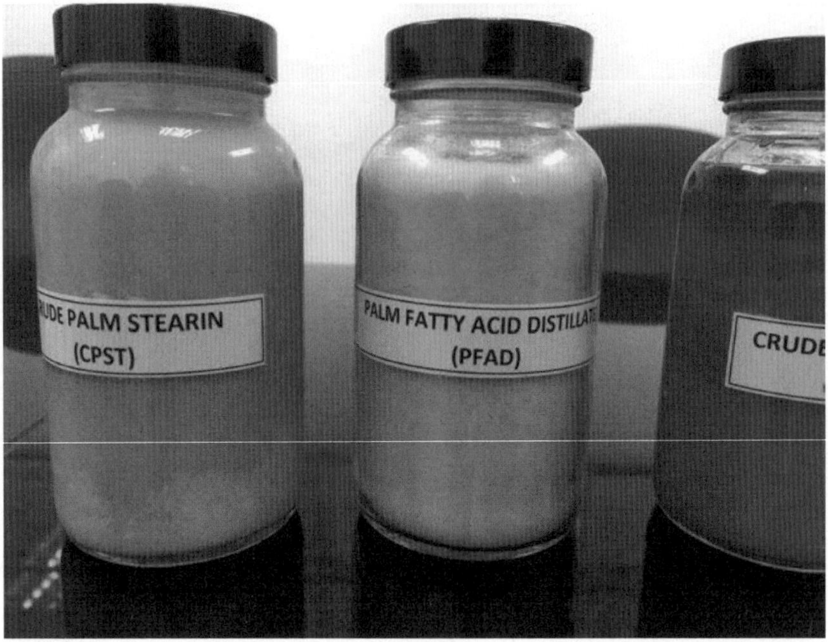

馬來西亞婆羅洲的山打根食用油公司，以不同的罐子，展示棕櫚油不同階段的精煉過程

一些較大型的煉油廠會再將油「分餾」成固體與液體形式，分別稱為硬質與軟質棕櫚油。前者大多被送往油脂化工廠，再加工分解成各種脂肪酸、脂肪醇、酯與甘油，最後賣給清潔劑、化妝品製造商以及化學工業。而幾乎所有的軟質棕櫚油都進了食品工業，作為食用油出售或用於加工食品。經過漂白與脫臭處理的棕櫚仁油，最後則進入油脂化工公司，分餾後用於化妝品與個人護理產品。（剩下的棕櫚仁粕大多用於畜牧業，是很廉價的蛋白質來源。）[68]就這一點來看，這樣的棕櫚油與西非以及巴西巴伊亞州的傳統食物幾乎找不出共同點。事

實上，前者經過這麼多道處理手續，可以出現在兩百種不同名稱的產品裡[69]。二〇一九年，得益於數十年來的發展與積極行銷，馬來西亞的棕櫚油業生產了破紀錄的兩千零五十萬公噸棕櫚油[70]，價值約九十億美元[71]。但過去的二十年內，該國損失了至少兩千萬英畝的樹木覆蓋面積[72]。

亨利・佛康涅不可能認得出這個地方了。他在一九二〇年代中期離開馬來亞後，和家人先安居在突尼西亞，最後回到法國家鄉夏朗德，成為家喻戶曉的作家，與尚・考克多（Jean Cocteau）、科萊特（Colette）、安德烈・紀德（André Gide）等人通信。一九七三年臨終前，他向守在床邊的親戚們提出了最後的請求：放一段他在好久、好久以前某個夜裡錄的一段馬來亞叢林悅耳的音牆，那大概已經是一九二五年的事了[73]。

第二部

某個東西腐爛了

第五章　寂靜的夏天

有股不尋常的寂靜。
比方說，鳥兒們——牠們去哪了？
許多人談論著鳥兒，覺得困惑與不安。

——瑞秋・卡森《寂靜的春天》1

那個佩戴著槍的男人從門口囂張狂妄地走進來，他穿著白色無袖背心、膝蓋破洞的藍色牛仔褲，露出結實的臂膀。男人坐在塑膠地板上，點了一根很濃的丁香菸，手舞足蹈地談著過去這五個月來他朝印尼的天空射殺了二十三隻極度瀕危的鳥類。這名三十七歲顴骨明顯、黑髮充滿光澤的帥氣青年向我們展示他四點五釐米的武器，讓我們欣賞那光滑的焦糖色槍托與閃閃發光的黃銅槍管。他模仿著長滿羽毛的受害者先發出尖銳的鳴叫，再變成一陣狂笑聲。「咕！咕！咕！咕！

咕！咕！咕！咕—咕—咕—咕—咕—嘎—嘎—嘎—嘎—嘎—嘎—嘎—嘎—嘎嘎！！！」整個表演過程他都很樂意被拍照、錄影。

不過短短幾年前，不論是他或朋友們都無法從圖畫書裡辨識出盔犀鳥。現在他們三人談論著這種被稱為rangkong（盔犀鳥的印尼文）的鳥，成雙成對地飛著，特別喜歡停駐在河對岸某棵無花果樹高高的枝枒上。他們說，那兩隻鳥會在早晨七點或八點，和傍晚前會飛出來。當公鳥被射殺時，牠的另一半會看起來「有些不知所措」，四處尋找對方，並大聲呼叫同伴們。

當我抵達蘇門答臘北部時[2]，盜獵者的槍只不過是當地著名的鳥類生態近期面臨的威脅。早從哈雷特的時代，為了種植油棕，這裡數萬平方英里的雨林樹木慘遭砍伐。隨著森林逐漸消失，盔犀鳥、紅毛猩猩和其他生物們的棲息地面積銳減。如今，生活在蘇門答臘低地雨林的一百零二種鳥類，其中逾百分之七十五被認定是全球瀕危物種。[3]同時，種植園與隨之新開發的道路讓盜獵者更容易進入倖存的雨林，像這些男子一樣，為了盔犀鳥喙上堅硬角蛋白組成的巨大頭盔，射殺牠們。中國人一直非常寶貝這些頭盔，不僅能用來雕刻鼻煙壺與珠寶，還能磨成傳統中藥。[4]近年由於採購象牙的難度變高，盔犀鳥的地位更上一層樓。

野生動物貿易監察機構「TRAFFIC」近期報告指出，二〇一〇年至二〇一七年，當地沒收了約兩千八百七十八個盔犀鳥的頭盔與頭骨。由於盔犀鳥在加里曼丹（Kalimantan，婆羅洲位於印尼的部分）與蘇門答臘北部的數量銳減，盜獵者的盜獵範圍已經逐漸北移。[5]二〇一六

印尼蘇門答臘亞齊省的盜獵者

年，位於蘇門答臘北端的亞齊省當局沒收了兩名亞齊男子所持的十二件盔犀鳥頭盔、兩隻步槍、一台電子秤與多支拋棄式手機，兩人坦承過去半年至少向中國中間商售出一百二十四個鳥喙。[6]二〇一八年，總部位於瑞士的國際自然保護聯盟（IUCN）將盔犀鳥的警戒級別提升到「極度瀕危」。

印尼犀鳥保護協會（Indonesia Hornbill Conservation Society）總部位於爪哇，協會負責人尤克尤克・「尤齊」・哈迪普拉卡薩（Yokyok "Yoki" Hadiprakarsa）是一位保育生物學家，他向我解釋，印尼人幾世紀以來仰賴土地過活、從森林裡採集食物、取得建材、藥材、生火的木材與水源，但現在他們發現這一切都得花錢才買得到。這反而導致了盜獵犀鳥的熱潮。「人們為了滿足日常需求而奮鬥，」他說，「所以他們尋求一蹴可幾的機會。對住在森林旁的人來說，盜獵野生動物成了顯而易見的選項。」[7]

一九四五年八月十七日，日本向同盟國投降後兩天，印尼宣布獨立、脫離荷蘭殖民統治。是時候了：當時稱為八打威（Batavia）的雅加達早在三百多年前就由荷蘭人建城。該國民族主義運動傑出成員蘇卡諾（Sukarno）（很多印尼人沒有姓氏，只有單名）、同時也是一名年輕的建築師，他就任開國總統，並按照他所稱的「有準則的民主」領導治國——這些準則包括民族主義、宗教與共產主義。雖然荷蘭人於一九二七年鎮壓了共產黨（又稱ＰＫＩ）的起義，但該黨一直到戰爭爆發前仍暗地裡十分活躍。[8]蘇卡諾實施外國公司國有化，並徵用荷蘭的財產，包括油棕園，在共產黨與種植園工人的工會要求下，多年來他不斷推動土地改革、提升種植園工人的工資與生活條件。[9]但這些作法並未獲得一致肯定。尤其是地主、種植園主與印尼的中產階級為了保住自身權力與財產而鬥爭。共產黨的支持度同時間不斷飆漲：到了一九六〇年代初期，印尼共產黨已成為該國最大的政黨，據稱黨員約有兩千萬人。[10]

一九六五年十月，該國長期醞釀的社會緊張局勢已臻高峰，一場據稱未遂的政變點燃導火線，印尼軍隊與相關的軍事組織屠殺了五十萬至一百萬印尼共產黨員與同夥。這場大屠殺足足持續了五個月，敢死隊造訪一個接一個的村莊，沿途殺害所有他們認定的共產黨人、工會分子與農民。由於有人指控北京當局支持此次所謂的政變，華人移民也成了被攻擊的目標。[11]這場被美國中央情報局（CIA）稱為「二十世紀最嚴重的大屠殺之一」的暴行[12]，主要發生在遍布蘇門答臘北部的油棕與橡膠園。（外界普遍認為美國中情局參與此次屠殺的書面證據的確屬實。）[13]蛇河（Sungai Ular）距離哈雷特位在Bangun Bandar的種植園僅十英里遠，大屠殺期間由於每晚都有屍體被沖刷到海裡而堵塞。（這座種植園如今仍歸蘇爾芬所有。）附近一家固特異橡膠園的高層事後描述數百名種植園工人遭圍捕、並拘留數月的下落：「每週六晚上，都會有幾輛卡車來這裡，將大約一百名左右（的人）帶到種植園總部附近的一座橋。他們在橋上被叢林刀砍死，屍體被扔進底下湍急的河流。」[14]

一九六七年，蘇哈托（Suharto）將軍被任命為代理總統時，印尼人民不只遭受巨大創傷——他們處於極度貧窮，六成的公民每天靠著不到一美元過活。接下來的二十年裡，世界銀行建議蘇哈托擴展棕櫚油產業，如同馬來西亞政府十年前的作法，藉此提供農村貧民們工作。一九七〇年代晚期，在世界銀行支持之下，蘇哈托引進所謂國內移民計畫，數百萬名印尼人被迫從擁擠的島嶼重新安置到蘇門答臘與婆羅洲等人煙稀少的島嶼，並鼓勵他們在當地種植農作物。往後數年，印尼政府發起促進國內棕櫚油消費的運動。[15]一九六五年時，棕櫚油僅占印尼人食用油使用量的百分之二，到了二〇一〇年，已經飆升至百分之九十四。世界銀行還支持蘇哈托的森林政策，全國半數以上的雨林因此遭到砍伐，轉作棕櫚園。[16]誰是最後從利潤豐厚的伐木、油棕特許權取得好處的人？總統的家人、朋友與軍官同袍。二〇〇四年，國際透明組織（Transparency International）公布，蘇哈托是有史以來最貪腐的國家領導人。[17]

如同馬來西亞的FELDA計畫，國內移民需要開墾大量土地，世世代代居住於當地、在當地狩獵的居民因而被迫遷。過去幾十年間，蘇門答臘半游牧民族奧蘭林巴族（Orang Rimba）與巴廷仙比蘭族（Batin Sembilan）部落因棕櫚油產業喪失了數萬英畝的森林。[18]雖然印尼法律承認原住民族的習慣土地權（customary land rights），但被視為符合國家利益的開發計畫——例如伐木特許權與種植園——早就凌駕其上。我去賴比瑞亞調查的那種土地掠奪行為，在印尼主要由政府主導（雖然通常是在他國政府與金錢利益的誘因下所進行。）根據負責調查國內行政缺失的「印尼國家監察使公署」（Ombudsman Republik Indonesia）調查，二〇一六年與二〇一七年期間，油棕園是土地衝突的主要起因。二〇一八年該署記錄了超過一千件土地糾紛，多數都是原住民部落對抗印尼的棕櫚油公司。[19]

正如犀鳥的處境所呈現的，原住民部落喪失了土地與生計，也因此危害了生物多樣性，產生的後果遠遠不限於蘇門答臘。我在前言提及的那份二〇一九年的聯合國報告指出，目前全世界有一百萬種的動植物瀕臨絕種。[20]其中熱帶雨林的情況最慘，但雨林擁有世界上半數的動植物。個別物種的滅絕可能導致整個生態系統崩潰，不僅影響當地社區，最終更會破壞經濟與政府穩定，並導致飢荒與難民危機。[21]

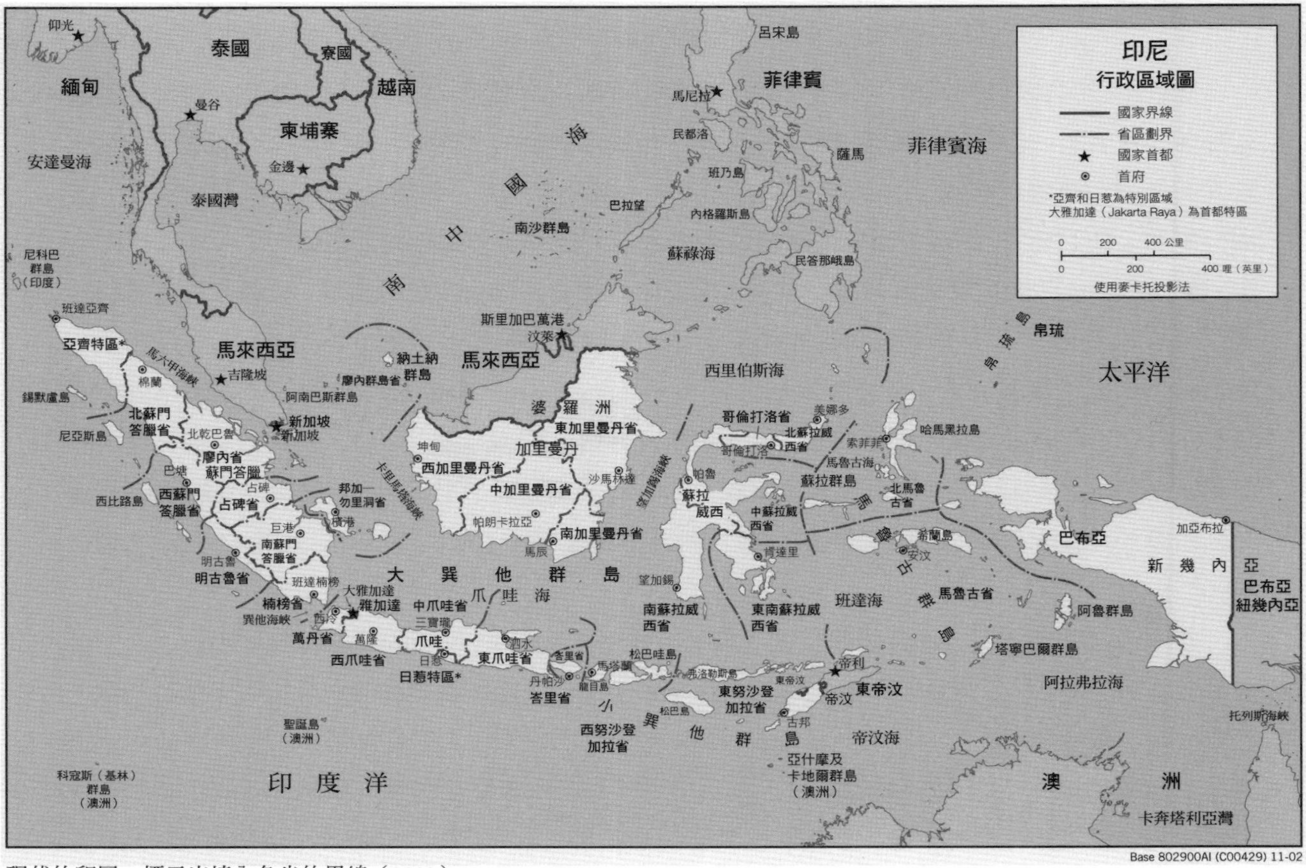

現代的印尼，標示出境內各省的界線（2002）

亞齊省過去曾發生長達三十年的分離主義激烈叛亂，反倒因此躲過了如同蘇門答臘其他地區的環境危機，但二〇〇五年當地簽署和平協議，結束叛亂後，也開啟了新局面。自此棕櫚油業便將目光投向勒塞爾生態區（Leuser Ecosystem）——這片五百六十萬英畝的低地與山區雨林，涵蓋了該省一半面積。[22]這個形狀如同蝴蝶的生態區是地球上生態最豐富的地區之一，共有三百八十二種鳥類、一百零五種哺乳動物、九十五種爬行動物與兩棲動物棲息於此，被聯合國教科文組織列為世界遺產。[23]（本章開頭那群盜獵者住在生態區中心的塔米昂村〔Tamiang〕。）勒塞爾生態區的三分之一被制定為「勒塞爾國家公園」（Gunung Leuser National Park），該生態區是這個地球上最後一處擁有足夠面積與適當的居住條件，能讓蘇門答臘虎、大象、犀牛、紅毛猩猩、雲豹與馬來熊共同棲息，並繁衍足夠後代數量。除了盔犀鳥、犀牛與其他犀鳥種類，勒塞爾生態區更因棕胸、紅腹雉、不同種類的噪鶥與極度瀕危的呂克藍鶲（Rück's blue-flycatcher）顯得生機昂然。[24]

這裡因政府認定的「環境保護功能」被作為國家戰略區域（National Strategic Area）——此處的森林供應超過四百萬的亞齊人既穩定又乾淨的水源——勒塞爾實質上受到印尼法律的保護。儘管如此，過去十五年內，約五千英畝的公園被改作為油棕園。如今僅剩四百五十萬英畝的生態區仍保留原生林。[25]如同印尼其他地方，棕櫚油公司也用走後門的方式，透過官員取得在生態區裡栽種油棕的許可，或者乾脆花錢請別人非法開墾土地。（第八章我們會深入探討細節。）良好的政治人脈與缺乏監督意指這些公司的多數作為都不會遭到懲罰。

先前提到的那三名盜獵者，最年長的那位邀請我們到他家，並泡了濃稠的甜咖啡請我們喝，他提到，二〇一四年底，包括他在內有很多人發現村子裡出現了陌生人。這些人來自於南方的占碑省，還有一些中國人突然出現一、兩天，就消失了。後來事情漸漸明朗，這些外地人是來找盔犀鳥的，蘇門答臘島上共有十種犀鳥，盔犀鳥是其中之一。（世界上共約六十種犀鳥，約半數是南亞特有種。其他的犀鳥是撒哈拉以南非洲的特有種，並未受到嚴重威脅。）盔犀鳥的盔，市價一公斤六千美元，通常被稱為「金象牙」、「紅象牙」或「金玉」，售價是象牙的五倍[26]。香港的商店陳列著以這些盔雕刻而成的小飾品，標價高達數萬美元。[27]

除了印尼的犀鳥棲息地縮減，人類入侵還影響了這些鳥類特殊的生活需求。犀鳥因具備傳播種子的重要功能，被稱為「森林裡的農夫」，牠們需要密集的棲息地與穩定的水果來源。犀鳥通常築巢在會被森林開發者最先砍掉的那些老樹上。雌鳥會將蛋產在粗樹幹裡的天然樹洞內。雌鳥與雄鳥會以水果、泥土與糞便混合而成的糊狀物密封住樹洞入口，只留下一個小縫，讓雄鳥可以餵食雌鳥（等到小鳥孵出後，也餵食小鳥），這段餵食期最長會到五個月。雄的盔犀鳥因體型較大，通常是盜獵者的首選，但這也代表了雌鳥與雛鳥的死亡。[28]

多虧在地的環保人士魯迪．普特拉（Rudi Putra），我才能住進那間簡陋的磚房[29]。普特拉留著稀疏的山羊鬍，四十三歲的他擁有保育生物學的學位，很早就愛上家鄉島上的蘇門答臘犀，幾年前決定將畢生奉獻給保育這些犀牛與當地其他野生動物。這是種經常會和盜獵者起衝突的天命。

曾經住在蘇門答臘的特有種犀牛，和盔犀鳥一樣，在勒塞爾森林的棲息地逐漸減少，被迫離開原本居住的地方。結果牠們跟當地的大象、紅毛猩猩開始入侵當地社區。農民與種植園工人對於野獸破壞房屋、踐踏莊稼的習慣大為光火，便設置陷阱或摻有氰化鉀的鳳梨作為誘餌，或用空氣槍射擊牠們。蘇門答臘犀過去曾遍布南亞，很難想像現在竟然僅存八十隻。蛇也是，同樣捲入了人類與野生動物的對峙。二〇一七年，一位年輕父親去鄰近的蘇拉威西島採收油棕果實，幾個小時後一群村民在種植園角落發現一隻二十三英呎長、腹部鼓脹的網狀蟒蛇，他們切開這條沉睡中的蛇後，發現這名年輕人的屍體。這種蛇通常不會捕食人類，但因為附近能吃的哺乳類動物愈漸減少，牠們才變得飢不擇食。[30]

普特拉往前回溯，自己意識到熱帶雨林的重要性，尤其是勒塞爾生態區的完整性有多重要，是在二〇〇一年。那年他在勒塞爾擔任政府資助經費的研究員，卻親眼目睹一場猛烈的洪水，摧殘他自己與其他下游的社區，探其原因多歸咎於當地不久前大規模的人為毀林。當普特拉的研究經費逐漸用罄，他遂著手安排社區成員、警察、地方官員與民間社會團體的會議，企圖阻止棕櫚油產業——直到二〇〇〇年，該產業已經取代伐木成為勒塞爾生態區最大的威脅。普特拉開始帶領志工團體進入森林對抗盜獵者，並拆除他們設置的陷阱，他最後成立了勒塞爾保育論壇（Leuser Conservation Forum），現在已有超過七十位護林員受雇看守該生態區，保護當地不受非法棕櫚種植園與盜獵者的侵害。二〇一四年，普特拉榮獲高盛環境獎（Goldman Environment Prize），這個獎項每年都會頒發給全球少數幾位草根活動人士，獎金為十七萬五千美元。

身材苗條到近乎削瘦的普特拉，身上穿著破爛T恤、橡膠的夾腳拖，頗有禁慾主義的時尚感，這位說話輕聲細語、兩個孩子的爸，是高效能的執行官、自給自足的先知與天真無邪的孩子加在一起的奇怪組合。他一手拿著扁平的三星手機、另一手拿著細長的諾基亞手機，熟練地處理來自不同大洲的電話，回憶起初次與蘇門答臘犀相遇的情形，他咯咯地笑了起來。（他們跑向不同方向。）在一場於露天高腳屋舉行的會議中，普特拉盤腿坐在二十六名穿著「野生動物保護隊」制服的員工面前，以一種安靜權威的口吻談論該組織經常進行的危險工作。在一個會議裡有人拿著點燃的菸，比拿著筆記本或筆更來得普遍的國家，他卻暗自請其中一個護林員熄滅手上的菸。「記住，進入森林盜獵的人是我們的朋友與家人，」他告誡這些年齡介在二十五歲至七十歲不等的成員。「我們不應該恨他們。我們應該對他們溫和一點，向他們解釋為何不該盜獵。」

到了二〇〇九年，每個月仍陪著護林員進行為期十五天巡邏的普特拉，開始帶著電鋸前往蘇門答臘北部的非法油棕種植區。（省級官員核發初步「範圍界定」許可證，要求公司要獲得當地

印尼亞齊省環境保育人士魯迪・普特拉

社區同意、準備環境評估，作為核發開發許可的最後步驟，但許多公司這兩項要求皆未達標，仍逕行栽種。）在一個多雲的午後，我們翻山越嶺，穿梭於巨大的棕櫚葉間，來到勒塞爾生態區最東側兩千六百英畝土地上的一處樹林。一群好奇的孩子跟在我們後頭，十一名當地男子背著香蕉、榴槤與其他幼苗——他們在砍伐油棕後的原址，栽種本地作物——我們眺望著一片泥濘的綠色梯田景觀，唯一不同色彩之處是一棵棵倒下的樹幹，露出一圈如蒼白月亮的殘幹。其中一名男子啟動電鋸，將五英尺長的鋸片鋸過粗大樹幹，最後這棵龐然大物轟然倒下。雖然我們那天沒遇到任何反抗，但當時已拆除了二十六個非法種植園——約七千五百英畝油棕種植面積的普特拉表示，衝突是工作的一部分。當地警察的支援很有幫助，但他和同事們經常得與當地人、公司主管對峙，其中一人更控告普特拉毀損了他的財產。（有一件罕見勝訴的官司，有問題的種植園被判定違法，該園主最後被迫遷離那片土地。）

離開種植園後，我停下來和一位叫做亞迪門（Ngatimen）的當地人聊天。他告訴我，在一九九〇年代後期，他和其他村民在以前曾遭砍伐過的森林裡種植油棕。「我們沒有進行成本效益分析，」他說。「我們以為很容易就能賣掉那些果實。」[31]但二〇一二年，全球油棕價格暴跌，村民們發現自己很難餵飽家中的孩子們。自此之後他們不再種油棕、改種檸檬、柳橙與闊葉樹。但當地聚落與蘇門答臘幾百萬名靠著勒塞爾生態區的水與食物過活的居民們，仍持續深受棕櫚油業的負面影響。因為土地被沖蝕的關係，愈來愈常犯洪水，不受歡迎的野生動物更常入侵村落。亞迪門說，在棕櫚油公司進駐之前，「曾有過各式各樣的鳥類。現在你得到山林深處才能聽到鳥叫聲。」

普特拉堅持我得前往勒塞爾生態區的凱塔姆（Ketambe）（他在電子郵件裡說，「這是世界上最美麗的地方」），該處有座三十年的研究站，讓科學家們能在當地研究豐富的生物多樣性。雖然周遭多數地區都在蘇哈托的統治下被砍伐殆盡，但偏遠的凱塔姆內部仍完整無缺。從該省首府班達亞齊（Banda Aceh）（二〇〇四年大海嘯的發生地）坐飛機往南飛了四十分鐘後，勒塞爾河在我們下方蕩漾，看似綠色的海浪，我們在一座有著幾處村莊的山谷裡著陸，再轉乘一部吉普車。繞過蜿蜒的道路，經過了曬在陽光下成片的棕色石栗與成群結隊正要去上學的小女孩們，她們穿著長袖襯衫，頭戴相配的頭巾——這說明了島上的一隅仍存在著濃厚的穆斯林傳統。

接著一艘獨木舟帶我們穿過湍急的河流，抵達一處沙灘，再走進幾乎伸手不見五指的森林。我們跨過臥倒的原木與處於不同腐爛階段的樹葉堆，經過一片雜木林，裡頭樹木的樹幹從直徑八分之一英吋至六英尺不等。一棵有百年歷史的無花果樹，根鬚糾結交織，使盡全力向陽伸展。有一度我們發現一隻紅毛猩猩在我們上方約七十英尺處休息著。牠看了我們整整十分鐘後，才伸出一條毛茸茸的橘紅色手臂，底下細細的樹幹，承受了猩猩全身的重量，像卡通似的彎曲著，接著牠一盪就抓住了不遠處另一條枝枒。蟬鳴聲、水滴滴在石頭上的聲音。鳥兒啼囀啁啾。嘰嘰喳喳。嘎嘎。此處生機勃勃，有著黑色的大理石蜈蚣和蕃紅花蝴蝶。（還有爬滿我們全身的水蛭。）

一隻拖著長長尾巴、體型巨大、頭部偏小呈藍色的灰色雉雞——這是一隻青鸞——爬過灌木叢，後面又來了一隻小小的、腹部灰色的霍氏雅鶥。自遙遠的天空傳來了和平鳥響亮的囀鳴，身材矮小的黑耳擬啄木**嘟—嘟魯克—咕—嘟魯克**快速地鳴唱著。一隻胸口乳白色的鵯炫耀著牠美麗的黃綠色翅膀。但一種有節奏的、像直升機一樣嗖地一聲讓我們停下了腳步。抬頭望向樹冠，我們瞥見一對花冠皺盔犀鳥，嗖地一下，又飛遠了。又有一度，兩隻花冠皺盔犀鳥上演了一場秀，一隻餵食無花果給另一隻鳥，兩隻犀鳥接連翩翩飛去。牠們一身的黑加上褶邊的白裙，讓人聯想到天空中的雞尾酒女服務生。難以捉摸的盔犀鳥未能現身——這並不奇怪，因為牠的數量正逐漸減少——牠的表親馬來犀鳥也是如此。雖然後者的「象牙」是空心的，這種鳥也慘遭盜獵者毒手，因為許多盜獵者誤認牠們為盔犀鳥；印尼的馬來犀鳥數量據估計已下降至不到三千隻。[32]我曾在肯亞、厄瓜多和其他地方的熱帶雨林長途健行過，但唯有這次長時間深入如此原始而遼闊的地方——我們在研究人員的小屋裡待了幾晚——就像穿過一個入口進到一個童話故事的世界。

我們和那隻紅毛猩猩的相遇，讓我痛苦地意識到失去這些雨林將會付出多大的代價。這種靈長類動物——紅毛猩猩，在馬來語的意思是「森林中的人」——只棲息於東南亞——蘇門答臘這裡以及鄰近婆羅洲的雨林裡。二〇〇八年，國際自然保護聯盟將蘇門答臘紅毛猩猩列為極度瀕危。如今牠們的數量減少到只有一萬四千隻，其中百分之八十五都住在勒塞爾生態區內。婆羅洲的森林在過去二十年內減少了百分之五十五的面積，婆羅洲紅毛猩猩於二〇一六年被列為極度瀕危。（二〇一七年，科學家認定北蘇門答臘的塔巴努里（Tapanuli）猩猩實際上是一個完全不同的物種。這種全球僅剩不到八百隻的紅毛猩猩，學名是「*Pongo tapanuliensis*」，是世上最稀有的類人猿物種。）[33]

倖存的紅毛猩猩很幸運，牠們有一位跟魯迪．普特拉一樣全心奉獻的守護者。伊安．辛格爾頓（Ian Singleton）酒喝得很兇、菸不離手又滿口髒話[34]，他幾乎每天結束漫長的工作後，都會造訪時髦的羅蘭德（Roland's）德國餐館，這裡是定居在棉蘭的外籍人士常來的酒吧[35]。棉蘭是北蘇門答臘省的首府，位於亞齊省的東南方，這座城市混亂不堪，因毒品、走私野生動物，以及身為棕櫚油貿易中心而聞名。（當我們的飛機要降落時，機長向這架廉價地方班機的乘客們宣導，非法持有毒品會被處以死刑。）辛格爾頓在英格蘭北部長大，原本的工作是一名動物園管理員。二十五年前他遷居到蘇門答臘攻讀人類學博士，後來娶了一名印尼女性，就此定居當地。如今，這名兩個孩子的爸，領導著「蘇門答臘紅毛猩猩保護計畫」（Sumatran Orangutan Conservation Programme，簡稱SOCP），這個他在二〇〇一年合夥創辦的組織。

辛格爾頓有點勉為其難地接受了我的邀訪。奔走於管理一百二十名員工與處理拯救瀕臨絕種的物種所牽涉到的永無止盡的行政庶務，辛格爾頓沒有太多時間耗在陌生人身上。他曾在蘇門答臘西海岸的沼澤裡住了兩年，身邊只有野生的紅毛猩猩，因此讓人感覺，也許我在人猿總科中的分類不是他喜歡的那一型。但他還是歡迎我來到「蘇門答臘紅毛猩猩保護計畫」總部，這是一棟位於非城市鬧區的住宅，實用主義的裝飾呼應了辛格爾頓本身不拘小節的審美觀：這位五十五歲還像個男孩的男人穿著工作褲、橡膠鞋，或者在辦公室穿著深色牛仔褲與寬鬆的足球衫。

他從儲藏櫃裡拿出一罐即溶雀巢咖啡與一罐奶精，帶我走上一層樓梯，來到他的辦公室，一進門筆記本、文件與報告有如海嘯般席捲而來，牆上隨意釘著放在廉價相框裡的紅毛猩猩照片。他打開MacBook Air筆電，向我介紹籌款活動中使用的投影片，但可以的話，他其實不想舉辦這些活動。一開始他先簡短介紹棕櫚油產業的歷史，他解釋蘇門答臘的紅毛猩猩是如何因為種植園面積不斷擴大，被迫遷出原本叢林的家。他說，牠們可能會遷居到附近的森林，結果發現那裡早就住滿了其他同類。食物數量有限，很多猩猩最後落得餓死的下場。猩猩媽媽可能會帶著自己的嬰孩在村莊或種植園找尋食物，結果被射死或被棍棒打死。還是小嬰兒的猩猩通常會被活捉，當成寵物賣掉。其中一張投影片是兩名「蘇門答臘紅毛猩猩保護計畫」員工手持鎮靜槍與一張網子，拯救一隻卡在樹上餓壞了的動物，牠被困在無邊無際的油棕樹海裡。這些受難動物會被運送到島上其他地方的森林裡，若牠們負傷或是孤兒，就會被帶到「蘇門答臘紅毛猩猩保護計畫」的康復中心，這裡又稱為「隔離區」，距離棉蘭車程一小時。

辛格爾頓點開一張投影片，裡頭是一隻非常像小孩的紅毛猩猩，小小的手指抓著籠子的柵條。（紅毛猩猩被認為是靈長類中最聰明的物種，擁有與人類百分之九十七相同的DNA。）「人們會說：『喔，可憐的小東西，』」他說，「但這些已經是幸運的了。其他都死了。」

他的手機震動個不停，持續有人傳簡訊、WhatsApp訊息來，市話也響個不停。辛格爾頓接起電話，視情況以英語、印尼語（Bahasa）或當地卡羅語（Karonese）和對方交談——同時反覆被門口探出頭的員工打斷。他點開赤巴沼澤（Tripa Swamp）的空拍圖，這個沼澤是蘇門答臘島西海岸的一片淹水區，接著開始一連串我覺得是典型的辛格爾頓咆哮：「赤巴是印尼的典型案例。」他說，「你有一個泥炭沼澤區，是一片原始林，有豐富的生物多樣性。裡面都是魚。都是水。而且有一個當地社區，在這裡捕魚是他們的傳統，提供給他們大量的蛋白質。當地的水源

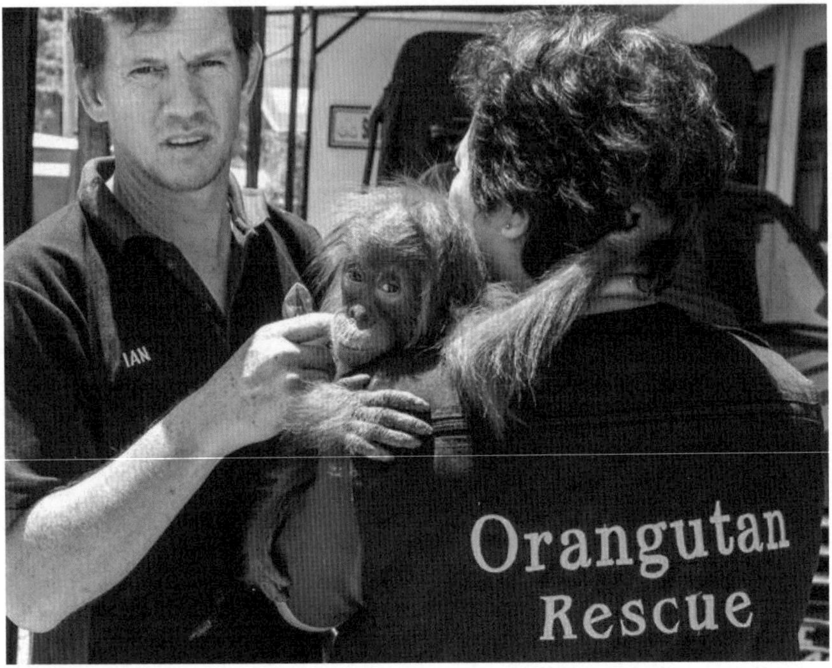

英國靈長類動物學家伊恩・辛格爾頓與一隻年幼的蘇門答臘紅毛猩猩

都來自地下水。然後有些人真的認為自己擁有這塊土地，因為這裡是他們的曾祖父母開墾的，只是他們沒有任何文件可以證明這點。所以有家雅加達或是哪裡來的公司直接就進來了，然後驅逐住在這裡的所有人。『給我滾開。』『嘿！那是我的土地！』『你有什麼文件可以證明嗎？沒有？抱歉啦，老兄。』所以他們就被趕走了。然後這些公司提供的薪水糟到沒人想替他們工作。反正他們也不喜歡這家公司；他們已經被驅逐了。所以那家公司可以從離岸島嶼找到更便宜的勞工。這些人來到這裡，居住品質爛爆了。然後這家公司砍了森林所有的樹。所以你徹底摧毀了住在森林裡的一切，包括螞蟻、白蟻跟真菌。所有他媽的東西都燒了。然後你為了要種油棕挖渠道，需要至少一公尺的乾泥炭來種那東西。所以河水水位下降了，漁業消失了，原本仰賴這裡的漁業維生、取水、取得蛋白質來源的人們，突然間什麼都沒了。他們被種植園包圍了。所以就算他們有錢的話，也不能種植蔬菜或水果。因為就是這樣——在赤巴有個村子，他們要求一公頃的土地來興建一處墓地，但被拒絕了。所以他們什麼都沒了。他們完蛋了。他們的供水沒了、生計沒了、蛋白質也沒了。他們甚至根本不想在這裡工作。他們一**無所有**。然後某家公司——或某個住在雅加達、可能根本沒來過這裡的傢伙——他的銀行帳戶裡的數字二十五年或三十年來不斷漲、漲、漲、漲。」

（根據《富比世》去年公佈的富豪榜，許多印尼最有錢的人都是靠種植油棕致富。[36]我有一位在飯店業工作的朋友，二〇一二年至二〇一五年住在雅加達，他回憶，每週五、週六晚上，法拉利、賓利、勞斯萊斯等名車總會大排長龍停放在在高檔酒吧與夜總會前。）「妳看過《瘋狂亞洲富豪》吧？」他問我。「那只是冰山一角。電影裡演的絕對是真的。」[37]他接著說，如今印尼的「二十到三十個家族」，他們的財富都奠基於該國的自然資源，尤其是油棕。「雅加達的某些房子，妳把它們拿起來放到紐約漢普頓豪宅區，一點都不違和。」

隔天早上，我和辛格爾頓前去「隔離區」。他脾氣很暴躁——我們在羅蘭德待到很晚——然後在棉蘭無政府狀態的交通高峰時段開著他的淺綠色吉普車，回答我的問題也相當簡短。我接收到暗示，閉上了我的嘴，一邊欣賞風景，一邊繞著丘陵地轉了一圈又一圈，開過一座座擁有前開式兩層樓水泥房的城鎮，牆上掛著巴拿馬、Lucky Strikes與其他一百萬個香菸品牌的招牌。他像職業選手一樣煞車跟加速，衝著其他司機猛按喇叭，把他們逼到一旁，經常在冒著濃煙的卡車直奔我們而來之際，才快速駛回原本的車道。「你只要預設每個人在任何時刻都能辦好所有事，」他說。「這很矛盾。如果你在一個死角超車，然後看到三輛卡車迎面而來，你預計這麼做會遇到他們，他們也預計會看到你。所以這種運作方式有點管用。」

我們停車替紅毛猩猩以便宜的價錢買了超大袋的白菜、地瓜、玉米、紅蘿蔔、青椒、楊桃、花椰菜跟高麗菜——「他們喜歡我們做的任何事情」——我們沿著一條又長又彎的車道繼續前行，到了一處看起來像荒野營地的地方，木製的附屬建築物散落在茂密的樹叢間。我戴上芹菜色的外科口罩，跟著一位叫做珍妮佛·德賴絲（Jennifer Draiss）的美國籍員工沿著一條蜿蜒小路前進，朝著持續不斷的尖叫聲走去。[38]我們在一片空地前停下腳步，她指著眼前的籠子，裡頭有一隻十個月大的紅毛猩猩「蒂蒂」（Didi），毛茸茸的毛髮與大大的眼睛，蒂蒂激烈抗議著一旁的籠友——十五個月大的「德卡（Deka）」，偷了她的水果。德賴絲說，四個月前蒂蒂來到避難所，她的媽媽被村民殺死了，可能是被棍棒、大砍刀或是空氣步槍殺死的。四週後德卡來到避難所，他是從非法寵物販子手上沒收的。當地農民通常會為了奪走牠們的嬰孩而殺死猩猩媽媽，再將

印尼蘇門答臘島上，拯救受困在油棕樹海裡的紅毛猩猩

小猩猩賣給交易商，就跟犀鳥盜獵者一樣。蒂蒂因此被一顆空氣彈丸擊中她的頭骨。野外的紅毛猩猩會跟著他們的媽媽最多到十二歲，在身邊學習如何做窩、找食物，在叢林裡生存。德賴絲說，這兩隻小猩猩這麼小就被遺棄了，幾乎無法靠自己生存。

「她長胖了，」在我們進入嬰兒房時，德賴絲指著一隻包著尿布的紅毛猩猩寶寶。「如果你給他水、而不是牛奶，她會咬你。」考量到一隻野生紅毛猩猩的哺乳期可以長達七年，你很難責怪這可憐的小傢伙。在房間對面，一隻叫做迪娜（Dina）的猩猩寶寶，才十五個月大的她罹患了腦脊膜炎，得接受二十四小時全天照護，她躺在床上，被枕頭包圍著。迪娜試著坐起身來，卻笨拙地跌倒在地。德賴絲解釋，孩子們每天都會被帶去散步，這樣他們才學得會辨識叢林的聲音。

她帶我到隔離區裡的診所，這裡是所有收容的紅毛猩猩來到此處的第一站。（我造訪時，裡頭收容了四十八隻。）動物們會先照X光，檢查是否有結核病，血液裡是否帶有肝炎與皰疹，再來檢查牙齒，最後為了識別目的而紋身。指定的隔離期過後，健康的猩猩可以轉到「社會化籠子」，這時通常是牠們失去媽媽、又遭捕獲後，第一次碰到其他猩猩。這些籠子離地面七英尺，面積約四百平方英尺，這裡才是猩猩們真正活動的地方。從天花板垂掛著像藤蔓的橡膠條，猩猩在上頭盪來盪去，倒掛著，嚼著香蕉，把香蕉皮丟在地上。牠們時而發出短促響亮的叫聲，時而發出長而尖銳的叫聲，露齒明確地表示要我們不要靠近。「這是他們真正學會如何保護自己食物的地方，誰是老大、誰是跟班的，」德賴絲說。「在嬰兒房裡，牠們看到我們經過會哭。一旦牠們開始社交後，就不想跟我們有任何關係了。這是很樂見的事情。」

她領著我走在一條狹窄的小路上，穿過樹林，我們的鞋子嘎吱嘎吱地踩在枯葉鋪成的地毯上，然後到了一處空地，員工們正興建他們口中的「森林學校」。三隻年幼的紅毛猩猩，每隻都大約二十磅重，在高高的樹枝上盪來盪去，從工作人員用滑輪串起來的鐵絲籃摘芒果。牠們正學習如何尋找食物，並用樹葉做窩，同時也鍛鍊牠們的肌肉以適應最終的野外生活。一旦被認為已經做好準備，猩猩們就會被帶到「蘇門答臘紅毛猩猩保護計畫」的兩個「再引入（reintroduction）」地點之一，一處在棉蘭以南的占碑省，另一處在棉蘭北方十二小時車程，叫做

「江托」（Jantho）的地方。

我們走經一個看起來好像空著的籠子，後來才看到遠處角落蜷縮著一堆橙色的皮毛。德賴絲說，那是勒塞爾（Leuser），一隻二〇〇四年被帶回中心的成年猩猩，當時牠四、五歲大。當初辛格爾頓團隊與野生動物管理當局，從一名軍人手上沒收勒塞爾，經過數個月「再引入」訓練後，讓牠回到占碑省的野外生活。兩年後，有人通報野生動物管理當局，森林角落有一隻紅毛猩猩發生了「一個事件」。勒塞爾身中六十二發空氣步槍的子彈，包括兩眼都被擊中。獸醫試著取出其中的十四發子彈，但勒塞爾從此就瞎了。二〇一〇年，一隻同樣眼盲的母猩猩「戈貝爾」（Gober）被介紹給勒塞爾，兩人最後誕下一對猩猩雙胞胎，一雄一雌，兩隻紅毛猩猩最後都被送走，自己獨立生活。二〇一五年，一位印尼眼科醫師成功替戈貝爾進行白內障手術，如今她與一對兒女一起住在森林裡。

辛格爾頓在我們走到一個成年猩猩籠子前趕上了我們，這隻猩猩名叫金托（Jinto）。「你身上有個討人厭的小洞，對吧？」他的口吻就像爸爸對著還在學走路的孩子說話。接著他走進籠子，檢查金托肩膀上被砍傷的傷口。「你也有肚子啊，老兄，」他拍拍自己的肚子。辛格爾頓解釋，金托去年被野放了，但三週前他們發現金托身上多了新傷口。「為什麼你咳成這樣啊，老兄？」他將注意力又放回金托身上。

「我的工作大部分都是些垃圾事，」幾天後的晚上，我們在羅蘭德餐廳，辛格爾頓在幾杯啤

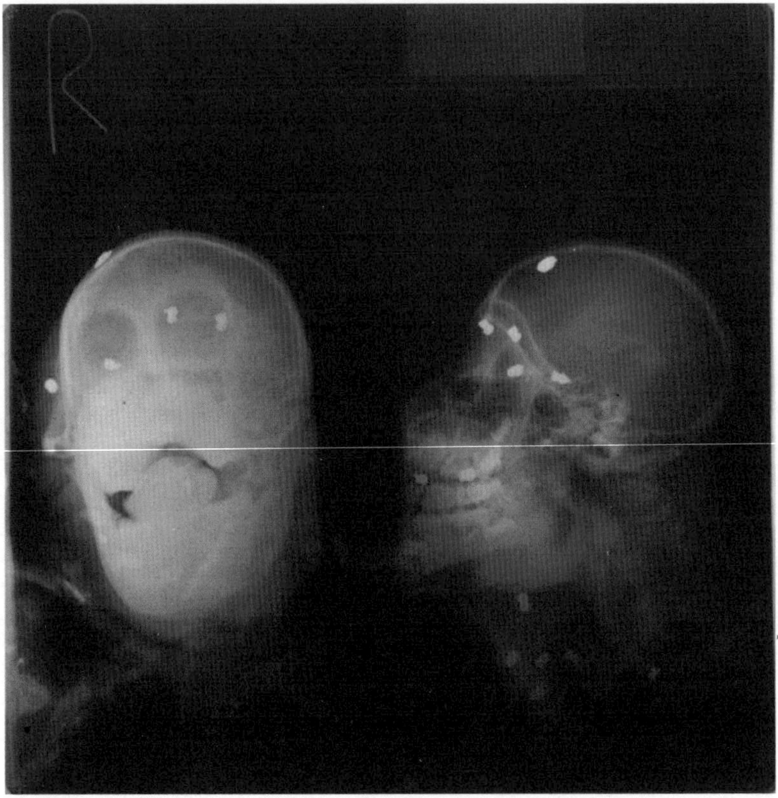

紅毛猩猩勒塞爾的X光片，牠在蘇門答臘島身中六十二發空氣步槍子彈

酒下肚後這樣跟我說。「主要是滅火、跟政府打交道、開會、坐在機場。那些想占據我所有時間的記者、政府官員、跟出錢的人？」他搖了搖頭。「可是偶爾我會去江托，看到樹上有些紅毛猩猩。牠們舉止就像野生的紅毛猩猩，牠們低頭看我，一點也不感興趣，那種感覺真是太棒了。」

那天下午，辛格爾頓帶我參觀他為健康或殘疾因素無法野放的紅毛猩猩，所打造的露天保護

眼盲的蘇門答臘紅毛猩猩勒塞爾與戈貝爾所生的雙胞胎之一

區，他指著自己最近種的向日葵。「紅毛猩猩真的很愛這些種子，」他說，「但在鎮上只買得到加了鹽的。」

我在勒塞爾的最後一天，普特拉和我一早出發調查他前日下午發現的一處煙霧，他猜冒煙點可能在國家公園裡。一個小時後我們不意外地在有如迷宮般的油棕園裡迷了路（煙霧在遠處冉冉升起），只好在黃褐色的泥土路上折返，普特拉在諾基亞手機上輸入一些數字，一個叫普蘭悠賈（Pranyoga）的人騎著紅色摩托車現身了。「他是我最優秀的間諜，」普特拉說。「我稱他『無所畏懼的男人。』」

普蘭悠賈在附近的森林裡長大，這

片森林後來變成了油棕林，他與普特拉共事了十六年，擔任社區聯絡人，緊盯著這個產業的交易動向，多半這些交易都是非法的。雖然多次遭受生命威脅，但他說，他下定決心要確保自己的孩子跟他童年一樣，也能有欣賞大象、馬來熊、紅毛猩猩、喜鵲與犀鳥的機會。

我們的司機跟著普蘭悠賈的摩托車翻過山丘、繞過無止盡的彎道，最後到達一處山脊，眼前是一幅塗抹了黑色的景象。普特拉在仍冒著煙的灰燼裡艱難跋涉，他猜測可能是一週前放的火——他後來估計大約有一百五十英畝的次生低地森林遭燒毀。普特拉認為，罪魁禍首應是缺乏土地的當地人，他們希望能藉由種植橡膠、可可和油棕作為收入來源。我們繞過燒焦的樹樁和一頭斑駁的米白色與棕色相間的緬甸蟒蛇屍體。我踩在易碎的樹枝與烤過的蕨類植物上，空氣裡有一股違和的印度檀香香氣。「政府說他們沒有預算，」普特拉說。「但如果他們在乎的話，我們可以預防這種事發生。」

最後，乾枯的樹葉發出刺耳的聲響，空氣中開始瀰漫著濃煙。「喬瑟琳，快看！」普特拉大喊，指向遠處不斷擴大的一大片橙紅火勢。飢餓的火焰向我們撲來，劈啪作響，灰燼如同烏黑的雪花落下。我們的肺裡吸進了大量煙霧，眼睛刺痛，全身都沾滿了黑色條紋，趕緊跑回車裡、駛離火場。離開時我們經過更多工業化的種植園，就蓋在國家公園內部。「我希望這場火會燒到那些油棕，」普特拉喃喃自語，沒有特地要說給誰聽。

這場火很快就會熄滅，但類似的大火不斷在蘇門答臘島上重演，讓許多人因此喪生。二〇一九年《美國國家科學院院刊》（*National Academy of Sciences*）發表一篇研究指出，年少時期暴露於這類森林火災造成的霧霾，會導致長期且不可逆的健康影響，而這些健康影響更會導致之後的經濟損失。[39]

亞齊省的人們沒有餘裕擔心那麼遠的未來。他們只是盡力過著生活。例如，我在塔米昂村遇見的三名盜獵者都是「前戰鬥人員」（獨立運動的退伍軍人，如同大部分他們的前戰友，沒有受過教育，也沒有做好就業的準備），他們可能正計劃未來三週的森林探險，尋找珍貴的盔犀鳥。他們不太明白中國買家為何對這種鳥如此著迷——他們聽說外國人使用這種鳥的鳥喙製作珠寶或做玩具給孩子玩——但他們知道一定找得到現成的市場。「你一下山立刻就會有人過來，接著把鳥喙帶到棉蘭。」他又說，賣掉一個鳥喙就足以養活三個家庭一個月的開銷。「不管出於什麼理由他們想要買這東西，」有槍的那男人附和，「我們都會賣給他們。但如果有一個更輕鬆的工作，尤其是合法的，那我們當然就會選擇這份工作。」

事實上，他已經忍痛額外花錢改造他的步槍，能發射五點五毫米的子彈。他說，標準的四點五毫米子彈打到犀鳥時不會讓牠們立刻斃命，他和夥伴們無法忍受看到這些鳥受苦。

第六章　露營車的夢想

那些耍花招的律師在在證明了這些要求完全無效，原因很簡單，因為香蕉公司底下沒有任何工人，過去沒有、從來沒有、未來也不會有，因為他們只是臨時被找來打工的……法庭鄭重宣判那些工人根本不存在。

——加布列・賈西亞・馬奎斯《百年孤寂》[1]

那天離下班還剩十五分鐘，瓦特・巴內加斯走向當天最後一排的油棕樹，那一排緊鄰種植園的主要道路。[2]禮拜四下午快兩點，他早上六點就打卡了，三十四歲的他期待趕快脫下汗涔涔的襯衫、擺脫泥濘的橡膠靴。但當他拿著收割用的鋁桿（malayo）採摘一束成熟的果實時，左腳在潮濕的草地上打滑了，二十英尺長的鋁桿一歪、碰觸到整條路上方的電線。「後來我就什麼事也不記得了，」他跟我說。

他的同事們記得可清楚了。他們後來跟巴內加斯描述，他的身體爆炸成一團火球，像什麼超級英雄電影情節一樣——只差沒有渾身肌肉的救世主從灰燼裡衝出來救人。相反地，巴內加斯倒臥蜷曲在地上。如今他坐在我對面的一張塑膠椅上，為了躲避宏都拉斯毒辣的太陽，我們特地將這些椅子拉到室內，他講述著四年前那決定性的一天，後來怎麼了。

他的採收夥伴們見狀紛紛跑向四面八方求救，發狂似地穿過成排的棕櫚樹，想找個有車的人將巴內加斯載去看醫生。那片由宏都拉斯「阿格羅圭」（Agroguay）公司經營的種植園雖然擁有上百名員工[3]，但既沒有醫療診所、專職醫師，也沒有配備救護車。觸電事件發生四十分鐘後，他們終於找到一輛車，巴內加斯的同事快步將他放置到後座，司機飆向最近的「社會保障」，一家政府經營的診所。但開了一小時後，他們才到達埃爾．普羅格雷索鎮（El Progreso），那裡的診所人員只看了一眼，就搖頭說：他得趕快到汕埠市（San Pedro Sula）看專門醫生。又過了三小時，他們終於抵達汕埠市（位於該國西北部，科爾特斯省〔Cortés〕首府）的醫院，這裡只敢暫時以濕碎布小心翼翼敷在他焦黑的身軀。在加護病房待了六天後，他又在醫院待了兩個月又零四天，燒傷專家每三天進行一次植皮手術。

巴內加斯兩側的頭髮理得很短，上半身依然健壯，讓人聯想到長曲棍球的高中運動員，只是他特別悶悶不樂。一隻公雞不停地啼叫著，巴內加斯的妻子與五歲大的女兒坐在他身邊，想著這場意外給他的人生、他的家庭帶來的影響。儘管已經在「阿格羅圭」公司任職十四年了，在事發時，他仍被視為一名「臨時工」，所以他知道他的醫療給付有限。如今，他的左下臂只剩下一歲孩子般大小的手腕，上頭佈滿了粉紅色與紫色的疤痕組織，和一隻腫脹、幾乎死去的手。醫生當初將他的右手肘以下截肢後，取身體其他部位的皮膚移植到左臂——避免最後雙手都得被截肢的命運。「我全身上下都是燒傷，」他用左手肘推開襯衫與褲子，露出腿上、肩上與左腳掌的傷疤，現在只剩兩隻腳趾了。「所有妳看到的全都是植皮，」他說。「植皮、植皮、那是燒傷。那是另一個燒傷。」一道巨大的傷疤劃過他的腹部，就像一次糟糕的剖腹留下的回憶。他說，四年後疼痛依然揮之不去。「主要是燒傷帶來的疼痛。而且很癢。」

觸電意外受害者瓦特．巴內加斯，於宏都拉斯北部的家受訪

自從配備鐮刀的收割桿問世後，觸電成為全球棕櫚油業常見的一長串職業傷害之一。（有好幾個宏都拉斯人，包括巴內加斯的一名

同事，最近也發生類似意外，有些甚至因此喪生，東南亞國家的採收工人也不例外。[4]二〇一九年，兩名乘坐平板卡車上下班的烏干達種植園工人，因鐮刀碰觸到電線而喪命。[5]）在我採訪的期間，我從非洲、東南亞、拉丁美洲的種植園工人口中，不斷反覆聽到同樣的故事——長工時、低薪、糟糕的居住環境、沒有醫療保障、暴露於危險的化學物質中、安全裝備不夠完善、性虐待、因毒蛇咬傷而喪生。很多地方的勞動環境，與當年馬來亞那些簽署合約的苦力，以及比屬剛果時期用河馬皮鞭來招募員工，似乎沒有改善多少。（事實上，考量到現代工業含有的有毒化學品，現在的勞工條件可能還更糟。）宏都拉斯的油棕種植面積幾近五十萬英畝——棕櫚油是該國第四大出口產品——在這個國家，來自種植園主的折磨與壓迫由來已久。[6]

二十世紀初期，美國公司收購了宏都拉斯大片肥沃的土地來栽種水果，主要是種香蕉跟鳳梨。一八九九年創立的聯合水果公司，創辦人是一名波士頓進口商，與一名曾在哥斯大黎加栽種香蕉、既年輕又有錢的紐約客。到了一九二〇年代，該公司主宰了一個橫跨中美洲的帝國。一九一一年，紐奧良「庫亞美水果公司」（Cuyamel Fruit Company）老闆山謬爾・澤穆瑞（Samuel Zemurray），因宏都拉斯政府不允准土地特許權與減稅而勃然大怒，雇用了兩名美國傭兵推翻了原本的宏都拉斯總統。庫亞美後來被聯合水果收購，最後澤穆瑞則當上聯合水果的董事長。（美國作家歐・亨利〔O.Henry〕根據自己在宏都拉斯目睹該國受外國水果公司掌控的經歷，創造了「香蕉共和國」

〔banana republic〕一詞，描述虛構的國家安楚里亞〔Anchuria〕。）在宏都拉斯，人們稱聯合水果公司是「八爪章魚」（El Pulpo），因其觸角伸向該國四面八方，從基礎交通建設至電信系統。[7]

到了一九三〇年代，聯合水果掌控了中美洲與加勒比海約三百五十萬英畝的土地。在鄰國瓜地馬拉，該公司是該產業最大的地主。[8]但它並非文靜端莊的客人。史蒂芬・斯萊辛格（Stephen Schlesinger）與史蒂芬・金澤（Stephen Kinyer）於其一九八三年的共同著作《苦果》（*Bitter Fruit*）中寫道，「透過賄賂、欺詐、詭計、強權手段、敲詐勒索、逃漏稅與顛覆政府，（聯合水果）長成一個狂妄自大的巨獸。」該公司前公關部副總裁湯瑪斯・馬侃（Thomas McCann）後來承認，美國在其中美洲種植園訓練了一支傭軍。[9]（為了改善該公司在國內的形象，聯合水果於一九四四年推出金吉達這個名字與金吉達之歌[10]，並按照巴西性感女星卡門・米蘭達（Carmen Miranda）的模樣，創造出商標上卡通化的「金吉達小姐。」）一九五二年，瓜地馬拉民選總統亞本茲（Jacobo Arbenz Guzmán）企圖推動土地改革，將聯合水果公司二十五萬英畝的休耕地轉讓給貧困農民，聯合水果公司負責人澤穆瑞因而聘了一位叫做愛德華・柏內斯（Edward Bernays）的公關人員來解決這場衝突。[11]柏內斯是心理學家西格蒙德・佛洛伊德（Sigmund Freud）的姪子，一九二八年出版《宣傳學》（*Propaganda*）一書，被譽為「公關之父」*。他藉由引起普遍

* 【編注】：中譯本《宣傳學・「公共關係之父」伯內斯代表作：一群隱形統治者如何影響我們的心思，塑造我們的品味，暗示我們應該如何思考》，楊理然譯，台北：麥田，二〇二〇。

的「共產恐慌」，與美國中央情報局聯手發動又一場中美洲政變。十年後，聯合水果再度與中情局密謀——這次是為了推動「豬玀灣事件」（Bay of Pigs）。

自一九四〇年代，聯合水果公司於宏都拉斯與哥斯大黎加開始種植少許油棕，部分原因是為了防止「巴拿馬病」*傳染到香蕉作物。（早在二十世紀中期，該公司已於宏都拉斯沿海城鎮特拉〔Tela〕的總部附近，在拉利馬〔La Lima〕與蘭榭堤拉〔Lancetilla〕兩地興建研究中心，自非洲與東南亞的油棕公司進口遺傳物質）。[12]到了一九六〇年代，該公司已收集了大量的 *Elaeis oleifera*，這種鮮為人知的油棕，原產於中美洲與南美洲，後來與非洲的幾內亞油棕 *Elaeis guineensis* 培育出一種新的雜交品種。這種「美國油棕」如今於中美洲與南美洲大規模商業種植。[13]同樣在一九六〇年代，聯合水果收購了哥斯大黎加一家生產植物油的「努瑪公司」（Numar Company），並成立努瑪集團（Grupo Numar），專門生產油脂。一九九五年，聯合水果易名為「金吉達品牌國際公司」（Chiquita Brands International），廉價出售努瑪集團，後者與另一家公司合併為亞拉馬集團，正是瓦特・巴內加斯雇主「阿格羅圭」公司的母企業。亞拉馬是宏都拉斯最大的企業之一，如今在海外油棕種植面積約三萬七千英畝，此外還有自己的工廠、煉油廠與製造廠。[14]地區性零售知名品牌包括 Clover、Mrs. Pickford's、Blanquita（人造奶油與油）；Max Poder（洗衣皂）與 Riki Tiki（餅乾與洋芋片）。雖然該公司大多將棕櫚油銷往中美洲，部分也用於美國公司好時（Hershey's）[15]、百事可樂[16]與安騰曼（Entenmann）的母公司賓波集團（Grupo

Bimbo）[17]的產品中。

某個星期日早晨，我開心地離開無趣的汕埠市，在一位勞權運動者的陪同下，前往亞拉馬集團的一座種植園，並會見了一些種植工人。這座城市於殖民建築裡所缺乏的，在二十一世紀的恐怖活動裡全彌補了回來，該城一直是世界上最暴力的都心之一[18]。我在當地的下榻處，特地挑選了一家以安全著稱的旅館，但駐守在旅館大廳的不是一位，而是兩位手持自動武器的警衛[19]。那天早晨我們離開市中心，往東南方行駛，經過許多家小型購物中心，裡頭有麥當勞、大力水手炸雞、漢堡王和溫蒂漢堡，最後駛入一條四線道高速公路。幾天後，我們在晚上開回市區，兩側道路蜂擁而出剛從該國數百家工廠（maquilas）下班的工人，他們花了一整天彎腰在縫紉機前縫製耐吉、Under Armour、Dickies、Champion等品牌的T恤、內衣。我通常不是個緊張的旅人，但我承認車子堵在路上那漫長的好幾分鐘裡，自己有點情緒失控；當時若有人要持槍強行進入我們的車，簡直易如反掌。

不安全感若蔓延此地，美國得扛起大部分的責任。雷根總統執政期間，美國政府將宏都拉斯作為打擊尼加拉瓜左翼桑定解放陣線（Sandinistas）的基地，並在鄰國薩爾瓦多內戰期間，在宏

---

*【譯注】：即「香蕉黃葉病」。

國訓練薩爾瓦多軍隊。「毒品戰爭」期間，我們提供宏都拉斯安全部隊武器裝備，讓當地社會更加軍事化。最近，美國主導墨西哥與加勒比海地區的攔截毒品行動，導致毒販改由宏都拉斯與鄰國瓜地馬拉與薩爾瓦多運送古柯鹼。[20]二〇一七年發表在《環境研究》（*Environment Research*）的一篇文章指出，全球販運的古柯鹼，當中約百分之八十六得經過這些中美洲國家。每年約六十億美元的非法利潤得於某處洗錢，這些不法分子發現油棕園是很適合的地點。[21]多數違禁品都會經過瓜地馬拉的貝登省（Petén），當地油棕同樣取代了小農田地。[22]

一九七〇年代初期，宏都拉斯政府頒布了一項全國改革法，將科爾特斯省與鄰近阿官（Aguán）河谷沃土在內的土地，重新分配給農民經營的集體農場。並提供定居當地的人種子、作物、肥料與貸款，栽種香蕉、柑橘類果樹與油棕。然而，二十年後，新政府通過了新法，允許這些共同持有的土地被拆分，並私下出售[23]。大片的土地因此落入了少數富商手中，其中包括亞拉馬集團負責人莫拉雷斯（René Morales Carazo），以及迪南企業（Dinant Corporation）老闆法庫斯（Miguel Facussé），該企業主導了該國棕櫚油業[24]。（迪南掌控約百分之二十九的產量，亞馬拉則有百分之二十四。）[25]宏都拉斯總統曼努埃爾・塞拉亞（Manuel Zelaya）於二〇〇六年上台後，即刻著手解決土地糾紛引起的動亂，但二〇〇九年發動的軍事政變，將他趕下台。自此之後，該地區流離失所的農民們與油棕公司激烈衝突不斷。二〇〇九年與二〇一二年間，五十三起農民遭謀殺的案件，兇手都是大型油棕種植公司所雇用的警衛與雇傭軍，通常都是在該州警力與軍隊的協助下行事[26]。

離開那座城市約一小時後，我們抵達了埃爾．普羅格雷索，這正是巴內加斯起先被帶去的那家診所所在地，又過了二十分鐘，泥土路的兩旁都是香蕉葉柔軟的葉子。風景如畫的Mico Quemado山脈（西班牙語是「燃燒的猴子」之意）矗立於東邊。很快地窗外的景色從香蕉變成了油棕，整齊劃一成列展開。金吉達擁有這片沃土長達一世紀後，一九九八年的米奇颶風帶走宏都拉斯約六千五百條人命，這家公司便將大部分的土地賣給了亞拉馬集團。

一個工人高舉著鋁製的採收桿malayo——這種拿來採收油棕果的工具，能延伸至他前、後方各數英尺的距離——兩名身上背著一袋油棕果實的婦女走近我們。這只是他們的工作，因為宏都拉斯人在家裡不用棕櫚油。實際上，我訪問過的宏都拉斯人都說，他們根本不知道這些收成的果實最後的去處。

我們停車在一處木造房屋前，這裡是五十四歲的卡洛斯（Carlos，化名）的家，我們一行人坐在他的水泥露台上。[27]卡洛斯心思縝密，有著棕色的眼睛，寬鬆的褲子塞進及膝的橡膠靴裡。他解釋道，自己從一九九五年任職於金吉達，負責為香蕉樹澆水並採收果實。那時他有一份契約，每週賺兩百五十倫皮拉（等同於十塊美金），已經足夠養活他的妻子與兩個孩子。米奇颶風過後，卡洛斯與亞美拉簽約，但工作六個月後，油棕樹苗全數發了芽，公司卻將他的工資降到每週兩百倫皮拉（八點一四美金）。金吉達時期原本約有三百名正職員工，後來減少到七十人，三年內，因為報復行動與解雇的緣故，只剩下十三名正職人員。最後，只剩六人有正職工作。如今這家公司僅以臨時契約雇用員工（此舉違反宏都拉斯法律），公司既不提供教育券，也沒有病假或休假天數。每個月要扣除三百七十倫皮拉（美金十五元）的醫療費用，但當員工要使用這項服務時，卻往往被告知無法提供。卡洛斯再也負擔不起孩子的上學費用。「公司說他們有提供獎學金，」他說，「但只給那些跟高層交情好的人。我女兒跟我說她想讀多一點書時，我想去死。」

我們走回大馬路，停在幾名在棕櫚樹蔭下休息的年輕人旁。他們答應可以聊聊，如果我不透露他們姓名的話。（我們刻意選在禮拜天去，避免強碰公司保全人員。）一名三十二歲戴著棒球帽的員工，已經在這家公司做了十四年，他猛地脫下穿在腳上、公司給的工作靴，給我們看這靴子有多薄。他說，潛伏在草叢的蛇可以用尖銳的毒牙咬穿這些靴子。像是有「黃鬍子」之稱的矛頭蛇（**barba amarilla**），這是西半球最危險的毒蛇之一。這些男人接著說，部分問題在於，這些老闆不肯花太多錢清理種植園。「收穫季節時，他們會請很多人來收割，」其中一位解釋。「但完工後，即使整理清潔工作還沒完成，很多人就被解雇了。樹林裡一片狼籍。」

阿格羅圭工人使用的化學藥劑不但會累積於樹叢，且極其危險。其中一種是**Lorsban**，也就是常稱的陶斯松（或稱毒死蜱）。[28]陶斯松是一種有機磷酸鹽，和納粹開發用於神經毒氣的是同類化學物質，陶斯松會導致的疾病包括，兒童腦損傷、帕金森症與癌症。二〇二〇年一月，歐洲食品安全局以安全顧慮為由，宣布不會續簽其使用許可證。該公司還使用「嘉磷塞」（glyphosate），這是拜耳公司（前身為孟山都）除草劑「Roundup」的主要成分。[29]二〇一五年，世界衛生組織公開聲明嘉磷塞可能是一種人類致癌物，導致非何杰金氏淋巴瘤（non-Hodgkin's lymphoma）以及對DNA的損害，拜耳公司之後就相關索賠的集體訴訟，也已談成了和解。阿格羅圭工人們表示，雖然公司有提供手套跟面罩，給施肥與灑殺蟲劑的工人，但面罩會在高溫下起霧，一點用都沒有。「我們跟公司反應過了，『你把設備戴上之後就無法工作了。』」[30]

負責從茂盛繁衍的油棕果串中挑出鬆脫果實的女工，抱怨自已的視力出現問題，手跟手臂發癢。儘管世界衛生組織建議處理有毒化學品的工人事後應立即清洗，以避免「危害性的污染」，但阿格羅圭並沒有洗浴設施。[31]大部分的員工從公司騎腳踏車回家，都至少要半小時。

在一幕電影場景裡，一名戴著頭巾、背著噴霧器的工人，將手上三英尺長的軟管對準蘇門答臘一處種植園裡種滿成排油棕的地面。她用空著的手比劃自己的喉嚨，像要割開它似的，她戲劇性地往後一倒。「這毒藥太臭了！」以誇張的舉動逗笑身旁兩名緊張的同事。「就是克無蹤（Gramoxone）讓我想吐。我的臀部因為它起了紅疹，」她以一種過於歡愉的電視廣告口吻說道。「這種化學物質毀了我的雙眼。」她告訴朋友，自己曾嘗試去公司醫生那裡買藥，但醫生告訴她，「妳的眼睛沒事，」拒絕開立眼藥水。「所以我問朋友們，『妳們的眼睛不痛嗎？』她們說，

『沒有比這更糟的事了！』『我們的背也很癢！』我說，『去要求塑膠衣吧！』『甚至連我們的頭髮都因為克無蹤開始掉了。』」

這部讓人極度不舒服的影片，出自二〇〇三年的紀錄片《全球化錄影帶》（*Globalization Tapes*），拍攝地點是哈雷特在蘇爾芬的種植園，靠近那條曾因屍體滿溢而堵塞的河流。在約書亞・歐本海默（Joshua Oppenheimer）的幫助下，蘇門答臘獨立種植園工人工會（Serbuk）成員編導了這部紀錄片，美國導演歐本海默是二〇一二年上映、入圍奧斯卡的《殺人一舉》（*The Act of Killing*）的導演之一，這部片講述印尼一九六五年發生的種族大屠殺。（《殺人一舉》一片源自於《全球化錄影帶》這個計畫。）[32]克無蹤是巴拉刈這種農用化學物的商業名稱。雖然巴拉刈會損害腎臟、肺臟，且跟陶斯松一樣，可能會導致帕金森症——至少四十六國都禁用這項藥劑——但巴拉刈仍使用於世界各地的油棕園。[33]一般使用巴拉刈的是像影片中的女性，她們通常很少穿著或根本不穿防護裝備，如果吸入、攝入或透過皮膚吸收這些物質，就可能致命。[34]（電影製作人柯恩兄弟〔Ethan and Joel Coen〕的影迷可能記得一九九八年那部熱門電影《謀殺綠腳趾》〔*The Big Lebowski*〕裡，傑夫・布里吉斯〔Jeff Bridges〕的「老兄」向對手吐出「人類巴拉刈」那一幕。一九七〇年代，美國政府在墨西哥各地的大麻作物，噴灑了這種化學物質。）

雖然多數棕櫚油公司都發誓要停用巴拉刈，但證據指出很少有公司真正實現諾言。例如，二〇〇八年，棕櫚油業巨頭豐益國際表示將要求供應商在二〇一五年底之前，逐步淘汰巴拉刈。

工人們正前往賴比瑞亞錫諾縣一處種植園工作

但國際特赦組織二〇一六年一份報告記錄了該公司於印尼的供應商使用巴拉刈的實際狀況。[35]（豐益國際在世界各地擁有種植園、工廠與精煉廠的網絡，是亞洲最大的農業綜合企業，主要股東之一是美國糧商巨頭阿徹丹尼爾斯米德蘭公司（Archer-Daniels-Midland Company，簡稱ＡＤＭ）。）[36]宏都拉斯的亞美拉集團於二〇一四年給海外私人投資公司（Overseas Private Investment Corporation）的聲明裡提及，「我們使用的殺蟲劑裡，部分仍含有巴拉刈，但即將逐步淘汰它們。」這家公司提供給亞美拉集團兩千萬美元貸款。淘汰不再使用巴拉刈的國家，通常會以嘉磷塞替代。[37]

國際特赦組織的研究人員訪談了印尼的媽媽們，她們在沒有穿戴任何防護裝備的情況下噴灑殺蟲劑，且被迫早上四點就得起床餵飽孩子，再坐兩小時的車到油棕園。晚上回到家後，她們通常得選擇要使用珍貴的水資源來沖洗掉危險的化學物質，還是煮飯給家人吃。一名叫做約翰娜（Yohanna）的女士說，她曾被克無蹤噴濺到臉上。[38]「我看不到了，」她告訴研究人員。「我後來頭很痛。」此外，就跟漢芮塔．蕾克斯（Henrietta Lacks）*的惡夢一樣，豐益國際的子公司與供應商定期檢測女性員工暴露於化學物質的程度，卻從未告知她們檢測結果。測試結果異常的人只是被告知有問題，並改任其他職務。「我們每六個月接受一次檢查，」一位噴了五年殺蟲劑的婦女表示。「我們的血被抽走了，但卻從未告知我們結果。所以如果我們真的有病，我們也不曉得。」

印尼非政府組織「棕櫚油觀察」（Sawit Watch）二〇一五年發表一篇報告指出，總部位於新加坡的「春金集團」（Musim Mas），提供每天花數小時於所屬油棕園噴灑化肥、殺蟲劑與除草劑的女性員工們牛奶或布丁，以抵消暴露於這些化學物質所產生的影響。「他們告訴我們，這是為了幫助我們排毒，」一名工人告訴進行這份報告的研究人員。（「我的朋友們問我，『他們有給妳牛奶嗎？』」《全球化錄影帶》裡那個女人說。『每三個月給我們一次。』所以我問老闆，『你為什麼要給我們牛奶？』他說，『幫助排出妳胸腔內的毒，這樣妳才不會頭暈。』所以他知道我們中毒了！」）[39]

遍布非洲、拉丁美洲與東南亞的種植園女性員工也陳述了在園裡遭到強暴、性虐待的狀況。[40]美聯社二〇二〇年十一月刊出的一項調查寫道，一名在蘇門答臘種植園工作的十六歲女工描述自己遭一名老到可以當她爺爺的主管多次強暴，最終懷了他的孩子。「他威脅要殺了我，」她跟記者們說。「他威脅要殺了我全家。」另一名女工說，因為背著沉重的肥料，她兩次都在懷孕後期流產。她一直隱瞞懷孕的事實，就怕消息曝光會被解雇。[41]

《華爾街日報》於二〇一五年刊出一篇文章，是關於一名二十二歲孟加拉男子成為馬來西亞一處種植園奴隸的故事。[42]他叫做穆罕默德．魯貝爾（Mohammed Rubel），受訪時他告訴記者，某天一名陌生人來到他的村落，興高采烈地講著馬國種植園裡有賺大錢的好機會。他的家人湊了兩千美元給招募人員，魯貝爾與其他約兩百名孟加拉人以及來自緬甸的羅興亞穆斯林一同登上了一艘四十英尺的漁船。他說，為期三週的旅程裡，持有武器的人們分配給船上乘客的糧食跟水，竟然少到最後有數十人餓死。（為了防止屍體膨脹與漂浮，販運者先將這些死者的肚子切開，再把他們丟到海裡。）抵達泰國南部後，這些人被押送到以鐵絲網包圍的擁擠營區。人口販子隨後要求他們打電話給父母，並毆打他們，讓電話的另一頭能聽到他們的慘叫聲，同時強迫他們告訴

*【譯注】：蕾克斯是一名非裔美國女性，一九五一年死於子宮頸癌，其細胞卻因可以永遠不死，而私下被科學家保存，連她的家人都不知情。

父母，如果不寄更多的錢來，「（他們）會被埋到叢林裡」。魯貝爾說，在營區裡，他看到數十名移民因生病、過度勞累、遭毆打而喪生。

之後他們再被迫徒步穿過叢林，數十天後終於抵達馬來西亞南部，接著被安排在「聯邦土地發展局控股公司」（Felda Global Ventures Holdings Berhad，簡稱FGV）經營的油棕園工作，這家公司隸屬於第四章介紹過的馬來西亞聯邦土地發展局。如今，這家國營企業躋身世界最大的棕櫚油生產商之列，在馬來西亞種植園聘了約三萬名移民。魯貝爾告訴記者，他一週七天都在FGV的種植園工作，卻一分錢也沒有拿到。另一名孟加拉人也說，他在馬來西亞待了六個月，被三個承包商分派工作，同樣沒有拿到任何酬勞。「他們把我們當牛隻一樣買賣。」

《華爾街日報》的文章刊出後，FGV幾乎沒有採取任何解決措施。實際上，二〇一九年，一群美國勞工團體、環境與司法組織向美國海關暨邊境保護局提出申訴，要求停止進口該公司生產的棕櫚油產品。[43]（根據美國《一九三〇年關稅法》〔*The Tariff Act of 1930*〕規定，若有正當理由相信貨物含有以強迫勞動製成的材料，美國海關便必須拒絕到港的貨物入境。）[44]這份投訴援引證據指出FGV剝削人口販運受害者，未能提供足夠的食物與適當的居住環境。在種植園工作的移民被迫得交出護照，禁止他們離開，並被迫簽署以他們不懂的語言所寫就的合約。FGV生產的棕櫚油由像是嘉吉（Cargill）、糧商巨頭ADM等美國公司交易，最終出現在雀巢、高露潔-棕欖公司、嬌生、P&G寶僑、家樂氏、瑪氏食品（Mars）、百事可樂與歐萊雅的產品裡。

二〇二〇年九月，在美聯社刊出FGV種植園持續虐待的紀錄調查後[45]，美國海關暨邊境保護局的貿易辦公室宣布，FGV的棕櫚油產品或衍生物的貨物未來將被扣留於美國港口。

在鄰國印尼，供應豐益國際的種植園因雇用年僅八歲的孩童，被判有罪。[46]許多種植園主都制定了標準——例如，得採收多少果實、用多少殺蟲劑——達標的壓力驅使工人們使用大量的「臨時工」，也就是不支薪的婦女與小孩。在某些豐益國際的種植園裡，可以看到小學生年紀的孩子扛著沉重的果實，且暴露在前述的化學物質裡。一名十二歲的孩子告訴研究人員，他一週幫忙父親六天。「我撿起散落的水果。這份工作不難，可是果實裡會有小蟲咬我。我把這些果實放到袋子裡，扛到集中點……我沒有戴手套，所以撿的時候手會痛。我沒有穿靴子，我穿涼鞋。下雨的時候我也工作，地上很滑。好幾次我扛著袋子，腳一滑就摔倒了。」

要抵達威廉・利華先前經營的部分種植園，得從剛果首都金夏沙搭乘飛往省會姆班達卡（Mbandaka）的飛機，接著駕車數天穿過雨林，或是搭船沿著剛果河逆流而上七百四十五英里。這或許可以解釋為何負責特許權的公司能以目前的方法開展業務。二〇〇八年，聯合利華將旗下「剛果種植園與油廠公司」（Plantations et Huileries du Congo，簡稱PHC）的三座種植園，賣給加拿大「費洛尼亞」公司（Feronia）。其中兩座是當初一九一一年租給利華五處特許區域的種植園，兩處總計雇用近一萬名員工。[47]

馬來西亞一處油棕園的童工

PHC的員工經常使用陶斯松與嘉磷塞。雖然多數種植園都由女工負責混合、噴灑化學物質，但在PHC，這項工作由男性負責。人權觀察（Human Rights Watch）組織於二〇一九年訪談的四十三位男性當中，有二十七人表示自從開始這份工作後，身體就變得很虛弱。「性方面，我覺得力不從心，」一名三十二歲的受訪者，噴灑殺蟲劑長達兩年。「我沒有力氣在床上滿足我的妻子。我覺得很丟臉。」另一名受訪者，自從二〇一六年開始噴灑殺蟲劑，他解釋，「一開始我以為只有我有這問題，不應該跟其他人談論這件事，但我聽到別人也在講，就開始侃侃而談自己發生的事。」[48]（工人們一般委婉地用「性虛弱（sexual weakness）」來闡述自己的狀況，但之後釐清他們很難勃起，也很難一直維持勃起。）二〇一九年發表在《國際職業與環境醫學雜誌》

（*International Journal of Occupational and Environmental Medicine*）的一篇系統性論述指出，馬來西亞沙巴的男性油棕工人普遍罹患精子異常的病症。[49]

如同宏都拉斯、印尼的種植工人，這些剛果勞工也談到他們接觸化學品導致的皮膚刺激、膿皰、搔癢與水泡。也有人談到眼睛疼痛與不適，而且從開始這份工作後視力就變模糊了。「我們跟他們要了很多遍護目鏡，」一位三十三歲、六個孩子的父親說。「他們叫我們要等，但我們到現在什麼都沒拿到。」受訪的四十三名使用殺蟲劑的工人中，只有十名表示已收到護目鏡。這些員工也曾被公司抽血檢測，同樣從未收到檢查結果。

他們同樣抱怨腳上的橡膠靴很容易裂開，無法保護不被蛇跟蜘蛛咬傷，也容易被砍刀與荊棘刺傷。公司提供的手套是由布料與皮革製成，但織物會吸收殺蟲劑，導致皮膚更常碰觸到殺蟲劑，與完全不戴保護配備相比，這種手套可能對工人們的危害更大。儘管工作訓練時被告知他們需要防水的工作服，但提供給他們的工作服是棉製的。許多工人都得花很長的時間通勤，這增加了接觸受污染衣物的時間，家人們也因此接觸到農藥。和亞拉馬的種植園一樣，現場沒有淋浴設施。[50]

PHC也同樣仰賴臨時合約與日薪工的方案——二〇一八年十二月，該公司雇用了接近七千名日薪工——與簽合約的工人相比，日薪工不必提供福利。[51]許多受訪的剛果人表示，他們都曾當過日薪工一段時間，其中一人長達十年。多數人也說，他們一天只吃得起一餐。一名六個孩

照片中這名站在家門口的男人是五個孩子的爸爸，在剛果PHC公司任職長達十二年

子的母親，已經負責撿拾散落的果實長達六年，她說，自己每個月薪水是一萬兩千至一萬五千剛果法郎（等於七點三元至九點一元美金）。「我們沒有手套、沒有靴子——完全只用雙手工作。」她說，「有時（我們必須撿起的）果實會掉到牛糞或人糞裡。」[52]

馬奎斯於其一九六七年的《百年孤寂》小說裡，描述馬康多小鎮的故事，一家美國香蕉公司來到鎮上，顛覆了當地居民的生活。[53]公司員工遭受不人道的居住環境、不存在的醫療服務、薪水不付現金，只給維吉尼亞火腿，種種行徑讓工人們忍無可忍發起罷工。政府作出的回應是，請他們聚集在廣場進行對話。當三千多名員工到了現場，軍隊則以機關槍掃射他們。來自哥倫比亞的馬奎斯，小說背景取材於哥倫比亞沿海小鎮謝納加（Ciénaga），在一九二八年發生的事件。聯合水果公司的工人在當地舉行罷工，政府同樣要他們到鎮中心的廣場集合，最後下令進行大屠殺。「我很榮幸地報告，」美國駐哥倫比亞大使在一封給華盛頓的電報裡寫道，「聯合水果公司波哥大代表昨天告知，哥倫比亞軍隊殺害的罷工者逾千人。」[54]

二十多年來，宏都拉斯亞拉馬集團的工人收入皆低於該國最低薪資、每天工時十四個小時，沒有加班費、公司不提供醫療福利，他們也決定罷工。二〇一七年十月，阿格羅圭一百零四名勞工與其姐妹公司「阿格羅梅札」（Agromeza）的八十名工人，宣布加入「農業綜合與工人工會」（El Sindicato de Trabajadores de la Agroindustria y Similares，簡稱STAS），這個組織是代表該國香蕉、甜瓜、糖與棕櫚油行業工人的工會。[55]亞拉馬集團因而解雇十八名他們懷疑帶頭這項運動的工人，結果有三百名同事為了力挺他們而辭職。這場罷工持續了五個月，工人們告訴我，在這段時間裡，為了餵飽孩子，其中有些人好幾天沒吃東西。有些人則被趕出家門。

三十二歲的亞蕾妮．奧提斯．梅嘉（Yarleni Ortéz Mejía）塗了深色眼線、戴著水鑽髮夾，她邀我到與兩個孩子同住的狹小水泥房。她說，自己在阿格羅圭工作七年，週一到週五，每天早上六點到下午兩點撿拾掉落的果實。週六則是早上六點到十點。她每週只賺三百倫皮拉（十二美元）。過去她一直不願加入工會，但眼前沒有能改變現狀的其他選項。「我一直不喜歡這種事，因為我聽說加入工會會被殺死，」她跟我說。「我很怕被殺。他們可能會殺掉我的孩子。」[56]（她的恐懼完全有理：從二〇一五年一月到二〇一八年二月，宏都拉斯至少有三十一名工會成員被人謀殺。）[57]

事實上，許多罷工工人都收到死亡威脅，更遭手持大口徑步槍的公司保全與國家警察攻擊與恐嚇。「反對工會暴力行動組織」（Network against Anti-Union Violence）的一份報告記載了十一件這兩家公司的工人所遭遇的攻擊與／或恐嚇事件。梅嘉經常被負責管理警衛的人騷擾。「他常說：『如果決定權在我手上的話，我早就把妳給解決了。』」

終於，二〇一八年三月，工人們通過談判重新雇用多數遭解雇的工會成員，但阿格羅圭拒絕讓其中十七名最活躍的成員復職。亞美拉集團更註冊了兩個黃色工會*以獲得宏都拉斯勞工部的認可，且儘管法律要求該集團應與「農業綜合與工人工會」進行談判，該集團卻拒絕讓勞動稽查員參加會議，更多次不出席政府舉行的調解會。工人們表示，他們被迫加入受公司控制的工會，並受賄在「農業綜合與工人工會」內部當間諜。「他們給我更輕鬆、更簡單的工作，」一名復職工人告訴我。「他們試圖讓我愛上他們，這樣我就會加入黃色工會。」（其中一名帶我們參觀種植園的工人要求我們不要在社交媒體上發布此次參訪的消息。他沒有在前一日的工會會議裡發言，因為他懷疑內部有公司間諜。他因為加入工會遭到威脅，包括公司其中一名警衛，曾經刻意在他面前秀槍。）宏都拉斯前總統胡安・奧蘭多・葉南德茲（Juan Orlando Hernández）執政時，國內充斥著暴力與腐敗，政府與亞美拉集團聯手打擊工會，最後促使五十五名國會代表於二〇一九年九月呼籲美國勞工部長與貿易代表追究宏都拉斯勞工部違反《中美洲自由貿易協定》的責任。[58]

如同馬奎斯的小說，美國香蕉公司離開馬康多之後，小鎮如同廢墟一般，宏都拉斯與鄰國瓜地馬拉的棕櫚油社區發現現況比這個產業進入該國之前更慘。[59]兩國農夫仍不斷被種植園逼著搬離沃土，只得砍伐更多樹木以種植糧食。而砍伐森林更嚴重影響當地氣候。自二〇一四年，當地一場嚴重旱災導致愈來愈多宏都拉斯與瓜地馬拉人移民到美國。[60]二〇一八年十二月，一名七歲的瓜地馬拉女童遭美國邊防人員拘留於美國德州艾爾帕索（El Paso）期間死亡，她父親表示，因為家鄉的油棕園不斷砍伐當地森林，原本自給自足的農業無法生存，兩人只好逃離村莊。[61]「油棕公司說他們會帶來發展，」某個下午四十三歲的瑪莉亞・瑪格麗塔・伊萬內茲（Maria Margarita Ivanez）在她的村莊跟我說。「唯一看到的發展就是月底小酒吧（cantinas）裡總是擠滿了人買酒、酒、酒。」[62]

三十三歲亞美拉前資深員工馬賽里諾・弗羅雷斯（Marcelino Flores）坐在他位於坎波阿瑪帕（Campo Amapa）的煤渣磚房前，這裡離瓦特・巴內加斯的家不遠。[63]他告訴我他終於放棄了他的

---

*【譯注】：親資方的工會。

前雇主。弗羅雷斯身材瘦弱，穿著及膝的足球短褲與加長版的T恤，他解釋自己當了十年的砍伐工，每天早上六點打卡，每週一到週六上班，但薪水才每週五十美元。這名三個孩子的爸爸跟我說，自從加入工會，他一直被主管們騷擾跟威脅。「你可以在這裡工作數十年，但到頭來什麼都沒有。根本沒辦法存錢。我花了五年才親手蓋好這棟房子，指甲都髒了。」

最後，二〇一八年十一月，弗羅雷斯和家人們道別，搭乘聖佩德羅蘇拉（San Pedro Sula）前往瓜地馬拉邊境的巴士。在那裡再換一輛巴士，最後搭上一輛火車，帶他到米格爾阿萊曼（Miguel Alemán），隔著格蘭德河（Río Grande）對岸就是德州的拉雷多（Laredo）。他看得到對岸的德州，距離夠近，近到他開始想像未來能在那裡建立的新生活，一個能照顧妻小的生活。但在預計要渡河的那天早上九點，他和其他一百多名在棚屋睡覺的移民，被劇烈聲響吵醒了。十幾名墨西哥士兵把門推倒，開始抓人，用槍桿子抵著他們。女人們跟小孩們開始尖叫，他說，每個人都失控地尖叫。移民官員押送這些原本會成為移民的人上巴士，將他們直接送回聖佩德羅蘇拉。弗羅雷斯在北卡羅萊納的兄弟付了一名「郊狼（coyote）」七千美元，要帶他跨過邊境。

如今，一個月過後，弗羅雷斯說他知道至少有十名亞拉馬工人正計劃要加入其中一輛開往美國邊境的「露營車」。他自己則計劃數星期之後要再試一遍。「公司薪水根本沒辦法把房子的地板蓋完。我一丁點都不想再理那些該死的棕櫚樹了，」他說。

第七章　這世界好胖

人們被絲毫不重視健康的食品工業餵養，再由絲毫不重視飲食的醫療產業治癒。

——溫德爾．貝里，《性、經濟、自由與社群》[1]

阿諾普．密斯拉醫生（Dr. Anoop Misra）拉開辦公室的窗簾，病人下了診療台，輕輕拉出襯衫下擺遮掩肥胖的肚子。[2]「我不是負責講好聽話給你聽的，」這位說話溫和的內分泌學家說。他除了每週在新德里這家高檔健康中心看診六天外，還擔任印度國家糖尿病、肥胖、膽固醇基金會主席。密斯拉身穿白色醫師袍，一頭濃密的灰髮整齊分線，他回到自己的座位，將注意力轉向病人的妻子。他想知道，家裡平常都煮些什麼，使用哪些油？「所有的食物都是油炸類，」這對夫妻離開後，密斯拉醫師告訴我。「那男人六十二歲了，七年前曾心臟病發過。」

熙來攘往的大廳對面，身披紗麗的女性與穿著涼鞋的男性，坐在寫著「胰島素幫浦高級中心」與「代謝與減肥手術中心」的牌子底下，休布拉・阿特蕾（Shubhra Atrey）是與密斯拉合作的三位臨床營養師之一，附和了她老闆的失望。[3]南亞人先天容易罹患糖尿病與心血管疾病。阿特蕾說，她執業七年多來，目睹印度同胞經歷巨大改變。「更多人出現肥胖問題，包括兒童肥胖症，且肥胖也導致愈來愈多人罹患糖尿病。」近期她和同事們每天都會看診約六十名有肥胖問題的患者。「我們提供諮詢。百分之九十的看診時間，我們都在談論油。壞油、好油。棕櫚油不是非常好的油。」

我親自飛到印度見證當地如何掀起這場棕櫚油革命，這東西的總進口量竟高居世界首位。《新英格蘭醫學雜誌》（*New England Journal of Medicine*）於二〇一七年發表一篇研究指出，過去二十五年間，全球肥胖與超重的普及率飆升，目前全世界逾百分之十的人口被認為有肥胖問題。[4]肥胖人口成長最快的國家中，部分是發展中國家，其中多國更面臨國民普遍營養不良的問題。在印度，糖尿病等非傳染性疾病近期已超越腹瀉與肺結核，成為頭號殺手。如今，印度罹患第二型糖尿病的人數高居世界第一。（的確，印度的人口同樣多於多數國家，但國內糖尿病患者數高到不成比例。）[5]《新英格蘭醫學雜誌》研究人員指出，高熱量食品「更容易取得、更普及、更廉價」，這可以解釋為何全球肥胖問題愈來愈嚴重。「我們有更多加工食品、高熱量食物與更密集頻繁的食品行銷，」這份報告的第一作者阿夫欣・阿煦坎博士（Dr. Ashkan Afshin）於發表時指出。[6]

我們也有更多的棕櫚油。這份報告所檢視的一九八〇年至二〇一五年間，全球棕櫚油產量增加了十二倍，從五百萬公噸，增加至超過六千兩百萬公噸。[7]二十世紀中葉被稱為綠色革命的轉型期，棕櫚油產量的成長甚至超過了小麥。這些油去了哪裡？阿夫欣博士指出，約百分之七十的油最後都進入了加工食品與「高熱量」食品。[8]

「預計到二〇三〇年，每增加一百卡路里的熱量裡，就有四十五卡路里可能來自產油作物，」擁有模特兒美貌的現任聯合種植（United Plantations）執行長、來自丹麥的卡爾・貝克—尼爾森（Carl Bek-Nielsen）於二〇一二年告訴台下的棕櫚油業高階主管們。「油棕身為產量穩定的作物，對於全球糧食安全的貢獻不容置疑。」[9]

嗯，不盡然是這樣。的確世界上有許多人可以吃下更多卡路里——且我們的飲食裡當然需要一些油脂——但全球棕櫚油過剩的問題實際上正大幅度削弱糧食安全。人們普遍將體重過重的問題歸咎於糖，但過去半世紀裡，全球飲食中，精煉植物油含有的卡路里遠遠超過其他食物類別。[10]例如，從一九六一年到二〇〇九年，全球棕櫚油供應量飆漲驚人的百分之兩百零六。[11]同一時期，糖與甜味劑的供應量僅增加百分之二十。一九九一年至二〇一一年，全球人均食物能量供應量增加兩百七十八卡路里，其中逾四分之一來自植物油。[12]在南亞，食用油占所增加卡路里的百分之三十二。但這不僅僅只是油本身。部分問題在於這些廉價的油可能會變成營養價值不足、過度加工的垃圾食物。而被拿來種植油棕的土地，當然就無法栽種健康的食物，像是水果、蔬菜與豆類。

過去的四十年間，大量外國投資湧入較貧窮國家的食品市場，助長了此一趨勢。一九八〇年至西元二〇〇〇年間，美國對海外加工食品的投資增加了三倍，從九十億美元增加到三百六十億美元。[13]大部分現金來自跨國企業，像是百事可樂、雀巢與百勝餐飲集團（Yum! Brands）——該集團位於美國路易斯維爾，旗下有必勝客、肯德基與墨西哥捲餅連鎖餐飲塔可鐘（Taco Bell）——這些公司生產的都是最適合使用棕櫚油的超級加工食品。正如同美國農業政策導致玉米生產過剩，接著被製成滔滔江水般的高果糖玉米糖漿，並進到這個國家不見盡頭的速食輸送帶上，國際貿易模式也同樣助長了棕櫚油的榮景，讓全球都充斥著炸物零食、速食與加工食品。[14]

這對公共衛生造成巨大影響。過去十年間，由法國、巴西、美國與西班牙所進行的多項大型研究呼應了《刺胳針》（*The Lancet*）的發現，超級加工食品的高消費量與較高的肥胖率有關。若大量食用這種食品，可能會導致憂鬱症、氣喘、心臟疾病與胃腸道疾病。[15]二〇一八年，《英國醫學雜誌》（BMJ，原名*British Medical Journal*）一項研究發現，飲食中超加工食品比例增加百分之十，導致罹患癌症的總體風險便會上升逾百分之十。[16]

也就是說，棕櫚油本身的確引起一些顧慮。棕櫚油對這些品牌如此有用的部分原因在於其飽和度為百分之五十，能夠提供想要的「口感」，並延長產品的保存期限。如同先前所解釋的，棕櫚油發煙點高，拿來炸雞塊、薯條、起士條、甜甜圈都很適合——印度主食（如咖哩角、印度薄餅）也是。（棕櫚仁油含有百分之八十的飽和脂肪，質地堅硬，巧克力與其他糕點糖果的製造商會因此更偏好使用這種油。）

二〇一八年，美國與其他國家紛紛採取行動後，世界衛生組織（WHO）宣布一項倡議，希望在二〇二三年底之前，能從全球食物供應中全面消除人工反式脂肪。反式脂肪是植物油經過部分氫化後產生的物質，通常用於加工食物。（反式脂肪同時也天然存在於反芻動物的肉類與乳製品中。）營養專家對於逐步淘汰此種工業生產脂肪的努力表示讚賞，因為這種脂肪與心血管疾病有直接關連，但其普遍替代品——棕櫚油——本身卻有問題。

當談論到飽和脂肪的相對危險性時，公眾輿論就轉向了——例如利用精製碳水化合物取代飽和脂肪，似乎弊大於利——但研究表明，富含棕櫚油的飲食，雖然含有極少量對健康有益的 **omega-3** 與 **omega-6** 脂肪酸，但與富含不飽和脂肪的飲食相比（例如橄欖油或大豆油），前者卻導致更高的心臟病風險。（食用含有棕櫚油的加工食品則遭受雙重致命打擊，因為棕櫚油往往會與精製碳水化合物一同出現。）

這些研究發表後，美國心臟協會於二〇一七年發表了一篇關於膳食脂肪與心血管疾病的會長建言，呼籲減少攝取飽和脂肪，增加不飽和脂肪的攝取量。[17]「每克反式脂肪比飽和脂肪帶來的風險更高，」北卡羅來納大學教堂山分校營養學教授貝瑞．波普金（Barry Popkin）解釋，「但棕櫚油的用量高出許多，」他說，就整體健康影響而言，棕櫚油的危害可能更大。[18]

特別是在發展中國家，因為棕櫚油便宜，比其他油類更常被使用。例如，在印度每公噸棕櫚油售價六百九十四美元，取代了其他種過去傳統更常使用的油，像是葵花油（目前一噸八百三十二美元）、菜籽油（八百九十美元）與花生油（一千八百七十六美元），尤其是食品業，我們都知道，他們傾向購買精煉、漂白、脫臭過的油。[19]「即使是發展中國家，卡路里攝取過量也是一個問題，更甭說吃下肚的是什麼，」哈佛大學陳曾熙公共衛生學院營養學助理教授孫琦表示。「就食用不健康的棕櫚油而言，我認為可能會帶來毀滅性的後果。」[20]

位於哈里亞納邦（Haryana）梅瓦區（Mewat）的陶魯村（Taoru），距離德里九十分鐘車程，這裡雜亂蓋著兩層樓的紅磚房與掛著俗艷招牌的水泥建築。十月某個煙霧瀰漫地像是世界末日的日子裡，小鎮熙熙攘攘，小販們推著木製推車，上頭堆滿了散發光澤的橙色柿子與小石榴，喇叭按個不停的摩托車們閃躲著馱著各種貨物的驢子。在一名印度公共衛生基金會研究員的陪同下，我走進一家商店，問店家是否可以買點棕櫚油。[21]店員說店裡沒賣。身邊的研究員堅持我們想買非常便宜的油，他才從貨架凹處拿出一瓶紅黃條紋包裝的「魯奇金油」（Ruchi Gold）（這是印度銷售第一的棕櫚油牌子。）他說，當地的小吃攤販會買這種油，但不應該在家裡使用，因為對身體有害。我們去了另一家店，問有哪些油可以用，對方拿出兩瓶一公升裝的芥子油，分別是九十盧比與一百一十五盧比（按目前匯率計算是一點二二美元、一點五四美元）。[22]有更便宜的油嗎？店家最後在櫃檯上放了一公升塑膠袋裝的魯奇油，售價七十盧比（零點九四美元）。

「這裡的人用很多、也賣很多棕櫚油，」記者阿達許・嘎格（Adarsh Garg）一邊喝著有小豆蔻香氣的茶解釋。「沒有人會承認，但他們的確在用。」這也難怪：在一個普通公民收入年收入不到兩千美元的國家[23]，人們尋找最廉價的選擇是有道理的；若是許多家庭一週會購買好幾次的產品，價差三十或六十五美分，累積起來就是一大筆了。印度的攤販——該國有超過千萬個攤販——也愈來愈依賴棕櫚油。新德里查德拿嘎（**Chand Nagar**）附近夜市賣的東西五花八門，從蕾絲胸罩、塑膠鞋，到茄子、紅蔥頭都有，一名二十四歲的攤販阿吉特・亞達甫（Ajit Yadav）告訴我，為了做出受歡迎的炸糖漿甜麵圈**jalebi**，他每週要用掉五大桶十五公斤的棕櫚油。「那個攤販當然用啦，」密斯拉的同事阿姆瑞塔・高許（Amrita Ghosh）告訴我。「他想賺錢。他才不管其他人的健康。」

印度街上攤販使用棕櫚油來炸點心，雖然他們不一定會承認

印度攤販使用棕櫚油油炸可能是公開的祕密，但較富裕的新德里居民則表示，他們才不

會靠近這玩意。[24]雖然如此，他們攝取棕櫚油的量可能遠超出想像。隨著這幾年該國乳製品價格上漲，愈來愈多取代酥油或無水奶油的商業用氫化植物油是以棕櫚油製成。印度的混合食用油生產商也採購更多的棕櫚油。「混合油通常混了較多的便宜油脂，」印度政府所資助的印度食品安全與標準局（FSSAI）執行長帕灣・阿加瓦爾（Pawan Agarwal）解釋，「但市場上他們說的又是另外一套。」[25]即使是買「純」的傳統油類，像是芥子油、葵花油、菜籽油——這些都是國內自己種植的（飽和脂肪含量分別為百分之十二、百分之十、百分之七）——通常也會買到摻有棕櫚油的產品。「我們無法推薦妳任何值得信賴的油品牌，」營養師阿特蕾這麼說。

卡瑪・卡普爾（Kamal Kapoor）無法反駁這個說法。[26]這二十年來，這名友善的「KP農油」（KP Agro Oil）老闆從嘉吉、路易達孚（Louis Dreyfus）等跨國貿易商那裡買來大豆油、芥子油與棕櫚油，再轉手賣給哈迪朗斯（Haldirams）等製造商，阿迪朗斯是印度一家賣鹹香點心**namkeen**的製造商，同時也是供應攤販的零售商。如今，它更供應產品給達美樂比薩、麥當勞與卡樂星美式漢堡（Carl's Jr.）等速食店。卡普爾歡迎我造訪他位於新德里西部、蒂拉克納嘉爾（Tilak Nagar）的辦公室，他說，他每年購買兩千公噸的食用油，其中將近一半是棕櫚油。卡普爾打開一個生鏽的金屬文件櫃，拿出一盤堅果與一包充滿棕櫚油的混合酥脆零食。「這種零食有很多種新的變化，」他指著後者說，「有新的製造商來了。」

卡普爾有著深邃的眼睛，深色的頭髮從中央往兩旁梳開。他也販售棕櫚仁油給甜食製造商與當地的麵包店，用於巧克力淋醬、糖霜裝飾、非乳製品增白劑。他說，如今這種油也被用來仿造乳製品。「幾年前，他們還用新鮮的鮮奶油來做蛋糕，」他告訴我，「但現在他們用棕櫚油來做。這是個祕密。他們不會寫在標籤上。我怎麼知道的？因為油是我提供的！」他大笑。

樓下是哐啷作響的包裝區，貨架上擠滿了十五公斤裝的油桶，多數都是棕櫚油，卡普爾賣一桶一千零五十盧比，大豆油一桶一千兩百盧比、芥子油一桶一千兩百五十盧比。他帶我走到一個放在地上、一平方英尺長的箱子前，拉開紙箱蓋，裡頭是以塑膠內層包裹的奶油狀物質。標籤上寫著「奧斯卡氫化植物油棕櫚硬脂」（Oscar vanaspati palm stearin）。這塊堅硬、但可塑的方塊，質地就像兒童造型黏土。「我們並不想賣這個，」卡普爾說。「我們覺得良心不安。只有很劣等的人才會買這種油。」他解釋，這種分餾後產生的固體部分最常用來製造肥皂。但在印度，麵包店和餅乾廠如今使用氫化植物油（vanaspati）製作餅乾、蛋糕與其他甜食。「如果你每天吃一湯匙，連續吃一個月，」卡普爾說，「你會死的。那些公司知道這點，但他們滿腦子只有錢、錢、錢。」

印度消費者已經學會對國內生產的食品持謹慎態度，但即使是他們傾向信任的品牌——百事可樂、雀巢、麥當勞與達美樂等跨國品牌——如今也在印度飲食裡加入大量棕櫚油。考量到印度擁有十三點八億人口與新興中產階級，更別提這裡年輕一代的人數比美國總人口還多，這些公司進軍這塊次大陸也就不足為奇了。[27]根據市場研究公司「歐睿國際」（Euromonitor）的數據，自二〇一四年至二〇一九年，印度的「有限服務餐廳行業」（包括速食與外賣）成長了百分之八十六點三。[28]「每隔五到十公里就有一家肯德基或麥當勞，」營養師阿特蕾說。達美樂披薩目前在印度有一千三百二十八家分店。[29]五百零八家Subway潛艇堡店。[30]四百三十家必勝客[31]、三百九十五家肯德基[32]，與超過三百家的麥當勞[33]。

同時，不論在喧鬧的城市或是沉睡的鄉村邊陲，披著明亮的萊姆綠、消防車般的紅色、檸檬黃鮮豔包裝的長條穿孔單包零食，都已成為印度景色的一部分。[34]根據歐睿國際統計，二〇一四年至二〇一九年間，印度包裝食品的銷售額飆漲了百分之一百二十五點一，也就是每年成長十七點六。[35]位於陶魯市有著十英尺寬的「桑傑商店」（Sanjay General Store），老闆桑傑·庫瑪（Sanjay Kumar）告訴我，他每天賣出五十到六十包加工零食——足足占了總銷售額的一半。[36]十年前這類食品僅占他店裡銷售額的十分之一。庫瑪說，來買的大多都是孩子，他們受零食花花綠綠的包裝吸引，也看過電視廣告這類產品。這一包不到十盧比（十五美分），軟質棕櫚油是當中第二重要的成份。樂事經典鹽味洋芋片、Kurkure香脆玉米棒（Kurkure Masala Munch）、Uncle香辣洋芋片（Uncle Chipps Spicy Treat）（以上皆是百事可樂品牌）；哈迪朗（Haldiram）的SnacLite薯條與Navaratnam；畢卡諾（Bikano）的「Natkhat Nimbu Lemon Hit」脆麵點心；前述每種零食棕櫚油都列在前兩大成分。不只是洋芋片，還有餅乾。葡芙（Poof）的草莓小鬆餅？名列第三。卡拉奇（Karachi）杏仁甜麵包？同樣是第三，排在麵粉與糖之後。單份包裝的「Wai Wai X-Press」麵條，售價才十盧比？「可食用植物油（棕櫚油）」：第二種成分。印度廣受歡迎的美極泡麵，雀巢公司出產，同樣將棕櫚油列為第二種成分。這地方被這種油給淹沒了。

如同棕櫚油公司在治理不善的國家裡，得以逃脫濫用勞工與環境的罪名，跨國食品企業來到衛生基礎設施不完善且民眾缺乏營養知識的國家拓展業務也是如此。[37]事實上，就像先前的菸草與汽水產業一樣，全世界的垃圾食品與速食供應商似乎在充分瞭解這些產品的健康風險的情況下，仍將他們的產品推向發展中國家。

百事印度公司（PepsiCo India）是該國零食界的大老，二〇〇七年旗下樂事、KurKure與奇多共同推出以健康為賣點的「聰明零食（Snack Smart）」系列，還舉辦了一場相當吸睛的宣傳活動，大肆宣傳這些產品以棕櫚油替代米糠油，以大幅減少內含的飽和脂肪量。[38]但在二〇一二年，該公司悄悄移除了「聰明零食」的標誌，使用棕櫚油則成了削減成本的一種手段。在這之前該公司也採取過類似方式，在墨西哥品牌「Sabritas」底下的奇多產品裡，使用更健康的混合油。「商品成本增加，便需回歸使用軟質棕櫚油，」百事公司高級副總裁兼首席科學官梅穆德．汗（Mehmood Khan）於二〇一〇年的內部審查裡寫道。[39]

「油是垃圾食品裡很貴的成分，」北卡羅來納營養學教授波普金說。「不像可樂裡的糖。」跨國企業具有成本意識，「在食品成本裡占百分之四、百分之五、百分之十的東西，比占千分之一

即使是印度偏遠的農村聚落，也能輕易買到富含棕櫚油的零食

的東西重要多了。」

在百事公司的網站上，讀者們可以查到在美國銷售的奇多玉米棒（Crunchy Cheetos）每包二十八點三克當中有一點五克飽和脂肪，占比是百分之五點三，由葵花油、玉米油與芥花油製成。但在印度銷售的奇多玉米棒飽和脂肪含量是五點三一克，或者「不超過總重量的百分之十七點七」。這大約是世衛組織所建議每日攝取量的五分之一[40]，該公司宣稱自己將遵循該組織的方針。

百事公司相當明白這些風險。梅穆德．汗在二〇一〇年備忘錄裡寫道，「科學證據顯示，膳食飽和脂肪攝取量與動脈粥樣硬化（動脈斑塊硬化）之間存在著極大的關聯，不得不從動物性脂肪、熱帶油類，轉換成更健康的油種。」他說，「在食品業可採取的眾多行動中，最重要的包括從飽和熱帶油類有效轉換到更健康的油。」但十年後，百事公司仍為了降低成本大量採購棕櫚油——二〇一九年採購量為四十八萬五千七百五十六公噸。[41]該年九月，百事印度公司宣布二〇二二年旗下零食業務將擴展一倍。

二〇一一年，百勝品牌宣布，旗下英國肯德基門市不會再使用棕櫚油來油炸產品，以期達到「雙重效益」，既減少心臟疾病，也降低對氣候變遷的影響。[42]隔年，澳洲肯德基將使用的食用油從棕櫚油改成「本地採購的高油酸芥花油」，二〇一五年，百勝公司在官網寫道，「未來兩年將盡其所能逐漸淘汰棕櫚油。」但二〇一九年，該公司使用了十八萬公噸的棕櫚油。[43]之後更新的網頁就不再提及任何與棕櫚油成分相關的健康問題。當該企業被要求提供旗下公司在不同國家使用棕櫚油的具體情況時，一位發言人透過電子郵件寫道，「百勝餐飲集團致力為全球消費者提供更永續的食材。我們已經減少旗下食用油的棕櫚油含量，並繼續致力採購經過認證的永續棕櫚油。」[44]

同時，和美國網站不同的是，百勝集團的產品遍布約一百四十個國家與地區，但當中多數顧客在店裡都找不到營養資訊。部分可以在網路上找到卡路里含量，但到處都沒有關於產品成分或飽和脂肪含量的資訊。前述該發言人拒絕提供這項資料。

麥當勞在二〇一九年購買了九萬兩千五百三十四公噸的棕櫚油[45]，如同其他速食業同行，它在部分地區仰賴棕櫚油的程度來得更高。根據其發言人表示，該公司目前「在許多亞洲市場」都使用棕櫚油來油炸產品，且「部分市場」的直接供應商會使用棕櫚油半煎炸雞肉與馬鈴薯製品。不論是在店裡或網站上都無法取得海外餐廳的食材列表。（該發言人建議顧客向餐廳經理或透過網站的「聯繫方式」索取這項資訊。）[46]

拉丁美洲也是很類似的情形。《北美自由貿易協定》（NAFTA）於一九九四年正式生效後[47]，直接投資大量湧入拉丁美洲的食品加工業，例如墨西哥的垃圾食品銷售額在一九九五年至二〇〇三年間，每年增長百分之五到百分之十。如今，該國是全世界十大加工食品生產國之一。[48]當地人氣垃圾食物的製造公司，包括雀巢、利華、百事公司與百勝集團，再加上墨西哥當地的賓寶集團（Grupo Bimbo），皆是世界上最大的棕櫚油採購商之一。自一九九五年以來，墨西哥的棕櫚油進口量增加了五倍多，從十萬零三千公噸，成長到五十六萬五千公噸。[49]

一九八〇年墨西哥國內只有百分之七的人是肥胖的，到了二〇一六年，成長了兩倍，來到百分之二十點三。[50]如今印度的頭號殺手是糖尿病，每年奪走約八萬人的性命。[51]墨西哥則是現今肥胖與高血壓罹患率最高的國家之一，國內五歲到十一歲的孩童中，有百分之二十九的人超重，十一到十九歲的國人則有百分之三十五超重。[52]北卡羅來納大學教授波普金於二〇一八年做了一項針對拉丁美洲與加勒比海飲食變化的研究，他發現，自一九八〇年代以來，該地區碳水化合物攝取量實際上有所下降，但飲食中的總脂肪量卻明顯增加。當中哪種脂肪增加最多？植物性脂肪。[53]

「這是一個公平性的議題，」薩絲奇亞．海能（Saskia Heijnen）表示，她是倫敦「衛爾康信託」（Welcome Trust）「我們的地球、我們的健康」計畫負責人，該組織贊助全球棕櫚油產業對環境與健康影響的研究。「負擔得起的人可以購買棕櫚油含量較少或不含棕櫚油的產品，但無法負擔的人便擺脫不了這種油。」[54]

棕櫚油對產地沒有提供任何穩定糧食安全的貢獻。我在蘇門答臘和當地原住民奧蘭林巴族（Orang Rimba）與巴廷仙比蘭族（Batin Sembilan）的族人們聊天交談，他們說過去世世代代仰賴的飲食已不復存在。他們的主食包括木薯、西谷米（最初吸引佛康涅前往亞洲的棕櫚澱粉）、野豬、鹿、松鼠、蝸牛、蘑菇、蕨類植物、水果與毛毛蟲——這些都是富含維生素、鐵、鈣等微量營養素的野生食物——當森林被砍伐殆盡後，這些都消失了。如今他們的社區仰賴泡麵（含有百分之二十的棕櫚油）[55]以及政府配發的米過活。我造訪的占碑省特許經營區裡的聚落，附近有一家商店，裡頭賣的蔬果很少。但貨架上擺著不同品牌的丁香香菸與顏色鮮豔的糖果與油炸零食。[56]

位於印尼的國際林業研究中心（CIFOR）於二〇一九年的一項研究發現，棕櫚油產業進入的印尼社群，他們的飲食遠不如同一地區但維持傳統生活方式的社群健康。[57]例如，婆羅洲的西加里曼丹，從事傳統農業的原住民族達雅族（Dayak）比村莊裡種植油棕的人們攝取更多的水果與魚。傳統聚落的孩子比油棕社群的孩子吃更多的水果、蔬菜、魚跟主食。油棕社區裡五歲以下孩童體重過輕的比率（營養不良導致身體虛弱）高於傳統聚落的孩子。在巴布亞一個相似的社區裡，研究人員發現在油棕園工作的母親，患有貧血的比率高於傳統聚落的母親。[58]

我與六十二歲的哈桑．巴斯利（Hassan Basri）在占碑省一個國家公園郊區碰面，他是奧蘭林巴族一個部落的領袖。[59]巴斯利很勉強地走在一片樹木零零落落的空地上，滿地都是樹枝與塑膠防水布。「我們已經在這裡生活了好幾個世代，」他說，「我們不是新來的人。」但部落的人仍因為棕櫚油業，失去了一切的傳統生活方式。巴斯利的繼子帶著明顯的怒氣說，四年前他們部落的男子才在這裡獵過野豬。「現在森林沒了，」巴斯利悲痛地說，他的身形有如雕塑家阿爾伯托．賈柯梅蒂（Alberto Giacometti）纖長瘦弱的作品幻化成人。「我們無法再為部落提供食物了。」

以前蘇門答臘省的原住民族群會收集藤條與「龍血」，這是一種用來製造染料與香的鮮紅色樹脂，他們會拿龍血與鄰近部落交易食物與其他主食。但現在他們無法再採集這些材料，婦女們也無法再傳承代代相傳的知識與技能，像是編織、煮食森林水果、蔬菜、根莖類等。車子開過占碑省北部一處政府經營的油棕特許區時，我經過兩名奧蘭林巴族婦女，她們將嬰兒綁在背上，以錫杯向路人乞討。

「我年輕時可以隨時走進森林，相比起來，我的孩子們就像難民，」五十三歲的阿布達臘．薩尼（Abdullah Sani）說，他是巴廷仙比蘭族人，家裡有四個孩子。[60]「紅毛丹。菠羅蜜。榴槤。過去這些唾手可得。我們從來不用買米或蔬菜。常常在河裡抓魚。我們從森林裡取得木材來蓋房子。現在我們得花錢買。我們以前常吃河鯰。現在河被污染了。水質因為化學物質改變了。現在我們得買水。妳覺得這水能喝嗎？」

當地人說，唯有一種耐受度很高的魚在這條茶色的河流裡存活了下來，這河有許多來自種植園的逕流，都被肥料與殺蟲劑污染了。瓜地馬拉貝登省的薩亞斯切（Sayaxché）自治市居民跟我說了相同的事。他們解釋，自從二〇一五年當地棕櫚油公司的污水池溢出，某一種魚完全取代了所有曾在那裡生活的魚種。為了佐證，他們派了一位青少年到河邊抓這種他們稱為「el avión」（西語，飛機之意）的魚。這種醜陋的生物長得就像一架裝甲軍用飛機，滾筒狀的外型相當堅固，有鬍鬚，米色、黑色的斑駁皮膚摸起來很粗糙。這些「飛機們」可以長到一英尺長，會趁婦女們到河邊洗衣時，咬住她們的腳，鋒利的鰭在腳踝上留下血淋淋的傷口。「這是我們唯一能釣到的魚，這些魔鬼魚，」一位名叫雷米吉歐．卡爾（Remigio Caal）的當地人說。「你不能吃這些魚，牠們全身都是骨頭。」[61]

再回到印度，食品安全與標準局執行長阿加瓦爾告訴我，印度政府正採取措施解決該國的肥胖問題，特別著重加工食品與速食當中不健康的成分。我們在他新德里的辦公室進行採訪，裡頭雜亂無章。他說，食品安全與標準局規定，氫化植物油與麵包店使用的起酥油當中，最多只能含百分之二的反式脂肪。二〇一八年，該局發布一份草案，

薩亞斯切的居民稱這種魚為「飛機」——是唯一能在受污染的河川裡存活的魚種

要求製造商在包裝正面標示產品的脂肪、糖、鹽含量——包含該產品含過量鹽、糖、飽和脂肪的警告。但該年末，多家食品公司對這些提案表示了他們的擔憂，該局便因此延遲實行日期，反而成立一個三人小組來審查這些規定。被任命的小組成員包括波印達臘・謝西可汗（Boindala Sesikeran）博士，他曾是雀巢與Nutella製造商費列羅的顧問，還是「國際生命科學研究所」（International Life Sciences Institute）董事，這是一家美國非營利組織，旨在促進四百家企業成員（當中包括百事可樂、雀巢、ADM、嘉吉）的利益，這些成員提供了一千七百萬美元的預算。[62]

這個產業同樣施壓不讓全國垃圾食品稅通過。二〇一三年，史丹佛大學醫學系助理教授桑雅・巴蘇（Sanjay Basu）的一項研究指出，在印度對棕櫚油徵收百分之二十的稅[63]，可以在十年內讓約三十六萬三千人免於死於心臟病。（二〇一五年，新加坡政府推出一項「更健康的食材計畫」，為國內街頭攤販提供補貼使用更健康的棕櫚油替代品。[64]）考量到當地非正式食品業的規模，在印度徵收這種稅會是極大的挑戰。在一個營養不良仍相當普及的國家提高食物來源的價格，也會引發倫理上的問題。

羅格斯大學公共衛生學院助理教授蕭娜・道恩斯（Shauna Downs）解釋，「你可以從棕櫚油裡攝取一些營養。如同獲取一些身體需要的油脂。」[65]道恩斯的博士論文是關於印度政府為了要解決該國非傳染性疾病增加的問題，所可能採取的政策。「不過，糧食安全與營養安全還是有所區別的，並非每一種卡路里都是生而平等的。人們需要卡路里，但他們有必要極大部分都從棕櫚油那裡獲得嗎？沒有必要，」她說。

不論印度、墨西哥與其他地方的當地企業與跨國公司持哪些反對意見，當然都會得到棕櫚油遊說團體的支持，畢竟這些團體有責任要為數量不斷增加的棕櫚油找到市場。

結束新德里的行程後，我搭上飛往雅加達的飛機，參加一場有七百多人的論壇，這個論壇的主旨在於改革全球食物系統，根據來自挪威的主講人剛伊德・史托達倫（Gunhild Stordalen），這個系統「辜負了我們與地球。」[66]史托達倫是醫生，也是一位環保人士。為期兩天的論壇裡，馬來西亞衛生部長蘇布拉馬尼安・薩塔斯萬（Dr. Subramaniam Sathasivam）在演講中哀嘆不健康的飲食導致全球死亡人數不斷增加，且農業上單一栽培對環境造成不利影響。他說，如果馬來西亞與印尼的農業與財政部長也有參與這項論壇就好了，因為他們能修復這個破損的系統。

我後來寄電子郵件給薩塔斯萬的新聞秘書邀訪會面，並收到了熱切的回覆——直到我提及自己對該國主要出口的作物很感興趣。「他不能談棕櫚油，」秘書告訴我，「他什麼都能談，就是不能談那個。」[67]

第八章 煙霧籠罩著新加坡

我聽見雷聲轟鳴，咆哮著警告的話語。也聽見巨浪怒吼，足以淹沒整個世界。

——巴布狄倫，〈大雨將至〉

那名官僚坐在他的辦公桌後，抽著菸。我被叫進一個大到非常離譜且沒有家具的房間，裡頭那個男人陰沉著臉。這裡位於蘇門答臘占碑市一棟行政大樓二樓，我來這裡解釋自己為何造訪此地。在一個當地非營利組織幾名員工的陪同下[1]，我脖子上刻意掛著雙筒望遠鏡，遞給他我的護照影本與大頭照，同時在腦海裡反覆唸著這段謊言——**我是來這裡看犀鳥跟紅毛猩猩的、我是來這裡看犀鳥跟紅毛猩猩的**——同時努力保持冷靜。

就在我離開紐約的三週前，一篇關於一名記者死於印尼監獄的文章，出現在我的推特上。[2]這名記者叫做穆罕默德．優蘇夫（Muhammad Yusuf），他去世前四週內，發表了逾二十篇關於一間具爭議性的油棕園，與背後一位有力人士的文章。這名四十二歲的記者因為誹謗該公司的罪名被關押了數週，儘管優蘇夫的公開死因是心臟病發，但他的妻子遭拒、無法親眼看見遺體。當地一家新聞媒體取得的手寫屍檢紀錄指出，該名記者的頸部、肩部、背部與大腿都有大片瘀青，國家人權委員會已誓言要展開調查。

當然，我這次旅行的目的，跟先前造訪該地區的旅行一樣，都是要報導棕櫚油。正如我們所知，這個產業在印尼相當龐大，它對當地原住民聚落與野生動物造成的傷害足以令人驚恐。但我想調查棕櫚油業對地球更廣泛的影響。砍伐熱帶森林與碳排放之間有實質的關聯。那麼，我想了解，為什麼阻止這場破壞有這麼困難？我知道不是每個人都會滿意我的質詢立場。二〇一四年，美國演員哈里遜．福特（Harrison Ford）於「Showtime電視頻道」所製作的紀錄片《環境保衛戰》（*Years of Living Dangerously*）裡，與印尼環境部長有一段咄咄逼人的訪問，之後便遭到威脅要將他驅逐出境。兩年後，李奧納多．狄卡皮歐（Leonardo DiCaprio）在推特賬號上，呼籲他當時一千五百八十萬名推特粉絲們簽署一份線上請願書，要求印尼總統佐科威（Joko Widodo）保護蘇門答臘的生物多樣性豐富的勒塞爾生態區，印尼政府官員指責李奧納多針對棕櫚油業發起「暗黑計畫」，也威脅要將他趕出去。儘管如此，記者的死代表威脅的程度已經不同以往。

二〇〇〇年代初期，印尼政府通過了一系列旨在取代過去中央集權體制的改革——這樣的體

蘇門答臘一處油棕園

制對擁有一萬七千個島嶼的國家而言，從來都不適合——並將政治權力下放到各省與縣。自此之後，授予伐木與種植園許可證的權力便落到了縣長手上，也就是所謂的 **bupatis**。[3]幾年後，全球化石燃料價格居高不下，農產品價格走低，讓各國政府開始重視生質燃料。美國前總統喬治·W·布希以美國對國外石油「上癮」為由，於其二〇〇七年國情咨文中，誓言要在十年內將美國的汽油使用量減少百分之二十。幾個月後，他在簽署《能源自主與安全法》時，更表示「在減少依賴石油、對抗全球氣候變遷、擴大生產再生能源方面，我們邁出了重要的一步，給予下一代一個更強大、更乾淨、更安全的國家。」該法案在兩黨支持下通過——眾議院議長南希·佩洛西（Nancy Pelosi）

稱此舉「具開創性」——為汽車與輕型卡車設定了更高的油耗標準，並要求到二〇二二年要生產三百六十億加侖的再生燃料（包括玉米、大豆、油棕與糖），幾乎是增加五倍。[4]兩年後，歐洲公布「歐盟再生能源指令」（Renewable Energy Directive，簡稱RED），目標二〇二〇年百分之十的運輸燃料來自生質燃料。[5]

東南亞的棕櫚油業得知這些政策後喜出望外。種植園公司立即著手擴大生產規模，長久以來它們不斷遊說西方政客引進生質燃料措施。[6]印尼宣布將把一千三百萬英畝的森林——相當於西維吉尼亞州的面積——變成油棕園。到了二〇一一年，歐洲的棕櫚油進口量飆升到百分之十五，隔年再飆漲至百分之十九。[7]（如今，歐盟是世界第二大棕櫚油進口經濟體，僅次於印度。[8]）二〇一七年，油棕已占全球生質燃料生產原料的百分之三十一。[9]

要取得擴大種植面積的許可證意謂著得勾結新的bupatis。賄賂成了最主要的手段，政客們幫親朋好友，以及任何願意出錢的人，讓他們提出的計畫順利過關。（那個死掉的記者？他生前一直在調查一家由當地bupatis的姪子經營的公司。[10]）通常可以免除掉原本程序所需的環境與社會影響評估，包括與可能受影響的社區進行強制性協商。即使真的進行協商，過程往往是場騙局，村民們簽署放棄土地權，換來不存在的耕地與承諾了卻永遠拿不到的款項。

如此猖獗的違法行為最後促使「根除腐敗委員會」（Corruption Eradication Commission）成立，該組織督促當權的bupatis得詳加說明取得許可的計畫。當權者往往核發許可證給熟人建立的空殼公司。這些人隨後將「影子公司」賣給種植園公司，通常可以賣到數十萬美元，而其中大多數現金會回流到bupatis身上。婆羅洲一位州長以其親戚與親信的名義，成立了至少十八家空殼公司，再授予這些公司興建大型種植園的許可證。這些公司很快就會賣給豐益國際或其他已成立的公司。「我們得到的只有壓迫，」農民詹姆斯．瓦特（James Watt）說，他的土地也因前述交易被收購。「他們清整了我們的土地、將廢棄物傾倒在我們的河流裡……（bupati）開給我們的永遠都是空頭支票。我覺得他把當上bupati視作能盡量撈錢的機會。」[11]

我聽說蘇門答臘有一家監督組織負責追蹤棕櫚油業不法途徑，他們能掌握這個產業背後的勢力。「森林之眼」（Eyes on the Forest，簡稱EoF）每次都會在印尼最常發生森林砍伐的地區蹲點數週。透過無人機、衛星圖像與精湛的臥底技巧，他們紀錄了非法的油棕果實如何進入當地工廠與煉油廠，最終進入我們的廚房、浴室與油箱。他們同意向我展示整個過程。

「在這裡右轉，」瓦萬（Wawan）指著擋風玻璃說。我們的司機是個抽菸、帽子反戴、戴著Vans太陽眼鏡的孩子，他把豐田汽車緩緩開到一條佈滿車轍印的路上，我們顛簸了幾英里，最後停在一棟電光藍色的高腳屋旁。我們從占碑省出發——花了將近一天的時間，但我總算獲得官僚的許可——無盡遼闊的油棕園景色取代了原本前門敞開的商店、金色圓頂的清真寺。瓦萬（這裡的所有名字都是化名）是「森林之眼」的首席調查員，他帶我們到這裡看一位他監視已久的當地農民。這位所謂的侵占者砍伐了保護區內的森林，如今明顯違法種植油棕。

兩個男人原本躺在木製平台兼長凳上，看見我們便微笑起身與我們握手。我們拉了塑膠椅子，他們坐回長凳上，每個人都伸手去拿一種在印尼普遍到如同身體一部分的東西，也就是丁香菸（如前所述，該國是世界吸菸之都，超過半數十歲以上的男性每天都抽菸。儘管香菸包裝上都有噁心的喉嚨與肺部受損照。）[12]會說五種語言的瓦萬毫不費力地切換到農民們所說的爪哇方言，和他們談論天氣與最近踐踏這裡的象群，摧毀了他們新栽的幼苗。

我們駛離當地後的大概一小時，「森林之眼」成員、擔任我翻譯的布勇（Buyung）向我解釋，那屋裡的男人相信瓦萬是其中一家油棕公司的保育專家。他不時造訪那裡，表面上提供他們有關維護土壤或對付害蟲的技巧，其實是要追蹤當地砍伐與種植的人們，與背後資助這一切破壞的人。

西方的生質燃料熱，加上近年將許可權力下放的印尼，讓整個情勢雪上加霜。二〇〇〇年至二〇一二年間，印尼損失了逾一千五百萬英畝的天然林，年毀林率首度超越巴西。[13]自二〇〇〇年以來，印度目前約四分之三的棕櫚油生產已經可以在網路上找到資料，多數油棕園都在蘇門答臘以及曾經雨林鬱鬱蔥蔥的婆羅洲。[14]種植園公司掌控了印尼八萬平方英里的土地——占該國百分之十二的面積。（印尼於二〇〇六年再度超越馬來西亞成為世界第一大棕櫚油生產國，直到今日。）[15]「以前只有蘇哈托和他的親信在竊取該國自然資源，」華盛頓特區非政府組織「偉大地球」（Mighty Earth）執行長格倫．胡羅維茲（Glenn Hurowitz）說。「以前一個人能偷的東西有限。但現在全國有五百個小蘇哈托在偷印尼的自然資源。」[16]

多年來，該國選舉與貪腐愈來愈難分難解。現在即使是選最地方性的首長也得投入數十萬、甚至數百萬美元，先在選票上確保有一席，跑競選活動還得再砸下大筆資金。[17]準候選人與當地根深柢固的政黨達成協議──因為這些政黨與棕櫚油業及榨油業者關係密切，當地人稱他們是「土地黑手黨」──這些政黨協助他們當選，報酬是利潤豐厚的合約、工作與其他種種好處。他們通常會透過中間人收買村長、宗教領袖與其他地方政治掮客，並為集會、音樂會與其他活動提供資金，通常也會在這些活動中分發餐點。

二〇一七年，該國主要聲援原住民主權的倡導組織負責人阿布頓．納巴班（Abdon Nababan）有意參選家鄉北蘇門答臘省省長選舉[18]，他被告知得支付某個政黨數百萬美元支持他參選，倘若他要獨立參選，就得自行收集八十萬個選民的簽名與身分證件影本。

透過一個中間人的介紹，一個商業利益集團願意提供納巴班三千億盧比（兩千一百萬美元）贊助他的競選活動，但交換條件是，一旦他當選，得放棄所有土地的控制權。其他中間人告訴納巴班，只要給他們四百億盧比（兩百八十萬美元），就可以替他收集到參選所需的簽名數。納巴班最後退出了競選行列，將位子留給了一名退休的將軍與一名當地棕櫚油大亨。他和當地一位記者談到有人承諾能替他收集到簽名數時說，「我嘗試想知道……到底背後是誰提出這項提議，我得出的初步結論是，他們來自油棕業、採礦業與房地產業。」

這樣的貪腐往往直達權力高層。二〇一三年，印尼最高法院首席大法官遭到逮補。他在審理一樁婆羅洲時任區長的選舉糾紛時，收受二十五萬美元賄款，判定該區長勝訴，但最後東窗事發[19]。當地記者追查這筆賄款來自選舉前幾個月達成的一系列土地交易，那片遼闊的土地住著數千名原住民，最後卻落入一家馬來西亞的棕櫚油公司。該法官與兩名同夥於二〇一四年被定罪，但這樁土地交易卻始終未被撤銷。幾年後，加里曼丹省一名bupati遭外界發現，他把油棕特許權給了自己家人，家人再將特許權迅速轉售給為這名bupati競選買單的公司。二〇一四年至二〇一九年間，「根除腐敗委員會」共指控兩百四十名現任議員貪污。[20]

該國並未因犯下種族滅絕罪行遭到懲罰（基本上未獲得承認），一種有罪不罰的文化依然存在，在這個國家裡，恫嚇脅迫的手段依然盛行。[21]棉蘭的土地黑手黨由少數幾個勢力龐大、與準軍事組織關係密切的家族組成，包括在約書亞．歐本海默的《殺人一舉》紀錄片出現過的「五戒青年團」（Pemuda Pancasila），片中講述他們在一九六五年那場暴行裡犯下的殺戮罪。

該組織以冷酷無情聞名，他們在北蘇門答臘省的村莊裡設有分支機構，佯裝成行政組織，實際運作則像是一種幫派。如今開車環繞該地區，路邊的木柱上仍畫著許多原住民藝術圖騰。「大部分他們在做的事都跟『安全』有關」，一名紐西蘭外籍人士說。「他們會說，『這個月安然無事。付錢給我們，否則下個月就會出事。』」

之前去蘇門答臘報導時，某次我和一位印尼攝影師困在一處油棕種植園深處，當時幾近黃昏，我們最後在當地部落領袖的地板上借宿。晚上我們突然聽見聲響，往外看是一名穿著制服的國家「機動部隊」（Mobile Brigade Corps）成員，正坐在院子裡，身旁放著一把槍。直到看見四十多歲身材魁梧的攝影師的反應，我才明白當地實際生活有多緊張。他的恐懼表露無遺——他們會把他的相機沒收嗎？會把我們倆扔進監獄嗎？還是會發生更嚴重的事？——我只在辛巴威前總統穆加比（Robert Mugabe）執政時期見識過同等程度的恐怖。[22]

若棕櫚油業過去是無視環境法律，那麼生質燃油熱潮更讓一切更雪上加霜。隨著棕櫚油需求不斷增加，印尼的每一處，甚至是富含碳的泥炭地，都因為開發變得炙手可熱。如同伊安·辛格爾頓所解釋的，這片稠密、潮濕的土壤由累積了數千年有機物質遺骸堆疊而成。為了要讓這片土地適合耕種，棕櫚油公司向下深挖溝渠，並引進砍伐機具。為了清除剩餘的植被而引燃的火災，可能會繼續悶燒數年。「聯合國政府間氣候變遷專門委員會」（Intergovernmental Panel on Climate Change, IPCC）預估，泥炭地所釋放的二氧化碳量——蘇門答臘與婆羅洲的泥炭地深達六十英尺——大約是砍伐一座（已碳密集的）熱帶雨林的二點五倍。[23]「一旦講到拯救印尼的泥炭沼澤，」辛格爾頓跟我說，「這不比拯救紅毛猩猩或青蛙或哪個地球上的物種。這可是全球性議題。你要

蘇門答臘燃燒中的泥炭地

是摧毀了印尼所有的泥炭地，地球就無法再住人了。事情就是這麼嚴重。這不是什麼胡說八道。」[24]

但印尼泥炭地受到破壞是目前正在發生的事，這讓國際社會日漸沮喪。二〇一一年，部分為了回應外界抨擊不斷增加的碳排放量，印尼總統頒布一項禁令，暫停核發為了種植與伐木而清整原始林與泥炭地的許可。整個過程也包含了大規模的調查工作，數百萬英畝的土地被指定為受保護的泥炭地。

但就連劃定保護範圍，也淪為政治與棕櫚油業的犧牲品。為期六個月的審查程序，讓**bupatis**能夠將原本「森林區」重新劃分成「非森林區」，如此一來就能開發原本的禁區。也因此地圖常常更動，邊界也莫名被移動，方便泥炭地重新被定義為適合「用作他途」的森林，例如清整作為油棕種植園。二〇一四年，一名油棕商人以十五億盧比（約十萬美元）做為重新劃分森林土地以開發油棕的交換條件，賄賂廖內省一名前首長，後者因收受賄款遭逮捕判刑[25]。綠色和平組織於二〇一八年公布的一項分析發現，自禁令生效以來的短短幾年間，至少有一萬七千四百平方英里的森林與泥炭地已從原本的地圖上消失。[26]

到了二〇一三年，該產業也被迫得改善原本不永續的生產方式。豐益國際率先承諾將避免砍伐森林、在泥炭地種植油棕、棕櫚油業經營過程侵害人權。其他參與生產、貿易與購買商品的公司也紛紛做出「不毀林、不開墾泥炭地、不侵害人權」（簡稱NDPE）的承諾。

然而，二〇一五年夏秋兩季，蘇門答臘與婆羅洲的油棕種植園發生火災，燒毀了超過六百萬英畝的森林，面積比美國佛蒙特州更大。[27]霧霾籠罩東南亞大片土地長達數週之久，數十萬人因此染病。《科學月刊》（*Scientific Reports*）發表的一篇研究發現，光是九月、十月的火災排放碳量已高於同期整個歐盟的碳排放量。超過四分之一的燃燒區域位於當初暫時禁令的土地範圍內。[28]

一名曾在蘇門答臘合作過的翻譯在十月寫電子郵件給我，「嘿，不好意思，我離開的時間會比預期更久，我原本要飛回占碑省，但飛機因為大火的緣故無法降落。一些橡膠、金合歡、棕櫚公司利用旱季焚燒森林（比砍伐便宜），整理土地好種植。據我所知，其中一家公司燒了六萬兩千英畝的土地，還有十幾家公司都在做同樣的勾當。他們拿錢收買了這裡貪污的警察，就不會惹禍上身。」幾天後，他捎來另一封電子郵件，說自己因呼吸道感染住院了。[29]「根除腐敗委員會」針對這些火災進行的審查發現，多數火災都是為了油棕清整土地的人為縱火，大多都位於泥炭地。

在影片裡，一名身穿牛仔褲與白色坦克背心的男子自一輛空貨車的駕駛座現身，偷偷將一疊鈔票遞給一位戴安全帽的警衛，再爬回座位，駕車離去。瓦萬躲在一輛停放在一座棕櫚油工廠大門後方的車輛旁，錄了這段影片，他一開始從一座位於保護區的棕櫚園，騎摩托車來到工廠。（我們會在中途換掉整批的人，四上四下，這樣卡車司機才不會認出我們。當他們騎摩托車時，也常常會換上不同顏色的襯衫。）

擁有NDPE政策的公司通常會聲稱他們的棕櫚油供應「能追溯到工廠」，以做為自身永續發展的證明。這個概念是說，考量到油棕果實的易腐性，採摘下來四十八小時內就會開始腐爛，到達工廠的這些果實一定得來自附近一定範圍內的種植園。這些工廠保證，他們合作的種植園沒有破壞原始林也沒有放乾泥炭地。

但這樣的模式很適合被濫用。「森林之眼」拍到從非法種植園運送油棕果實的司機通常會連夜趕到合理運送範圍之外的工廠。有時候他們會在途中更換車牌。我們在瓦萬的影片裡看到這些司機抵達之後做了什麼。「現金是種植園主給的，」瓦萬說，「這是服務的一部分。你拿錢給保全，確保不會被問任何問題。」

為了讓印尼如今十分重要的碾磨與精煉設施更有效地運作，需要持續供應原物料，這反倒讓油棕果實買家刻意忽略來源有問題的果實。雖然人們普遍認為種植園公司是砍伐森林的元兇，但隨著蘇門答臘人口增加，耕地變得更加稀有，個體農民也開始冒險進入更遠的邊緣地帶[30]，包括泥炭地。如果這些農民為了耕種油棕焚地清整土地，是因為他們知道不管最後收成的是什麼果實，都能找到現成的市場——不論怎麼種、在哪種的。

在這裡必須申明一下，種植油棕可不比種羅勒。前者需要大量現金支付化肥與殺蟲劑等費用，需要至少三年才能收成。手上現金不多的農民往往被迫得與不在場的土地所有人簽約，這些地主可能會承諾他們在面積大的土地上工作多年後，就能獲贈一小塊土地。

通常勞工們——包括瓦萬監視的那兩名非法種植的農民——都不知道自己在非法土地上耕種。儘管該產業重複提及印尼有「百分之四十」的油棕由小農種植，根除腐敗委員會發現實際數字接近百分之二十五。但即使是這些小農與大型油棕業者也關係密切。[31]

在印尼國內移民計劃實施時期，蘇門答臘島中部的移民多來自爪哇，但如今搬來占碑省與廖內省的移民多來自北方，主要原因是棕櫚油業的盛行，導致能留給一般家庭尋求溫飽的土地已所剩無幾。某天下午，我們開著車穿過一片油棕密布的偏遠地區，看見一輛巨型巴士，就像你會在紐澤西州收費高速公路上看到那種駛向大西洋城的大巴，飛駛而去揚起一陣塵土。布勇說，那些是「來自北蘇門答臘省，非法侵占土地的人，」彷彿在如此偏僻之處出現一台擠滿了人的商用車是件再尋常不過的事。

有鑒於這些空殼公司、黑幕交易與近在咫尺的暴力威脅，要追蹤印尼土地交易絕非易事。瓦萬與他的同事瓦里（Wari）會視情況喬裝成漁民、賞鳥愛好者、學生或探勘土地的商人，他們通常騎著摩托車，花兩到三週出任務。像在露台上，瓦萬與調查對象交談碰面的例子，並不少見。在極其偏遠之處，他們甚至會在嫌犯家的地板上過夜。布勇談到連環騙局時說，「如果你公然地去到當地，他們甚至會帶你去看好東西。他們會說：『喔，我們沒做那種壞事。』」

這項工作包含了技術高超的即興創作。瓦萬通常會指示司機停在路邊，他可以和正在路邊休息或將油棕果串放進大型貨車的司機聊天。有一次為了監視轟隆經過的卡車，瓦里站在種植園的中央，將我們車子的引擎蓋打開。若有人問起，就說車子拋錨了，我們正在等朋友送零件來。幾年前瓦萬在一處偏僻的午餐店偷聽到別人談到當地毀林幕後的商人，他把這些商人的姓名記在填字遊戲的方塊裡。另外一次，他在一家鋸木廠門口附近守候——在棕櫚油之禍發生之前，印尼硬木曾是一場大宗的搶劫——瓦萬透過將火柴棍從一個夾克口袋放到另一個口袋，來計算通過工廠門口的平板卡車數量。那個火柴盒也是個道具：這名五十歲、兩個孩子的爸，其實不抽煙。事實上，瓦萬穿著整齊乾淨的藍色牛仔褲、戴著厚框眼鏡，就像「森林之眼」專職的爸爸長官，是個相當正直的人——除了例行性的喬裝之外。

在我們為期一週的旅行裡，大部分的早晨這些人都埋首筆電，鑽研卡車路線、比較隨時間推移捕獲的衛星圖像。除了是壞蛋間諜，他們還是無可救藥的科技宅宅，精通GIS與eCognition等技術，並參與過多種國際合作，包括和Google長達數年的地圖繪製項目等。（森林之眼於二〇〇五年成立，前身是世界野生生物基金會〔WWF〕底下的森林犯罪部門，如今仍與該組織保有密切聯繫。）其中一位調查員是叫做喬喬（Jojo）的物理系畢業生，他打造了自己的無人機，並帶著3D列印機旅行，途中可以隨時製造毀損的零件。（我問過布勇，為什麼很多印尼男人的小指都留著很長的指甲，他解釋，長指甲方便修理東西，從墜毀的無人機到報廢的摩托車引擎都行。）這些圖像分析工夫不僅提供調查資訊，也是一種證據。「如果有人說，『可是我七年前就種了這些油棕，』」布勇解釋，「我們可以查證這些圖像，然後說『你說謊。』」

這些成員不斷遭受騷擾與威脅——他們經常偽裝成WWF的顧問，就足以激起人們的憤怒。一名前調查員被迫全家搬遷。二〇〇七年，瓦萬被一群憤怒的農民綁架、痛毆，幕後黑手是一名森林部的雇員，他的犯罪行為遭森林之眼的報告揭露。當瓦萬滿身是傷回到家中，孩子們都哭了。直到幾個月前，他兒子滿十八歲，他才全盤托出自己在做什麼工作。

近年來，美國國會議員和歐洲議員一樣，愈來愈清楚當初提倡的生質燃料，並非如他們所想的三贏局面。[32]當然，「綠色」燃料的概念是透過植物產生能量，燃燒這些植物所消耗的碳，與其成長過程從大氣吸收的碳一樣多。但由於美國人不會突然就少吃加工食品，以前用在加工食品

森林之眼調查員在蘇門答臘臥底

的玉米油與大豆油，現在都拿去做生質燃料了，這些油便需要替代品。（二〇一二年，美國環境保護署宣布，棕櫚油不符再生燃料標準規定。）這意謂著得找到更多土地來種植這些作物或類似作物。只不過美國缺少這種土地。

這就是整個生質燃料計畫失敗之處。如果用來製造這些燃料的植物是長在過去已清整過的土地上，那所涉及的碳排放量可能得以平衡，因為植物油所製成的生質燃料釋放到大氣中的碳量，整體而言少於石油燃料。（該方程式是計算整個過程，從用於種植作物的化肥所產生的排放量，直到運輸該作物的卡車排放量。）但如果為了栽種這些作物，得清除土地上的現有樹木，那得再算進原本在生物質（biomass）與土壤裡的碳。如果這片土地剛好是熱帶雨林，你得再算進大量額外的碳。[33]如果是熱帶**泥炭地**森林，增加的碳排量會破表。排乾一公頃（二點五英畝）熱帶泥炭地，每年平均排放五萬五千噸二氧化碳，幾乎等同於燃燒六千多加侖汽油。位於奈洛比的世界農林業中心（World Agroforestry Centre）發現，放乾泥炭地所製作出的生質柴油實際碳排量幾乎是石化柴油的**四倍**。[34]

二〇一九年三月，歐盟通過立法，二〇三〇年之前生質燃料將逐步減少使用棕櫚油。（儘管川普政府反反覆覆，但美國的生質燃料政策至少到目前為止仍大致保持不變。）數個月後，大火再次席捲印尼，燒毀了全國三千九百多平方英里的土地——相當於一個以色列的面積——排放的二氧化碳量是該年更廣為人知的亞馬遜大火的兩倍。[35]在占碑省，大火延燒到某個國家公園，而這裡正是印尼僅存的大片泥炭地之一，部分泥炭地甚至深達五十英尺。[36]

萊姆綠卡車的司機蹲在沙地上，嘴裡叼著煙。我們在廖內省南部「三十山（Thirty Hills）」保護區搜尋了一個多小時，然後發現了那個人的車，車上堆滿了非法的油棕果實。我們將車停在路邊，瓦萬跳下車開始他的任務。司機知道到特博（Tebo）的路嗎？那裡可以看老虎嗎？最近收成如何？他要把這些果實載到哪？等等——他的仲介人名叫泰迪（Teddy）？瓦萬有個叔叔就住在附近，也叫泰迪！那個泰迪是不是跟那個誰結婚了？瓦萬是否該看一下合約確認這個奇妙的巧合？趁那個叫做戴德（Dad）的男人喋喋不休之際，瓦里偷偷拍下卡車車牌。

我們開回主幹道，停在路邊一家餐館，吃過午飯，然後坐下來等待：司機必須走這條路才能到達附近最近的工廠。瓦里坐在前方長凳上，雙眼注視著路面，決心不讓我們的獵物迷失在飛馳而過的摩托車與卡車中。「嘿！瓦里！」瓦萬一度大叫，「不要睡著了！」這是他們自己才懂的笑話；他自己幾年前就不小心睡著，結果不得不放棄已經進行數天的調查。

四小時後，當那台卡車終於轟隆轟隆開過，男人們拿起手機，我拿起雙筒望遠鏡與《蘇門答臘的鳥類》（*Birds of Sumatra*）——我們爭先恐後擠進豐田汽車，司機猛踩油門。我們從卡車旁飛馳而過，瓦里從低處將相機對準儀表板，瞄準有問題的工廠。當卡車司機載著違法的果實開過，我們正好在工廠大門邊。

回到辦公室後，瓦里將照片與GPS座標、輸出數據與複雜的監管鏈圖表結合在一份報告中，這份報告最後會寄給使用這家工廠產品的公司，包括美國的家樂氏、瑪氏食品、百事可樂、高露潔—棕欖公司，以及一家運送生質燃料給世界各國的新加坡大型煉油廠。印尼的執法部門與環境部也會收到這份報告，期望此舉能將這些不法之徒繩之以法。在森林之眼的協助下，印尼近年有六位官員鋃鐺入獄，包括一位前bupati與幾位區長。（瓦萬很後悔波及到某些小角色，有位很幫忙的警衛，因為先前的報告丟了工作，還有我們在露台遇見那些友善的男人們，可能永遠都拿不到他們想要的小塊土地。）

印尼總統佐科威二〇一八年頒布禁令，三年暫停核發新油棕園的許可證[37]，隔年的大火演變成全球頭條時，印尼政府更進一步努力控制局勢。佐科威頒布新禁令，永久禁止清整森林*（即使先前該區已被劃為「其他用途」），同時環境部也將控告部分該對這些火災負責的公司。但佐科威也無視最高法院二〇一七年的裁決，以國安與隱私為由，拒絕公布油棕的數據與國內油棕園分布地圖。印尼政府預計未來對歐盟的出口量會減少，便針對國內生質燃料制定了更雄心勃勃的

---

*【譯注】：佐科威沒有在二〇一九年頒布「永久」不核發油棕園許可證。原本在二〇一八年頒布的三年暫停核發許可證，一直到二〇二一年九月期滿。二〇一九年頒布的永久禁令，是針對森林砍伐的部分。

新規定[38]。原本二〇一六年規定國內燃料必須混合百分之二十國內生產的生質燃料，佐科威如今增加到百分之四十，並多加一條使用棕櫚油發電的新規定。馬來西亞也開始強制要求生產含百分之二十棕櫚油成分的生質燃料，並計劃不久後將提高到百分之三十。此外，兩國更著手擴大生質燃料出口，特別是對印度與中國，並提高自身生質燃料加工能力。[39]馬印兩國也放眼航空業，將其視為棕櫚油生質燃料的另一個潛在重要買家。

儘管目前人們普遍認為此類燃料會對氣候造成負面影響，但專家認為，未來十年內，全球棕櫚油使用量可能主要會因為生質燃料而增加。根據挪威雨林基金會（**Rainforest Foundation Norway**）二〇二〇年一份報告預測，消費量增加的結果將導致多達一千三百萬英畝的森林消失[40]——幾乎是比利時面積的兩倍——其中包含約七百萬英畝的泥炭地。這份報告預估，最壞的情況是因為棕櫚油生質燃料所導致的毀林，將帶來約九十億公噸的碳排放量。再加上大豆油生質燃料將帶來數量較少、但依然可觀的碳排量，這樣「綠色能源」的年排放量，可與中國一整年化石燃料的碳排量媲美[41]。

棕櫚油業未來仍將大放異彩，拓展到印尼其他的島嶼——「下一個受威脅的是巴布亞，」喬喬告訴我。「我去了那裡一趟，**哇啊**。他們正在砍伐所有的樹木」——而且正如我們所知，棕櫚油業正往海外拓展，像是拉丁美洲與非洲，非洲擁有大面積正位於適合種植油棕緯度的泥炭地[42]。

第三部

一顆果實的命運

第九章 Nutella與其他抹醬

殺死臭鼬的是自己的大鳴大放。

——亞伯拉罕・林肯[1]

二〇一八年十一月底，一則由演員艾瑪・湯普森（Emma Thompson）配音的電視廣告在全英國的社群媒體爆紅。在這則動畫廣告裡，一隻紅毛猩猩寶寶在一個英國小女孩明亮的房裡左盪右盪，牠從原本婆羅洲雨林的家逃了出來。「她扔掉了我的巧克力」，旁白告訴我們這隻眼神傷心的猩猩寶寶，「對著我的洗髮精嚎叫。」英國連鎖超市「Iceland」在綠色和平組織協助下錄製了這則廣告，因為遭到英國廣告審查機構Clearcast禁播，從未真正在電視上播出過。[2]

「今年您不會在電視上看到我們的聖誕廣告，」英國冷凍食品超市Iceland於其推特帳戶發出一條推文，「因為這則廣告被禁播了。」理由是Clearcast認為綠色和平組織屬於政治團體，被禁播的消息在網路上引發熱烈討論，短短幾天該廣告瀏覽量已逾三千萬次。[3]詹姆斯．柯登（James Corden）與其他知名人士對廣告要傳達的環境訊息表達了支持，逾七十萬人簽名連署要求Clearcast准許該廣告在電視上播出。

六個月前，Iceland推出另一支廣告，這次由該公司董事總經理理查．沃克（Richard Walker）親自配音，同樣引起熱議。在這支廣告裡，三十七歲的沃克來到婆羅洲進行考察，他走下當地的小飛機，戴著太陽眼鏡，在蔥蔥鬱鬱的雨林裡爬過地上倒臥的原木。「我們原本預期會看到一些棕櫚園，和被開墾過的森林，」沃克解釋道，「但沒想到會看到如此工業規模等級的砍伐。我們目睹了一處環境重災區。」這則廣告以Iceland的聲明做結尾，宣布這個擁有九百多家高級冷凍食材超市的公司，自二〇一八年底起，所有自家品牌產品將不再含有棕櫚油。

廣告一推出，立即遭到強烈反彈，一則「由馬來西亞小農們所製作」醱意滿滿的影片出現在英國推特用戶動態中。這齣短片使用恐怖片音效、字幕則採隨機大寫字母，嘲笑沃克是「理查信託基金」——沃克的父親馬爾科姆（Malcolm）是位百萬富翁，於一九七〇年成立Iceland——影片更拿馬來西亞勤勞的油棕農民與沃克做比較。「千萬富翁理查坐著噴射機前往婆羅洲」，這段話的背景是Iceland原本的廣告畫面，「教導馬來西亞人環境知識。」

自從棕櫚油開始嚴重威脅全球植物油市場以來，一場醜陋的公關戰，已持續打了長達半世

Iceland連鎖超市一則有關棕櫚油的電視廣告，在全英國遭到禁播

紀，Iceland的紛爭不過是最新一役。一九八六年，隨著馬來西亞棕櫚油進軍美國——一九八一年至一九八五年間，當地棕櫚油消費增長了百分之一百五十八[4]——美國大豆協會（American Soybean Association）打起宣傳戰，刊登多則報紙全版廣告，其中一則譴責競爭對手是「不健康的熱帶油脂」。[5]該組織遊說食品製造商與美國食品藥物管理局要將這些「熱帶油」——包括椰子油與棕櫚油——標示為「飽和脂肪」，希望能嚇阻害怕罹患心臟病的消費者。美國大豆協會當時出版的一本小冊子寫著，「來見見要把你搞破產的那傢伙。」用《華爾街日報》的話來說，上頭是隻「外表乖戾的熱帶肥貓」，穿著白色西裝、戴著寬邊帽、手裡揮舞著雪茄與椰子飲料，身旁桶子則標示著「棕櫚油」。[6]（這張圖片引發數場在

美國駐吉隆坡大使館前的抗議活動。）[7]

時任堪薩斯州民主黨代表的丹．格利克曼（Dan Glickman）與俄勒岡州民主黨的羅恩．懷登（Ron Wyden）共同提出一項法案，要求食品標籤得標明產品使用的特定油類——當初標籤只會標示「植物油」——以及油脂與飽和脂肪含量。格利克曼說，「毫無戒心的消費者習慣把所有植物油都當成是健康的油，很容易、也可能是刻意被這種標籤給誤導了。」當時格利克曼是「小麥、大豆與飼料穀物農業小組委員會」（Agriculture Subcommittee on Wheat, Soybeans, and Feed Grains）主席。[8]

馬來西亞的棕櫚油業在一年後反擊，在美國偉達公共關係顧問公司（Hill and Knowlton）協助下，推出宣傳活動。[9]時任「聯合種植」董事總經理B．貝克—尼爾森（B. Bek-Nielsen）（也是現任執行長卡爾的父親）在美國各地巡迴進行媒體宣傳。貝克—尼爾森與德國出生的食品化學家庫特．貝格（Kurt Berger）一同出席，貝格是馬來西亞棕櫚油研究所（Palm Oil Research Institute of Malaysia，前身是馬來西亞棕櫚油委員會）顧問，貝克—尼爾森向學者、醫生、製造商與記者媒體大肆宣傳棕櫚油對健康的益處，馬來西亞棕櫚油研究所也資助威斯康辛大學與其他組織研究棕櫚油如何促進健康的研究，發表的報告指出棕櫚油富含維生素E與β-胡蘿蔔素，並聲稱熱帶植物油的爭議事件其實是「以健康問題為幌子的貿易問題」。[10]這樣的說法後來也成為普遍的看法。馬來西亞棕櫚油研究所聯同印尼、菲律賓（椰子油主要生產國）政府向美國雷根政府

一九八八年紐約時報全版廣告

請願，最後成功說服美國食品藥物管理局拒絕格里克曼的標籤提議。[11]

但其他的對手出現了。美國大豆協會的廣告刊出兩年後，一名來自奧馬哈市（Omaha）的千萬富翁菲利浦．索科洛夫（Philip Sokolof）著手報復熱帶植物油。索科洛夫才四十多歲就一度心臟病發，撿回一條命的他在《紐約時報》買下全版廣告，譴責「食品加工商」在包裝食品裡使用棕櫚油與椰子油來危害美國大眾的健康。廣告標題高喊著：「毒害美國！」底下則印著一系列食品儲藏室常見的主食，像是Crisco酥油、家樂氏早餐麥片Cracklin' Oat Bran、Triscuits全穀物餅乾、培伯莉農場小金魚香脆餅（Pepperidge Farm Goldfish）。[12]

一九八九年，馬來西亞棕櫚油研究所在美國媒體刊登廣告[13]，（正確地）聲稱棕櫚油不需經過人工硬化或氫化處理，這樣做「似乎會促進飽和作用並產生反式脂肪酸」，該組織更指出美國使用的大豆油當中，約百分之七十經過氫化處理。馬來西亞政府與種植園公司委託了幾位營養學專家，在接下來的十五年內發表了大量研究，發現棕櫚油中的脂肪酸種類對血液裡的膽固醇有良性影響。這些專家中，最知名的是密西根州底特律的韋恩州立大學（Wayne State University）營養與食品科學教授普拉摩德．寇斯拉（Pramod Khosla），以及麻州布蘭迪斯大學（Brandeis University）生物學教授K．C．海伊斯（K.C. Hayes）。二〇〇七年《營養與代謝》（*Nutrition & Metabolism*）期刊一份關於油脂的研究最底下有行字寫道「此研究經費由馬來西亞棕櫚油研究所提供」。三年後，《美國營養學會期刊》（*Journal of the American College of Nutrition*）一份關於棕櫚油的研究，列出以下免責聲明，「P．K是馬來西亞棕櫚油委員會與美國棕櫚油委員會發言人局成員之一，且（一九九六年至二〇〇五年）曾獲得馬來西亞棕櫚油董事會的研究資助。」儘管如此，前述研究仍廣為流傳，且經常被引用。

但傷害已經造成了。「我們關心美國消費者與他們的健康，但他們告訴我們不想要（熱帶植物油），」奇寶公司（Keebler Company）一名發言人於一九八九年告訴《紐約時報》。「我們每天都會收到從各地寄來的一堆郵件。」那時奇寶、通用磨坊（General Mills）、桂格麥片、培莉農場、Pillsbury都誓言自家產品將不再使用熱帶植物油。[14]那埋伏在美國雜貨店架上那多達二十億磅的油，要拿什麼來取代？氫化油，主要是大豆油。歸咎於另一個遊說團體「酥油與食用油協會」的強力促銷，外界花了一點時間才明瞭氫化產生的反式脂肪確實會對健康產生負面影響。（如同第七章所述，美國食品藥物管理局於二〇〇六年宣布含有反式脂肪的產品，一律得在標籤上註明，最後更要求食品製造商不得使用反式脂肪。）那麼，回到熱帶植物油的懷抱！[15]

隨著馬來西亞與印尼的經濟愈來愈依賴棕櫚油，兩國政府更加捍衛這項商品。（由於馬來西亞極度仰賴出口，往往帶頭發起運動。）[16]而這些動作往往會逾越道德界線。二〇一〇年十二位傑出國際科學家，包括前皇家植物園邱園（Royal Botanic Gardens, Kew）園長、世界銀行行長的生物多樣性顧問，都對東南亞棕櫚油與伐木利益的不實消息感到相當憤怒，他們合寫了一封公開信給《衛報》與其他主流媒體。信中他們指摘一家位於墨爾本的「全球國際貿易策略」（International Trade Strategies Global，簡稱ＩＴＳ）顧問公司，所發表有關雨林、伐木與油棕種植園的文章，「扭曲、曲解事實、陳述不實」。[17]

雖然這家公司聲稱自己是獨立的，科學家們指出該公司與華盛頓特區數家保守派的智庫關係密切，特別是美國企業研究所（American Enterprise Institute）、競爭企業研究所（Competitive Enterprise Institute）、傳統基金會（Heritage Foundation）。ＩＴＳ的常務董事、前澳洲外交官艾倫・歐克斯里（Alan Oxley）經常代表亞洲漿紙（Asia Pulp & Paper）出面遊說。亞洲漿紙總部位於雅加達，是金光集團（Sinar Mas）子公司，也是金光農業資源（Golden Agri-Resources）的姐妹公司，後者是全球最大的棕櫚油企業之一（也是Golden Veroleum的母企業，我在賴比瑞亞所目睹的毀林，其中一家肇事公司就是他們。）歐克斯里更是位於華盛頓特區的非營利組織——「國際世界成長」（World Growth International）的負責人[18]，該組織自稱促進自由貿易與全球化，但其實花了很大的力氣反對環境規範，包括攻擊綠色和平組織、雨林行動網絡（Rainforest Action Network）與世界野生生物基金會等非政府組織所做的東南亞毀林分析。

前述科學家寫道，包括ＩＴＳ與「國際世界成長」組織定期發表的報告，都「忽視或淡化」重要的環境問題，「包括破壞熱帶泥炭地對溫室排放所造成的嚴重影響，以及毀林對瀕危物種，例如紅毛猩猩與蘇門答臘虎的影響。」他們表示，這些遊說者的論點等於在「攪渾水」，刻意要捍衛亞洲漿紙等企業的信譽，此舉「對全球熱帶森林迅速消失有著舉足輕重的作用。」

馬來西亞的森那美集團（Sime Darby）是世界上油棕種植面積最大的公司，當時也採用了有趣的策略。[19]二〇〇九年，倫敦的「ＦＢＣ媒體」（FBC Media）向馬國棕櫚油理事會（Malaysian Palm Oil Council）時任執行長、森那美董事優索夫・巴席隆（Yusof Basiron）建議，以他為主角拍攝一部紀錄片，成品會「放」在信譽良好的新聞頻道，「像是ＢＢＣ、彭博社、ＣＮＢＣ或亞洲新聞頻道（Channel News Asia）。」《獨立報》（*The Independent*）後來報導指出，馬國政府與包含森那美在內的公司向ＦＢＣ支付了兩千一百萬美元，用於發展「全球策略傳播活動」，旨在說服「逾四億觀眾」支持棕櫚油產業。[20]ＦＢＣ承諾將囊括馬來西亞棕櫚油理事會主要關鍵人物的採訪，「再加上……產業領導人與西方第三方擁護者的正面報導，」並「額外強調小農」，削弱整個產業由「大型利益團體」主導的印象。[21]而在ＦＢＣ「第三方擁護者」名單內，有哥倫比亞大學經濟學家、聯合國前秘書長潘基文特別顧問傑佛瑞・薩赫士（Jeffrey Sachs），過去曾以森那美集團的名義受過ＦＢＣ「栽培」，森那美曾於二〇一〇年提供給薩赫士所負責的哥倫比亞大學地球研究所五十萬美元資金。[22]

這部由ＦＢＣ製作的紀錄片於二〇〇九年初在ＢＢＣ播出，開頭有個卡通拿殖民者與現代的環保人士做對比，前者問：「當地人友善嗎？」後者問：「當地人對環境友善嗎？」後來才知道，該公司為新聞機構製作了多檔節目，裡頭都穿插了為客戶所做的宣傳，包括哈薩克前獨裁統治者努蘇坦．納札爾巴耶夫（Nursultan Nazarbayev）、埃及前總統穆巴拉克（Hosni Mubarak）。當這樁醜聞在二〇一一年爆發時，BBC與其他媒體終止了與FBC的合約，該公司很快就關門大吉了。[23]

歐洲棕櫚油進口量穩定成長的幾年間，同時爆發數起公關醜聞。二〇一五年，由於新聞報導棕櫚油對環境與人體健康有害，逾十六萬名義大利人簽名連署「停止棕櫚油入侵」請願書，敦促該國國會提案禁止國內大眾自助餐館使用棕櫚油。[24]新成立的義大利永續棕櫚油聯盟（成員包括聯合利華、雀巢、費列羅以及貿易組織，像是義大利糕餅糖果與義大利麵業協會〔Italian Association of Confectionery and Pasta Industries〕等貿易組織）因此發起了該國三十年來由協會舉辦規模最大的活動。整整連續三十天，義大利人幾乎只要打開報紙或電視或收音機就會看到、聽到關於棕櫚油聲稱的環境永續性與健康益處。[25]

而在法國，生態部長賽格琳．羅亞爾（Ségolène Royal）則呼籲抵制Nutella巧克力醬，因為裡頭含有不永續的棕櫚油。費列羅公司則指出，旗下所有產品的油都通過「棕櫚油永續發展圓桌組織」（Roundtable on Sustainable Palm Oil）這個監管機構的認證（第十章會針對該組織做更詳盡的介紹），最後羅亞爾只好道歉。[26]

二〇一五年底，歐洲食品安全局（European Food Safety Authority）發表一項報告證實義大利衛生部的調查結果，商業用的棕櫚油可能因高溫加工，產生致癌物質，[27]這項報告促使全歐洲的公司紛紛在產品上新增「無棕櫚油」標籤，甚至是原本就不含棕櫚油的產品。[28]

二〇一六年六月，由於印尼與馬來西亞強烈抗議，法國國民議會放棄對棕櫚油課稅的計畫——該國自二〇一二年就有意這麼做——馬印兩國聲稱這項措施違反了世界貿易組織（World Trade Organization）的規定。[29]印尼政府更明確表明，若通過這條法律，某個因走私毒品被關在雅加達的法國公民可能會遭處決。[30]一位法國政治人物表示，「我們立法的當下，喉嚨被刀抵著，國會遭人脅迫。」[31]

西班牙巴賽隆納一家雜貨店裡的盒裝玉米片

幾個月後，泥炭地國際會議於吉隆坡舉行，《婆羅洲郵報》與《雅加達郵報》皆刊登報導指稱在抽乾的泥炭地種植油棕是環境永續的措施。這兩篇文章皆引用了馬來西亞官員的話，馬國官員將完全相反的證據視為「愛引戰的環保人士」與「綠色NGO」的宣傳。全球一百三十九名科學家與一百一十五個機構因此共同提交了一封信，他們在信中譴責「這些報紙頭條與陳述誤導民眾」，並表明自身對於熱帶泥炭地開發的立場：目前所有排乾泥炭地的做法，都會排出大量的碳，因此不具環保永續性。[32]

二〇一八年理查．沃克的那則廣告也一樣，點出如今較為熟悉的「生態殖民者」（eco-colonialists）爭議，以及偽裝成健康與／或環境問題的貿易戰，馬來西亞棕櫚油理事會當時已經用這套把戲好多年了。[33]先前提到那則由「馬來西亞小農」所做的推特廣告總結，「理查剝奪了非洲與亞洲貧窮農民，反倒貢獻給賣菜籽油、葵花油的富裕西方農業企業。」

事實上，這段推特影片的愚蠢風格（像是整段文字隨意大寫）和幾年前YouTube一部「艾爾．高爾（Al Gore）的企鵝軍團」短片驚人地相似。這部針對美國前副總統與他提出的環境問題的惡搞影片，於二〇〇六年首播，大約是紀錄片《不願面對的真相》（*An Inconvenient Truth*）首映期間。兩分鐘的短片裡，高爾對著一群企鵝窮極無聊地長篇大論，將人類面臨的每一齣災難都歸咎於氣候變遷。片中粗糙的圖表設計與不成熟的情感，看得出是外行人做的。上傳的人自稱來自比佛利山莊、今年二十九歲。但《華爾街日報》一名記者已確認，這人使用的電腦來自華盛頓特區「DCI集團」這家遊說公司。[34]

DCI集團與喬治．W布希政府與多名茶黨人物關係密切，經常與前述的前澳洲外交官歐克斯里合作。該公司專門從事所謂「人工草皮（Astroturf）」活動——也就是假裝成草根運動的集體行為[35]——高爾那部偏頗化石燃料的惡搞短片播出當下，DCI的客戶包含埃克森美孚石油（ExxonMobil）與通用汽車。[36] DCI先前還代表過高特利集團（Altria）（菲利浦莫里斯美國公司〔Philip Morris USA〕的母公司），以及前緬甸軍政府遊說[37]。自二〇〇〇年至二〇〇六年，該公司曾出版一份網路雜誌《科技中央站》（*Tech Central Station*），該刊物自述是「自由市場與科技交會」的網站，並刊登質疑氣候變遷實際狀況的文章。[38] 歐克斯里是這份刊物亞太版的撰稿人與編輯。

理查・沃克的推特廣告出現不久後，新聞媒體報導表示，這影片同樣出於DCI集團。[39] 該影片由「棕櫚油人類面貌（Human Faces of Palm Oil）」組織負責宣傳，根據其官網，這家公司「代表馬來西亞小農發聲」，且是馬來西亞棕櫚油理事會、聯邦土地開發局與「全國小園主協會」（National Association of Small Holders）等機構的聯合計畫。二〇一八年八月，DCI向馬來西亞棕櫚油理事會與其他該產業的團體提案，建議讓獨立農民成為對抗批評棕櫚油業全球性的「主要使者」，並由「棕櫚油人類群像」來主導整個活動。這項提案清楚顯示出，DCI一直以來透過產業團體協調草根運動，包括「棕櫚油聯合農民」組織（Palm Oil Farmers United）。這間組織的臉書專頁以《國家地理雜誌》風格方式放了一系列來自世界各地的農民頭像，並自稱「代表七百萬油棕小農發聲」，對抗「威脅我們生計的危險活動與政策。」

DCI還建議，透過奈及利亞智庫「公共政策分析倡議」（Initiative for Public Policy Analysis）協助，創辦一個非洲平台。「爭取非洲盟友的支持至關重要，這會給對手帶來最大的壓力。」提案也指出，歐洲NGO與政治人物們「很害怕被指控歧視與新殖民主義。」「棕櫚油聯合農民」組織與全國小園主協會那年更在《政客雜誌歐洲版》（*Politico Europe*）投放了幾則廣告[40]，布魯塞爾（DCI在這裡也有分部）的議員們常閱讀這家媒體刊物，這些廣告譴責歐盟的棕櫚油政策是「作物的種族隔離措施。」

二〇一九年初，DCI與馬來西亞棕櫚油理事會以及其他產業領袖於吉隆坡召開一項會議，該組織提出另一項提案，加強「草皮運動」的力道。「嘗試與對手透過對話或科學研究理論，既無法停止對方的攻擊，也無法讓馬來西亞占上風。」該提案指出，「小農才是馬來西亞拿來對付歐洲跟NGO最強大的武器。」[41]

但和媒體宣傳相反的是，印尼與馬國的小農組織長期以來不斷抱怨政府支持大型棕櫚油企業，放任小農們在貧窮線掙扎。[42]印尼棕櫚油工人平均日薪可能才約六美元。[43]馬國棕櫚油工人日薪約九美元。[44]而他們的老闆則躋身東南亞富豪之列。豐益國際主要投資者郭鶴年是馬國首富，擁有淨資產一百一十億美元。該公司執行長郭孔豐（郭鶴年的姪子）身價三十六億美元。三林集團（Salim Group）的林逢生則約五十五億美元，金光集團創始人黃奕聰於二〇一九年過世時，身價為九十一億美元。[45]

而這個產業的海外大使們的履歷也引來了一些爭議。二〇〇七年出版的《棕櫚油奇蹟》（*The Palm Oil Miracle*），作者布魯斯・菲佛（Bruce Fife, C.N., N.D）在亞馬遜網站上的個人資料寫著自身出版逾二十本著作，是「一名講師、認證營養師與自然療法醫師。」我和菲佛約在出版《棕櫚油奇蹟》的皮卡迪利圖書公司（Piccadilly Books）位於科羅拉多泉（Colorado Springs）的辦公室，他告訴我，他名字後的縮寫代表了「認證營養師」與「自然療法醫生」，並補充說，自己畢業於「克萊頓自然健康學院」（Clayton School of Natural Healing）並獲得前述學位。[46]我從來沒聽過這間學校，就問了該校確切位置，經過長長的沉默，他終於回答，「在喬治亞。」實際上，克萊頓是一所未經認證的函授學校，位於阿拉巴馬州的伯明罕。該校於二〇一〇年突然關閉[47]，當時正好該州通過一條新法，規定州內的學位授予機構必須通過美國教育部認可的機構檢驗。克萊頓學院還在時，課程包括芳香療法、巴赫花精療法（Bach Flower remedies）、觸感治療與心理營養學。該校畢業生包括胡達．克拉克（Hulda Clark），她聲稱所有的癌症與愛滋病都是由「污染物與／或寄生蟲」所引起的，她能靠著草藥和一台低電壓電子設備治好這些病；羅伯特．楊恩（Robert O. Young）也是該校校友，他在二〇一四年承認犯下多項重大竊盜罪，並串謀無照行醫。二〇一一年，克萊頓同意支付兩百三十一萬美元，與約一萬四千名學生達成集體訴訟和解，以償還關校後未退還的學費。[48]

二〇一九年一月，世界衛生組織發表了一篇文章，呼籲針對棕櫚油對人體健康與地球的影響進行更嚴密的審查，並將該產業的策略：「在政經中心建立遊說結構，對抗法條，試圖破壞可靠的資訊來源，並使用扶貧論據」，比做是先前菸草與酒類遊說團體所使用的策略。[49]聯合國兒童基金會的宋雅・卡丹達勒（Sowmya Kadandale）、倫敦大學衛生與熱帶醫學院的羅伯特・馬丁（Robert Marten）、艾克塞特大學醫學與健康學院的理查・史密斯（Richard Smith），在《世界衛生組織公報》（*Bulletin of the World Health* Organization）就棕櫚油的「雞尾酒效應」提出警告，當這種油與高度加工食品所使用的其他成分混合時，可能會損害健康。作者群也說，這項食品產業向兒童推銷「超級加工」產品的行徑，讓人聯想到菸草與酒精業針對年輕人的行銷手法。

該報告指稱棕櫚油是「非傳染性疾病討論中，被忽視的因素」，並建議決策者要想辦法減少對油與對不健康的超級加工食品的需求。此外，這份報告也建議避免「由對人體健康與地球健康不利的食品產業，所發起的遊說帶來的影響。」作者們呼籲學者「使用棕櫚油與相關產業資金從事研究活動時得謹慎行事。」

針對該報告，馬來西亞棕櫚油委員會發言人發表聲明表示，這些作者都不是「棕櫚油科學家」，並說目前尚不清楚審閱這份報告的專家是否是「棕櫚油科學家」，暗示此報告可能有潛在的偏見。[50]「這份報告的作者群便宜行事，刻意忽略知名期刊內的重要棕櫚油研究，只挑選符合他們假設的內容，」馬來西亞棕櫚油理事會現任執行長卡亞納・桑端（Kalyana Sundram）寫道。

世衛組織那篇文章發表時間就在ＤＣＩ集團向馬來西亞棕櫚油理事會提出第二次提案的六週前，該集團因而在提案裡寫道，「生態殖民主義者已經改採垃圾科學與錯誤邏輯的焦土策略。」

他們稱棕櫚油是新的菸草。」這項提案的預算超過一百萬美元。[51]

這個產業已經不是第一次跟世衛組織發生衝突。二〇〇三年，曾擔任過該機構非傳染性疾病主任的南非醫生德瑞克·亞赫（Derek Yach）與人合著了一份關於飲食、營養、預防慢性病的報告，這份報告由聯合國糧食暨農業組織（Food and Agriculture Organization）共同資助。[52]亞赫說，他在裡頭寫了「幾行」關於棕櫚油中的飽和脂肪如何威脅心血管健康、並建議減少全球棕櫚油的使用量。結果委員會公開這份報告後，聯合國馬來西亞大使與代表團竟出現在他日內瓦的辦公室，並表示任何抑制棕櫚油消費的舉動都會危害到幾百萬名農民的生計。她要求亞赫跟他同事修改那些句子。亞赫說，他跟棕櫚油遊說團體的交手經歷，「比過去跟菸草業的遭遇還糟得多。」[53]

隨著歐盟的生質燃料立法審議已到最後階段，相關遊說戰近期已趨於白熱化。馬印兩國威脅將限制歐盟進口，並採取其他貿易報復手段。剛上任的馬國總理馬哈迪·穆罕默德（Mahathir Mohamad）致信法國總統馬克宏（Emmanuel Macron）[54]，暗示他將暫停貿易談判，並迫使法國價值六十億英鎊（六十五億美元）的出口產品，遭受「令人遺憾的經貿結果」，這是「實質禁止」棕櫚油的後果。（這項立法其實允許部分棕櫚油以再生能源進口，但條件是要符合由小農生產、栽種在未被耕種或嚴重退化的土地上、來自已提高產量的耕地。）馬國產業部長郭素沁痛斥這項對生質燃料的決定「對東南亞、非洲與拉丁美洲開發中國家的經濟具有歧視性」，且「用意在於傷害數百萬名小農的生計。」[55]

二〇一九年五月，英國百貨公司「Selfridges」仿效Iceland，宣布自家所有兩百八十項高檔產品，都已不再含有棕櫚油。四個月後，馬來西亞最大連鎖超市宣布不再銷售標示「不含棕櫚油」的產品，且該國政府表示正考慮是否要全面禁止此類商品。印尼食品監管機構於該年八月禁止標有「不含棕櫚油」的食品，二〇二〇年初，現任棕櫚油生產國委員會（Council of Palm Oil Producing Countries）常務董事優索夫．巴席隆將NGO對那些棕櫚油商品的批評稱作是「有毒的東西」。[56]森那美首席顧問與弗蘭契．安東尼．達斯（Franki Anthony Dass）在吉隆坡一場產業論壇裡，提及策劃攻擊棕櫚油的團體，他向全場觀眾表示，「如果他們這麼不友善，為什麼還要讓他們待在我們的馬來西亞與印尼？這一次，我們有權主動採取嚴厲的手段。」

就在幾週前，撰寫過無數篇有關棕櫚油產業如何危害環境的報導的美國記者菲利浦．傑克布森（Philip Jacobson），因涉嫌違反簽證規定，被關押在加里曼丹的監獄數日後，遭遣返回國。[57]不久後，另一名印尼記者因為發表了一篇達雅克原民部落抗議一家棕櫚油公司的文章，也遭到逮補。而這家公司與第八章提及現已逝世的記者穆罕默德．優蘇夫，在一年前所報導的公司正好是姐妹公司。不管怎麼樣，棕櫚油業施壓的力道只會愈來愈強。

第十章　對抗強權

遵循規則無法拯救世界。
我們得推翻這些規則。

——氣候環保鬥士葛蕾塔・通貝里（Greta Thunberg）[1]

二〇一八年十一月十七日太陽升起前的幾分鐘，西班牙加地斯灣（Gulf of Cadiz）附近的公海還算平靜無波。兩百三十七英尺長的「希望號」（Esperanza）甲板上卻鬧哄哄地。即使在幾乎一片漆黑的海面上，這艘大船的綠色船身與漆在上頭的巨大彩虹及鴿子標誌，依然清晰可見。船上有來自十幾個國家的綠色和平環保人士，在引擎轟隆聲中吶喊著，他們爭先恐後地穿戴防水衣、安全帽，背起後背包與防護裝備，其中六人跳進三艘電動橡皮艇，駕駛們駛向地平線那端一艘若隱若現的油輪。

六百零七英尺長的「Stolt Tenacity」貨輪滿載著豐益國際所屬一家蘇門答臘煉油廠的棕櫚油。就在這艘貨輪正駛向荷蘭鹿特丹港時，第一艘綠色和平的橡皮艇悄悄地往他們的目標物靠近。綠色和平此次活動的領導人、來自加拿大卑斯省的維多莉亞・亨利（Victoria Henry）[2]放出攀岩鋼梯，另一名夥伴拿著一根長桿勾住鋼梯、再將鋼梯勾住貨船欄杆。他用力往下一拉，抽離長桿、成功讓梯子懸掛在船身。維多莉亞接著跳上鋼梯，隨著迅速移動的船擺盪。第二艘綠色和平的橡皮艇逐漸靠攏大船，第二個人抓準時機在失去立足點前迅速跳上還在滴水的鋼梯。

就在綠色和平第六名成員將自己的裝備拉上貨船之際，一道光照在梯子上。幾分鐘後，船長朝著這些偷渡客大步走來，瘋狂揮舞著雙手，對著船員們吼叫，要他們沒收這些人的東西。「你們是海盜！」船長大發雷霆、猛敲其中一名印尼人的安全帽。「滾下我的船！要不然我把你們通通丟下海！」

和平組織成員原本計劃要快速移動到船頭，搭建一個臨時營地。他們帶了睡袋、足夠的糧食與水，可以撐到鹿特丹，預計會在船上待上三到四天。一名綠色和平的攝影師紀錄下整個過程，包含成員們從橡皮艇登上貨船，以及最後被送回「希望號」的經過。「希望號」船長以無線電告知貨船船長，他們的抗議成員以和平方式登船，沒有攜帶任何武器。「我們不是反對這艘船，」維多莉亞在倫敦家裡透過電話告訴我，她說，「我們反對的是船上的貨物。」

兩個月前，國際綠色和平組織發表一份報告指出，掌握全球棕櫚油百分之四十交易量的豐益

綠色和平組織成員在西班牙外海登上「Stolt Tenacity」號

國際，部分供應竟來自十八家涉及毀林的棕櫚油工廠，這明顯違反了他們在二〇一三年訂下的「不毀林、不破壞泥炭地、不剝削人權」的政策。[3]在加地斯灣登船事件之前，還發生過另一項「行動」，地點在印尼蘇拉威西島一家豐益精煉廠，一群綠色和平組織志工爬上一個儲油桶，在桶身漆上長達十五英尺的巨大字母「DIRTY」。第二組人馬則爬上一艘油輪的錨鍊，阻止其載運棕櫚油。

登上「Stolt」號的六人，被扣留在有六張小床的「蘇伊士小屋」。（這些房間專門提供給武裝警衛，通常他們會隨船護送船隻度過危險的航程，例如中東運河，由於運河狹窄，在沒有母船保護下，海盜可以輕易襲擊船隻。）綠色和平成員們原以為船長會繼續將船開往荷蘭，因為一艘貨船每日的營運成本可能高達數萬美元，但目前看來，船長選擇掉頭，船隻在原地打轉。一名船員站在門口緊盯這些環保人士，後者嘗試憑著太陽角度判斷自身位置，避免猜想最壞狀況。（「如果我們最後進了摩洛哥監獄怎麼辦？」）氣急敗壞的船長甚至還走來船艙騷擾威脅他們。終於，十一月十八日下午，其中一名成員從船艙窗戶看出去，倒抽了一口氣。直布羅陀之石（Rock of Gibraltar）映入眼簾，所有人都看到了這一幕。「我的老天爺啊，」維多莉亞回憶，「我們到西班牙了。我永遠都忘不了看到石頭那一刻。」

從他們登上船，過了三十三個小時後，船隻緩緩駛入西班牙阿爾赫西拉斯港（Algeciras）。（「一個你能想到最糟的地方」，凱文·貝瑞（Kevin Barry）於其二〇一九年小說《往丹吉爾的夜船》（*Night Boat to Tangier*）裡如此描述這座小鎮。[4]）維多莉亞與船長、航運公司的一名律師與當地執法官員開過會後，帶領著其餘五名成員，通過移民局檢查後，當天晚上獲釋，得以進入阿爾赫西拉斯鎮。隔天早晨他們前往里斯本，「希望號」在那裡等候他們上船，一同開往鹿特丹。

幾年前我首次接觸到棕櫚油環保人士，當時我飛到舊金山與「雨林行動網絡」（Rainforest Action Network）的成員會面。[5]該組織成立於一九八五年，約五十名員工，通常與綠色和平組織及其他NGO合作阻止破壞雨林的產業。在一個明亮的三月早晨，我駕車開過海灣大橋，停在西奧克蘭工業區一座低矮倉庫前。一群「行動網絡」的成員與二十多名志工群聚在綠色和平組織的巨大地堡裡，牆上畫滿了塗鴉，其中一人是在家自學的十二歲兒童，特地從亞利桑那趕來參加，另一人則是將近七十歲的西雅圖老翁，自稱是「紅毛猩猩狂熱者」。

這些人來參加為期四天的計畫啟動會議，抗議對象是桂格燕麥公司與母公司百事可樂，因為它們在自家人氣零食裡使用了「具爭議性的棕櫚油」。雨林行動網絡組織近來發起「零食二〇（Snack Food 20）」活動[6]，呼籲百事公司等公司（包括雀巢、聯合利華、瑪氏食品、好時、家樂氏等），以其購買力，要求這個產業做出實質改變。幾週前，該組織的工作人員向百事公司位於紐約帕切斯（Purschase）的總部，提交了一份報告，當中紀錄該公司合作的多座種植園一系列雨林毀林、土地掠奪、強迫勞動的作為。而在奧克蘭的會議則是為了幾個月後的「行動週」做準備。他們預計會有數百名環保人士湧入全國各地的雜貨店與公共場所，告知消費者桂格公司與這種受污染的油之間的關聯。

我抵達會議現場時，志工們早已睡眼惺忪，他們為了當天下午的活動熬夜重編歌詞、編舞、手寫標語。現場擺著發芽全麥英式瑪芬與純素奶油起士，身上多處打洞、刺青的參與者們策劃了抗議活動細節，互相爭論誰要扮演桂格標籤上白髮清教徒賴瑞（Larry）、誰要當熱帶雨林棲息地被包圍的紅毛猩猩草莓（Strawberry）。一名來自明尼阿波利斯市（Minneapolis）的自由製片人在白板上畫了一家位於米遜街（Mission）與第七街（Seventh）轉彎處的一家目標商店的內部地圖，他們前一天展開全市勘查後，選中這家店鋪。該製作人在地圖畫一個叉叉，「這裡有一台監視器。」我們走到隔壁相當寬敞的房間，兩邊是工業用貨架，塞滿了救生衣、巨大的橙色浮標與捲起的睡袋，團隊分成兩組排演即興的口號與回應。

接著他們討論起採取非暴力行動得承擔的風險。「如果警察來找你，該怎麼辦？」在場請來指導的顧問問道。她演練了一遍警察、保全、現場情緒不斷高漲的各種可能狀況。行動雨林網絡三十五歲的執行長琳賽．艾倫（Lindsey Allen）[7]前一晚告訴現場所有人，「會緊張是正常的。但參與這種活動，你所秉持的信念為何至關重要。」

當時甚少美國人為棕櫚油議題發聲。其中一個例外是兩名信念堅定的女童子軍，她們才十一歲。二〇〇七年，來自安娜堡市（Ann Arbor）的萊儂．湯提森（Rhiannon Tomtishen）與艾迪遜．佛娃（Madison Vorva）參加一場關於熱帶雨林的科展，最後獲得銅獎，兩人發現女童子軍在賣的人氣餅乾，像是淋滿巧克力的淡薄荷餅乾（Thin Mints）與夾著花生醬的「Tagalongs」餅，含有原料來自紅毛猩猩棲息地的棕櫚油。她們因而抵制年度銷售活動，並請願美國女童子軍停止在自家販賣的餅乾中使用棕櫚油。[8]

到了二〇一〇年，她們的努力獲得一點成效，兩人聯繫了時任「氣候顧問」（Climate Advisers）組織常務董事格倫．胡羅維茲，這家組織位於華盛頓特區。幾年前胡羅維茲曾在《洛杉磯時報》發表過一篇專欄文章，他提及棕櫚油與熱帶森林砍伐的關聯。自從他求學時期加入耶魯學生環境聯盟（Yale Student Environmental Coalition）以來，這位紐約客便不斷聲討毀林的後果。他曾短暫擔任綠色和平組織的媒體總監，非常了解兩名可愛的青少女為瀕臨絕種的紅毛猩猩請命，會產生多大的媒體效益。胡羅維茲與同事為她們安排媒體培訓，並與雨林行動網路及其他NGO合作，協調舉辦強調其訴求的抗議活動與網路連署。他們將主要精力放在家樂氏身上，當時這家公司負責生產女童軍餅乾（目前則改由Nutella製造商費列羅生產），家樂氏總部正位於這兩名女孩的故鄉密西根州。不久後，《紐約時報》、《華爾街日報》、《時代雜誌》紛紛報導湯提森與佛娃發起的訴求，兩人也上全國公共廣播電台（NPR）、福斯新聞、美國廣播公司（ABC）的「晨間秀」（The Early Show）節目，直接面對全美的消費者。隨之而來的壓力讓家樂氏做出回應，承諾將減少使用棕櫚油，並只從遵守「不毀林、不破壞泥炭地、不剝削」政策的公司採購棕櫚油。（馬來西亞種植園部長柏納・丹伯克〔Bernard Dompok〕則回應，「是時候讓這些小女孩更了解事情真相了。」）[9]

當時棕櫚油產業面對排山倒海的批評，已經聯合起來形成一套應對機制。二〇〇四年，在雨林行動網絡、綠色和平組織與其他團體施壓之下，一群大型種植公司、製造商與零售商成立了「棕櫚油永續發展圓桌會議」（簡稱RSPO）組織。該組織制定了一套相關公司可依循的環境與社會標準，以符合「永續」標準。二〇〇八年，馬來西亞的聯合種植公司成為首家獲得RSPO認證的公司。聯合種植執行長卡爾・貝克—尼爾森自二〇一四年以來，一直擔任RSPO組織的共同主席。RSPO理事會委員包含來自WWF、世界資源研究所（World Resources Institute）與森林民族計畫（Forest Peoples Programme）等NGO代表，但十六名成員裡有十二人是棕櫚油代工商、製造商、零售商、銀行、投資者與食品加工公司——這或許可以解釋為何這個組織的進度如此緩慢。[10]

這跟缺乏資金投入無關。該組織的年度會議皆由產業巨頭豐益國際、森那美、春金集團（Musim Mas）、百事公司、嘉吉公司贊助，場面豪華盛大，數百名成員從世界各地飛來參與為期三天的主題演講、分組會議、自助餐會、雞尾酒會，以及漫長且酒氣逼人的晚餐。年度會議輪流於雅加達、吉隆坡、曼谷等亞洲大都市輪流舉行，通常由豐益國際投資人郭鶴年旗下的高檔連鎖酒店香格里拉酒店主辦。[11]

但本書許多受訪者都告訴我，這個RSPO認證經常充當一塊遮羞布，幫那些希望掩飾自身不永續（甚至非法）措施的公司能繼續營運、投資市場。二〇一五年，倫敦的非政府組織「環境調查機構」（Environmental Investigation Agency）發表一份報告，批評RSPO的認證流程所採用的第三方稽核人員，竟與他們要審核的公司簽約並收錢。這份報告舉證指出，稽核人員與種植園公司勾結，掩飾其環境與社會違規作為，包括管理層在稽核人員來訪前恐嚇員工等。北蘇門答臘一處種植園的「臨時工」被告知移往偏遠地區，遠離稽核人員可能開車經過之路，其他人則被指示要謊稱這種工人並不存在。我在宏都拉斯一處亞拉馬集團的種植園，聽到類似的說法，那時我在RSPO稽核人員來訪後一週造訪該園。一名工人跟我說，「我參加過四次稽核。我們跟RSPO人員談話時，被工程師們恐嚇，隔天我們就遭到了報復。」其他人則說他們接受鉅細靡遺的指導如何應對RSPO的稽核。直屬主管直接訓練員工，並指示「這就是你該說的。」國外的稽核人員被安排與知道說詞的員工會面。有一些受訪者還說，那些在稽核員面前演得好的員工，不但拿到免費蘇打水，還享用了「大餐」。[12]

二〇一四年，綠色和平組織、雨林行動網絡與其他NGO，和RSPO幾位較革新派的產業成員，建立了「高碳儲量方法」（**High Carbon Stock Approach**）的機制，這種機制能協助種植公司基於土壤碳含量與生物多樣性，決定哪些土地適合開發、哪些應予保護。這項方法後來證明的確有效，但卻無法解決該組織的信譽問題。二〇一六年，澳洲監督團體「棕櫚油調查」（**Palm Oil Investigations**）宣布由於對RSPO控制該產業的能力失去信心，現已撤回對RSPO的支持，而先前這個團體曾大力說服棕櫚油產業的公司加入這個組織。在這之前，瑞士「永續發展與文化交流基金會」（**PanEco**）同樣宣布退出RSPO。**PanEco**基金會旨在致力保護紅毛猩猩（包括支持辛格爾頓的中心），但因為RSPO「一直無所作為」而選擇退出。[13]

二〇一八年，RSPO為回應批評聲浪，採用一套新的「原則與標準」，包括更嚴格禁止砍伐森林、在泥炭地種植與侵犯勞工與人權。該組織更改善了原本飽受批評的產業投訴處理流程。但不到一年，RSPO原本因馬國聯邦土地開發局子公司聯邦土地發展局控股公司（**FGV Holdings Berhad**），違反其認證標準（包括第六章記載的強迫勞動）逾二十五次，而給予制裁，但儘管這家馬來西亞公司沒有證據顯示已採取任何改善措施，RSPO竟恢復了它的認證。其他違反RSPO原則與標準的公司則在東窗事發後，乾脆退出該組織，而非接受其建議改善原有作為。二〇一八年，賴比瑞亞最大棕櫚油公司「Golden Veroleum」遭RSPO發現侵占土地、夷平森林、毀壞墓地後，即退出該組織的會員資格。[14]

隔年，環境調查機構發表第二份報告，紀錄了RSPO投訴系統裡尚未解決的三十八件案例，其中一個案例持續長達九年半。其他投訴有百分之三十的案子，已懸而未決超過三年。[15]最能說明問題所在的是，RSPO成立十七年來，僅認證了全球百分之十九的棕櫚油供應商。[16]只有少數消費者產品貼有該組織的標誌，多數美國人不可能認得出這個標誌。「我不認為RSPO在減少該產業毀林方面，發揮了很大、或發揮了任何作用，」胡羅威茲這樣告訴我。「這個組織為主要消費品公司提供了一種漂綠（green-washing）工具。」

另一方面，鬥志旺盛的女童軍運動甚至多年後還能看到成果。二〇一三年夏天，佛娃與湯提森高中畢業時，大火在印尼肆虐（二〇一五年與二〇一九年事件將再度重演。）那天秋天，綠色和平組織發表一份報告，指出許多起火燃燒的種植園都與豐益公司有關連。[17]胡羅維茲接受亞洲彭博電視台採訪時指出，這家交易商是造成這些大火與危險霧霾的始作俑者。

豐益國際臭名遠播的執行長郭孔豐因此寫了一封信給胡羅維茲。胡羅維茲近期與挪威雨林基金會合作，說服該國政府從當時七千億養老資金中，排除二十三家「骯髒」的棕櫚油公司，其中也包括豐益國際。[18]他認為這可能是個好時機。如果他能利用豐益巨大的影響力，就有機會能推動整個產業向前。郭孔豐明白表示，他有意願提高公司的環境聲譽，胡羅威茲則邀請了瑞士的森林信託（The Forest Trust）與豐益討論規劃如何實現這個目標。但郭孔豐卻在此時退縮了，他擔心只有自家集團邁出這一步，產業內其他大公司——像是金光農業資源公司、嘉吉公司、春金集團卻沒有一同參與。

十一月下旬，兩人經過無數次交換意見，且綠色和平與其他組織不斷施壓下，郭孔豐邀請胡羅維茲親自會面。胡羅維茲飛抵新加坡後，寄給他一份仔細琢磨過的文字，附帶一張一群抗議者駐紮在密西根州家樂氏大樓前的照片。（豐益國際當時才剛與家樂氏簽署合資協議。）「你每個客戶的總部都會像這樣，」胡羅維茲寫道。「這是讓你脫穎而出的好機會。」

接下來的四十八個小時內，胡羅維茲與他森林信託的夥伴日以繼夜與郭孔豐研議，最後敲定一項協議，郭同意做出不毀林的承諾，條件是這項承諾能確保讓他從聯合利華手上贏得一筆大約。（聯合利華後來也同意要求供應商照辦。）短短一年內，多家大型棕櫚油生產商都做出了類似承諾，要終止毀林、不再於泥炭地種植油棕，並避免侵犯人權與勞權。

胡羅威茲視這次勝利是策略性利用消費者力量的一次教訓。他告訴我，多年來「歐洲養老基金會派他們永續發展的官員到東南亞，輕輕拉著棕櫚油高層的袖子，請他們不要再砍伐森林了。這些棕櫚油廠商會說：『喔對啊，這是個很糟的問題，我們會盡力做點什麼。』或者他們會說，『我們會加入RSPO。』而這就是養老基金（實際上消費者公司也是）的承諾：『請再加把勁，我們已經介入、和你們在討論這件事。』但這樣做並沒有起太大作用。因為消費者公司還是繼續買棕櫚油，投資機構繼續投資，他們不理會請他們改善的勸告，棕櫚油產業不必認真看待這些外國人講的話。」[19]

那張慶祝豐益國際交易而拍的紀念照裡，郭孔豐、胡羅維茲與森林信託的史考特．波伊頓（Scott Poynton）在鏡頭前微笑，但促成這次勝利的是許多、許多眾人共同的努力。包括雨林行動網絡、綠色和平組織與地球之友（Friends of the Earth）等歐美NGO的員工們。外界可能比較知道他們會爬摩天大樓或在街上喊口號，但這些環保分子同樣負責起草佐證歷歷的報告、穿上正式服裝，以便參與會議，並商定出避免毀林的計畫。他們總會謙虛地說，自身的成功幾乎全靠當地夥伴。所有的NGO都與像是位於棉蘭、山打根、賴比瑞亞首都蒙羅維亞與瓜地馬拉市的基層組織合作，集中精力與資源協調前往鄉村地區的實地調查，並安排當地人親自造訪華盛頓特區、布魯塞爾等地，他們對國內現況的描述，往往與公司主管、貿易部長的花言巧語不同。

幾年前一場像這樣全體動員的計畫，避免了中非一場醞釀中的災難。二〇〇九年，喀麥隆政府批准同意紐約「赫拉可斯農場」（Herakles Farms）農業企業在該國西南部開發一處十八萬英畝的油棕種植園。

赫拉可斯便著手砍伐一處國家公園周邊的森林，那裡是黑猩猩、瀕臨絕種的鬼狒、獵豹、水牛與大象的家園。喀麥隆居民在砍伐現場舉行長期的抗議活動。二〇一二年，來自世界各地的科學家聯手寫了一封公開信，表達在該處砍伐森林的深切關切。[20]信裡寫道，大規模的森林砍伐可能會導致原本就瀕危的物種滅絕。一年後，綠色和平組織與美國奧克蘭研究所（Oakland Institute）發表一份聲明，指出「赫拉可斯農場」當初向投資者與當地社區的提案，當中的環境與社會前景，有多處並非事實。他們要求對這份提案進行全面評估，後來這項評估顯示，除了前述問題，赫拉可斯取得特許權的部分地區，具有高度保存價值。二〇一三年，經過一連串國內外媒體的負面宣傳後，赫拉可斯終止了這項開發計畫。

喀麥隆與獅子山的當地團體與蘇爾芬公司長年對峙，前者同樣居於上風。自二〇一一年，當地社區持續針對該公司不當土地徵用政策與種植園勞動條件尋求賠償。二〇一三年，該公司於喀麥隆的子公司Socapalm派出勞團代表，前往巴黎表達他們的不滿，幾年後法國一家電視台播出一部關於蘇爾芬種植園工作條件的紀錄片。影片中一名抗爭者高舉標語：「我們是文森・柏洛雷（Vincent Bolloré）的奴隸」，將矛頭指向如今持有該公司百分之三十九股份的法國億萬富翁。柏洛雷控告這家電視台誹謗，他從二〇〇九年以來對記者、律師與NGO組織提出約二十次的

賴比瑞亞律師阿弗雷德・布朗內爾（Alfred Brownell）獲得二〇一九年高曼環境獎

控告。（最後該電視台贏了這場官司。）最後為了應付這位大亨持續不斷的法律威脅，甚至促成了一個團體「On Ne Se Taira Pas」——我們不會閉嘴（We Will Not Shut Up）。

二〇〇〇年代初期，我在序言裡提到的賴比瑞亞律師阿弗雷德・布朗內爾與國際NGO合作，包括綠色和平組織與倫敦的貪腐監管組織「全球見證」（Global Witness）等，一同追蹤助長時任賴比瑞亞總統查理斯・泰勒（Charles Taylor）內戰的木材去向。透過遊說聯合國制裁，他們終於讓這場血腥內戰劃下句點。布朗內爾近期與村長們和「地球之友」結盟對抗森那美與Golden Veroleum在該國的行動。他的律師事務所「綠色主張」（Green Advocates）位在蒙羅維亞市中心三樓。布朗內爾確認過森那美並未遵守RSPO的原則，包括達成社區認同、避免開發高碳量區域等之後，隨即公開發表自身的反對意見。該國總統瑟利夫對其干涉爭取國外投資震怒到親自出面與他交涉。

由於不斷持續遭到騷擾，其中一次甚至差點丟了性命，最後布朗內爾只能選擇逃亡。如今，布朗內爾是耶魯大學法學院人權研究員，並於二〇一九年獲得高盛環境獎，數年前蘇門答臘島的魯迪．普特拉同樣獲頒這個獎項。二〇二〇年一月，布朗內爾與他的夥伴對森那美施加了龐大壓力，該公司最後完全撤出賴比瑞亞。「他們試圖將東南亞（油棕種植園）複製到賴比瑞亞」，他告訴我，「但並未奏效。」[21]

儘管布朗內爾設法保住了性命，但全球許多為了棕櫚油產業挺身而出的人卻並未如此幸運。多年來隨著種植園公司吞併這個星球上愈來愈大面積的沃土，攻擊擋人財路者的暴力事件也不斷增加。二〇二〇年，全球見證組織發現，二〇一九年據報有兩百一十二名土地與環境鬥士被謀殺，平均每週逾四人喪生。[22]其中因農企業相關，尤其是牽涉到棕櫚油利益而喪生的人數，排名第二，僅次於礦業。[23]

二〇一五年，泰國一名環保人士差．巴唐勒克（Chai Bunthonglek）因為代表一處原民社群和一家非法侵占土地的當地棕櫚油公司打官司，遭射殺身亡。[24]他是五年內第四位因反對這家公司在該處發展而被謀害的環保人士。一年後，一名二十八歲的瓜地馬拉學校教師李波貝多．利馬・丘克（Rigoberto Lima Choc），在該國北部城市薩亞斯切一間法院的台階上被殺害。丘克先前帶領一群環保人士向一家棕櫚油公司提起刑事訴訟，因為有證據證明該公司污水池溢出，導致當地一條六十五英里長的河流裡大量魚群因此暴斃。[25]不到一年，馬來西亞美里市（Miri）一名激進分子比爾・卡勇（Bill Kayong）在自己的卡車裡被射殺。卡勇生前與一群村民聯手試圖奪回自己的土地，這些土地被當地政府轉讓給馬國一家棕櫚油公司。[26]

二〇一二年，宏都拉斯一名人權律師安東尼歐・特雷歐・卡布雷拉（Antonio Trejo Cabrera）在走出首都德古西加巴（Tegucigalpa）一間教堂時，遭一名槍手槍斃。特雷歐曾代表當地農民組織對抗棕櫚油巨頭「迪南特集團」（Grupo Dinant），謀殺案發生前不久，他剛贏了一些案子，迫使這家集團得將種植園移交給當地居民。二〇一三年，世界銀行的成員機構「國際金融公司」（International Finance Corporation）的合規顧問／巡查官辦公室（Office of the Compliance Adviser/Ombudsman）對迪南特集團進行調查，援引四十起可能與其種植園、保安人員與第三方安全承包商有關的指控，最後拒絕該公司數百萬美元的分期貸款申請。國際金融公司所引用的案件中，受害者多是當地激進分子與農民。[27]

印尼的局勢逐漸惡化。二〇一九年十一月，兩名駐點棉蘭曾撰文批評該產業的記者馬拉當・俠尼柏（Maraden Sianipar）與馬圖阿・斯瑞嘉（Martua Siregar）遭人發現死於蘇門答臘一座非法油棕園，身上有多處刀傷。兩人生前曾報導擁有這座種植園的公司，以及某家社區團體在當局裁定該園土地遭到非法清整後，試圖掠奪這片土地。這樁命案發生的一個月前，激進分子戈弗雷德．希羅嘉（Golfrid Siregar）被人發現躺在棉蘭一座旱橋上，頭部受到重創，人已失去意識，三天後不幸逝世。外界咸知希羅嘉致力倡議工作，協助與棕櫚油公司有土地衝突的社區。警方最後判定死因是酒駕事故，但希羅嘉的前同事們卻對此提出異議，指出判決根據有多項漏洞，包括希羅嘉根本不喝酒。[28]

撇開其他不談，光是涉及棕櫚油業的逮捕與謀殺案件統計數，特別是在東南亞，就能讓我們理解，要想約束這項對當地經濟如此重要、且與權力中心有密切關聯的產業有多麼困難。受到外界嚴格監督的大公司當中，包括金光集團，該公司長期以來與否認氣候變遷存在的歐克斯里有密切關聯。二〇一九年，綠色和平組織發布一項報告指出，在二〇一五年與二〇一八年間，金光集團與其子公司金光紙業所擁有特許權的一塊土地遭到燒毀，這塊土地面積比整個新加坡還大。[29]二〇二〇年三月，金光集團姐妹公司金光農資（Golden Agri-Resources），也就是雀巢、寶僑、聯合利華等公司購買棕櫚油的來源，被指控於受印尼法律保護的森林區裡非法經營油棕園。[30]

由蘇哈托的親信安東尼．薩利姆（Anthoni Salim）所成立的營多食品（Indofood）也是，這家總部在雅加達的食品加工商做了許多違法的事。許多年來，營多食品與百事公司一直是合資企業，在印尼生產百事的品牌產品。營多的棕櫚油大都來自營多農資（Indofood Agri Resources），這也是三林集團旗下的種植園分部。雖然百事公司也簽署了「不毀林、不破壞泥炭地、不剝削」協議，但這項協議有個漏洞，讓營多食品這樣的第三方供應商得以豁免，不須遵守相關規定。多年來，雨林行動網絡與其他組織紀錄了營多農資油棕園一系列違反RSPO的行為，包括虐待勞工、清整泥炭地等。二〇一六年，一群激進分子爬上美國皇后區長島市六層樓高的百事可樂標誌，掛起一塊一百英尺長的標語，上頭寫著：「別再使用有爭議的棕櫚油」，藉此引起外界關注該公司與營多食品之間的交易。兩年後，RSPO發現營多農資公司違反其標準，要求對方限期改善。但最後該公司反倒在二〇一九年二月，選擇退出該組織。[31]

胡羅維茲與貿易商、種植園公司合作多年，了解東南亞的政治情勢。他認為，雖然管理層往往想做正確的事，但會覺得自身缺乏政治勢力背書。為了處理這個情況，也為了要讓棕櫚油產業負起更大的責任，「偉大地球」推出一套名為「快速響應」（Rapid Response）的衛星監測系統，能迅速發現印尼與馬來西亞境內有森林遭到砍伐與新泥炭地遭到開發。最近這套系統正密切關注一塊約五千一百萬英畝的土地，面積約葡萄牙的兩倍有餘，並發表一份月報告，指認當中確有毀林事實（為了栽種油棕、大豆、飼養牛隻），與涉及的種植園與買家。該組織隨後向主要貿易商提出申訴，對方有義務在四十八小時內聯繫供應鏈裡違規的公司。若兩週後，這些違規的公司仍持續毀林，貿易商將不再與其合作，他們也將因此失去進入全球市場的機會。

漸漸的，有愈來愈多人反對骯髒的棕櫚油，例如，反對化石燃料的人則瞄準棕櫚油產業背

二〇一六年四月，雨林行動網絡組織發起一項活動，在美國皇后區長島市百事可樂標誌下，掛上巨幅標語

後的金主。二〇一九年四月，阿弗雷德．布朗內爾披上傳統非洲長袍參加高盛頒獎典禮前，先套上了一件正面印有「貝萊德：停止繼續戕害氣候危機」的鮮紅色T恤，並站在那家全球資產管理公司舊金山總部前。貝萊德是美國最大的棕櫚油投資者，管理近六億美元的商品，包括通過金光農資與森那美的投資案。布朗內爾抗議當下，這兩家公司掌控了賴比瑞亞共一百五十萬英畝的土地。（貝萊德也提供資金給營多的母公司三林集團。）貝萊德執行長賴瑞．芬克（Larry Fink）近期發表了一份公開聲明，指出企業承擔起「社會責任」的重要性[32]，

布朗內爾則想戳破他的謊言。他提到這位億萬富翁時表示，「如果這是你的信念，那為什麼還要投資金光農資這種戕害我家鄉的企業？」

綠色和平組織在加地斯灣採取行動後，負責報導國際航運業的媒體刊登了有關事件的報導，警告運送棕櫚油的油輪得更注意安全。[33]豐益國際一直是負面宣傳的對象，包括一波波直接抗議雀巢、聯合利華與億滋（Mondelez）購買豐益骯髒的棕櫚油，來製作自家產品的行動。二〇一八年十二月，綠色和平組織登船抗議後不到一個月內，豐益國際宣布，將更徹底執行公司政策，包括監督供應商、不再與毀林的供應商合作。

「是世上這些人推動了這些改變，」伊安．辛格爾頓那天在他的辦公室這樣告訴我。他講述了幾年前印尼一群年輕的激進分子如何齊心匯聚各自的才能與資源，逼迫政府取締操控多次森林大火的幕後黑手。他們發起網路連署，每次只要有人簽署了請願書，多位政治人物就會收到一封電子郵件，這份政客收件名單包括那些促成挪威與印尼減少碳排協議的有力人士，根據協議，印尼只要減少森林砍伐帶來的碳排量，挪威便會支付十億美元。「我猜他們終於受不了信件轟炸，」辛格爾頓說，「所以他們拿起話筒。想像一下，挪威大使打給（印尼）總統說，『嘿，我們說好了，我們會給你十億美元阻止毀林，我剛看BBC報導，赤巴（Tripa）泥炭地森林燃起熊熊大火。這是在開玩笑還是怎樣？』所以換印尼總統拿起話筒，打給他的碳專家。那碳專家就想說，

『謝了，各位，你們讓我可以好好做我的工作。』所以他動了起來，派出一組團隊，再打給環境部長說，『嘿，我沒辦法起訴人，但你可以，所以就這麼辦吧。』事情就這樣開展了。」

二〇二〇年二月，我打開收信匣，裡頭有一封來自雨林行動網絡森林傳播組長艾瑪・瑞・莉爾莉（Emma Rae Lierley）的電子郵件。六年來不斷拉布條、在紅毛猩猩布偶裝裡汗流浹背、對著股東們喊口號等抗議行為，終於收穫成果，莉爾莉與同事們收到來自百事可樂的告知，該公司將採用一項全然不同的新政策。百事公司發誓，未來不會再向任何毀林、毀壞泥炭地或違反人權或虐待勞工的公司採購棕櫚油，這項政策也適用於整個供應鏈，甚至是慣犯營多食品。此外，百事公司更承諾未來將在棕櫚油產業扮演更主動積極的角色，像是對付蘇門答臘勒塞爾生態區裡世界珍貴的動植物所持續遭受的威脅。莉爾莉說，她和同事們計劃要慶祝這番勝利。再來就繼續上工。

後記　後疫情時代的棕櫚

這不是我原本打算寫的後記內容。但我們都知道，二〇二〇年的春夏兩季，超出了所有人的想像。不只是我們紐約客因新型冠狀病毒（COVID-19），而封城在家隔離五週，過去幾週街上到處都是身穿「黑人生命，不容忽視」（Black Lives Matter）的T恤、戴著口罩抗議，並高喊著「我沒辦法呼吸」的人群。但全球疫情爆發再加上遲來針對種族歧視的清算，這個糟糕透頂，卻又充滿希望的戲劇性時刻，似乎是本書《棕櫚油帝國》很恰當的結局。

當然，這場危機彰顯出我們的健康與地球如此息息相關，如果我們繼續破壞自然環境，會造成多麼危險的後果。雖然這個至今帶走了全世界約七十萬人性命的病毒，尚不清楚它的起源為何——據報導武漢病毒來自中國武漢一家海鮮市場，但這個說法尚未得到證實——毫無疑問的是，從蝙蝠傳染給人類的病原體，很可能也會透過另一個物種，傳染給我們。目前的傳染病當中，有百分之六十到百分之七十五來自動物[1]，過去幾十年來，這種動物傳人或「人畜共通」

的傳播案例暴增。（伊波拉病毒、愛滋病毒、SARS病毒與中東呼吸症候群冠狀病毒感染症〔MERS〕的病源皆來自動物。）這些新的疾病有三分之一與毀林和集約農業有直接相關，多數都與熱帶雨林有關。[2]以種植園取代這些生樣多樣性熱點，不僅奪走了紅毛猩猩與犀鳥的家園，換句話說，也迫使帶有病毒的野生動物，像是蝙蝠，得找尋新的棲息地，牠們被迫跟人類有更多的接觸。[3]紐約生態健康聯盟（EcoHealth Alliance）理事長暨疾病生態學家彼得．達斯札克（Peter Daszak）在紐約實施封城後幾週後告訴我，「我們的消費增加了疫情風險。」[4]

我們將世界上可居住的土地半數用於農業[5]，但全世界有九分之一的人——約八點五億的男人、女人與小孩——仍然在挨餓。[6]三分之一的人超重或肥胖。[7]同時，聯合國政府間氣候變遷專門委員會指出，全球氣溫可能會在二〇三〇年至二〇五二年間上升至少攝氏一點五度，這會導致極端氣候、生態系統遭到破壞、水資源短缺、作物減產與大規模遷徙等毀滅性的影響。[8]光是砍伐熱帶森林造成的溫室氣體排放量就占了全球的百分之八——比歐盟的排放量還多。[9]我們正經歷一場大滅絕，不斷減少的生物多樣性威脅著大自然免費提供的珍貴服務——像是淡水、授粉與病蟲害防治。[10]當嘉吉、豐益國際、森那美與蘇爾芬等農企的管理層與股東們數算著他們口袋裡的數百萬美元，油棕工人卻在危險的工作條件下辛勤勞動，但收入仍不夠養活他們的孩子。很顯然地，我們有很多地方都做錯了。

若這場疫情告訴了我們什麼，那就是我們做出改變的能力遠大於過去的認知。面對這項全球性的緊急狀況，各國政府與社會迅速動員組織起來，採取根本性的行為改變，這在過去完全無法想像。各國總統與總理封鎖了整個國家，數個大洲的（大部分）公民自願戴上口罩，保持安全距離六英尺，工作場所也改到自家客廳。過去被認為的「正常」現在都消失了，我們反倒有絕佳的機會重新思考這一切要如何改正，並指引出一條邁向永續未來的道路，如此不僅能抑制疫情再起，更能促進更公平的社會，避免氣候變遷會導致的最壞情況發生。

我們可以從改革食品系統先下手。[11]營養不良是全球生病與死亡的主因[12]，新冠疫情只讓事情更惡化。[13]長久以來我們以偏重卡路里的農業系統，取代注重營養價值的農業系統，讓超級加工食品便宜又普遍，但真正健康的食物對許多人而言卻遙不可及。如果我們要能在二〇五〇年之前都餵飽九十億人口，就必須停止栽種餵飽動物、加滿油箱的作物，我們得種植真正讓人類食用，特別是健康穀物、水果、蔬菜與豆類等營養作物。

這也意謂著工業棕櫚油的發展得趕緊踩剎車。畢竟這項產業之所以會發展到如今的規模，並非縝密計畫的成果，也不是消費者決定沒有棕櫚油就活不下去，過去這個東西根本無人知曉。會發展成現況，是幾十年來大大小小決定的最終結果，各國政府希望能改善國內的貧窮，企業與政客貪圖中飽私囊，貧困的農民則盼望有足夠的收入養家糊口。我們知道全球三分之二的棕櫚油最後用於食品。與非洲及巴西使用具文化價值且富含維生素的手工製棕櫚油不同，作為工業原料的棕櫚油主要用在超級加工薯片與烘焙食品，或加在甜甜圈與其他油炸食品裡。大量食用這種垃圾食物導致的肥胖與糖尿病會縮短我們的壽命，並加重身體負擔。（這種食物也讓人們確診新冠後健康狀況更慘，因為開墾種植園放火整地，會讓人罹患呼吸道疾病。）我們根本不需要在全球飲食裡用這麼多的工業棕櫚油。我們**迫切需要**的是完好無損的熱帶雨林，雨林可以儲碳、提供給野生動物居住，一旦這些動物因棲息地受破壞被迫遷徙就可能導致疾病傳播、生態系統崩潰，雨林更能保護我們面對未來生物挑戰所需的基因豐富性。

要避免氣候變遷產生最糟的效應，關鍵在於保護我們剩下的泥炭地。光印尼的森林與泥炭地就儲存了約三百億噸的碳[14]——比全球化石燃料三年的排放總量還多——但印尼與馬來西亞的油棕園已經取代了其中七百五十萬英畝的珍貴土地[15]。尤其是東南亞與剛果盆地的國家，這些政府必須停止發放新的原始林與泥炭地開發許可，而且必須大刀闊斧地執行。此外，這些國家與其他國家的特許經營油棕園的地圖與所有權的資訊都要公開透明，可供查看。資訊公開有助於減少犧牲當地社區為代價的黑幕交易與政治貪腐。負責在這些土地上放火（或付錢請人執行）的公司應處以高額罰款。

保護高碳量及高保存價值的土地，也意謂著要更善用已開墾種植的土地，包括採用提高產量的育種方案。[16]尚未栽種的土地，種植園公司應引入覆蓋作物與病蟲害綜合治理系統，以減少使用化學物質，並保護水土資源。至於倚賴油棕收入的小農，應給予肥料與優質種植工具，讓他們能提高產量，也應採用非洲與巴伊亞油棕地區的普遍做法，讓這些小農們接受混林農法的培訓，且應唯有採用永續種植方式的小農才能獲得信貸。最後，應該幫助這些油棕小農轉作更注重氣候影響與營養的農作物。

要實現針對全世界的氣候目標，需採納原住民族的專業知識與全面感知，他們雖只居住在地球百分之二十二的土地上，卻保護了百分之八十的生物多樣性。[17]這些地區世世代代和諧居住於熱帶雨林及其他荒地，必須給予他們土地使用權，並確保他們能參與環境決策，包括任何要將土地轉讓給農資企業的計畫，都必須納入他們的意見。測繪森林與引進財產登記系統能讓各個政府更易於追蹤、找出清整土地的公司，並評估土地擁有者是否遵守保育要求。一項始於二〇〇九年、位於亞馬遜的計畫，讓多達百分之四十的原住民農民取得大面積土地的所有權，如此一來能夠大幅度限制該地區的毀林行為。巴西環境部協助牽線從事永續經濟活動的原民社群，以及化妝品、生態旅遊、混林農業的可靠業者，讓雙方有機會成為合作夥伴。[18]馬來西亞婆羅洲的原民社群也同樣持續努力盤點當地熱帶雨林的物種豐富性，以期建立一座包含數萬種植物與微生物的藏館，這些生物都是受《名古屋議定書》（*Nagoya Protocol on Access and Benefit Sharing*）保護的遺傳資源，如此一來能確保後來這些資源不論作為何種用途，當地社群都能從中受惠。[19]

當然，我們不會期待這些擁有熱帶雨林與泥炭地的國家，為我們犧牲自身的經濟。但也許能有更多國家仿造挪威的做法，挪威近年以提供資金作為交換條件，成功減少了巴西與其他國家毀林的行為。[20]各國政府也可以將熱帶雨林砍伐的問題納入國家能源考量，如同歐盟近來針對生質燃料政策的做法。現代科技發達，包括衛星、無人機與GPS系統，讓公司企業無法再聲稱自己對有問題的供應鏈一無所知。由斯德哥爾摩環境研究所（Stockholm Environment Institute）與英國NGO「全球林冠計畫」（Global Canopy）一同於二〇一六年推出的開放平台Trase，能夠追蹤商品的生產與交易，包括來自熱帶雨林的棕櫚油。這個平台能讓公司、政府與個人都能辨別出生產或交易過程中，潛在的環境或社會風險。

二〇一九年九月，亞馬遜大火延燒，總管理資產超過十六兆美元的兩百三十家投資機構，呼籲各家公司針對旗下供應鏈實施反毀林政策，並建立監測系統，報告年度進展。其他的金融家與投資者也應該在自家投資組合內，強調其環境風險，並與合作公司一同排除商品導致的毀林，無法照辦的公司便不再予以合作。[21]例如，挪威的政府養老基金（Government Pension Fund Global）目前剔除超過六十家涉及毀林的公司，其中三十三家皆屬棕櫚油產業。[22]貝萊德執行長芬克應實現先前諾言，氣候變遷將是公司投資策略的最主要考量。[23]憑著管理資產總值高達七兆美元，貝萊德能做為其他投資者的榜樣，做決策時應優先考慮會造成的環境影響。[24]

消費品公司須實施嚴格的零毀林政策，當中包含有時限的承諾與執行計畫，而這項政策的施行對象同時包括與公司直接與非直接合作的供應商。消費品公司應於官網紀錄這些政策的實行進度，並建立申訴機制，方便第三方可以檢舉違法事實，並追蹤申報問題後的處理進度。像聯合利華與百事公司這樣的跨國公司可利用其購買力，要求供應商達到生產過程可追蹤的要求，不只是符合RSPO的原則與標準而已，因為後者的約束力相對不足。可以賣出更高價的零毀林商品，以及與當地夥伴合作，能成為小農採取更永續作法的誘因。

最後，擔心棕櫚油對環境與社會造成影響的消費者應大聲疾呼，要求棕櫚油業更加公開透明。無論是透過抗議、社群媒體活動還是其他方式，股東們意識到公司聲譽、法律與其他方面可能會遭受波及，往往很快就會採取行動，嚴正確保公司會做出改革。（例如，森那美集團管理高層於二〇一九年股東大會上放映了艾瑪．湯普遜配音的紅毛猩猩短片，明白顯示出他們對於消費者參與的敏銳度。[25]）Iceland超市不再於自家產品使用棕櫚油的大膽舉動，同時也向這個產業發出信號，向其呼籲最好改正自己的行為，否則進入全球市場時將會面臨挑戰。

最終可能會發現，許多現今棕櫚油產業的問題，解方其實在距離東南亞或熱帶雨林數千英里之處。在新冠疫情爆發前六週，我登上前往威斯康辛麥迪遜（Madison）的飛機，當時是二月，落地時已經天黑，外頭飄著雪。隔天一早，我前往該市大學旁一處位於研究園區的實驗室，湯姆．凱勒赫（Tom Kelleher）與湯姆．傑弗瑞斯（Tom Jeffries），這兩位目光炯炯有神的博士向我介紹一項替代棕櫚油的計畫。[26]

一九七〇年代，兩人皆於紐澤西州的羅格斯大學（Rutgers University）取得博士學位，相識於微生物學家的一場聚會中。傑弗瑞斯曾任工業微生物學與生物技術學會（Society for Industrial Microbiology and Biotechnology）全國主席，後來在美國能源與農業部長期從事纖維素燃料的開發工作。凱勒赫則出生於劍橋，講話有濃濃的波士頓腔，他在生物製藥業工作了幾十年，二〇一四年自美國安進公司（Amgen）退休。凱勒赫是抗生素達托黴素的主要發明者，他負責監督兩家負責生產該藥物的義大利工廠營運，該藥物現在的品牌名稱是「救必辛」（Cubicin）。

幾年前，凱勒赫簽約成為「Xylome」這家公司的執行長，該公司於二〇〇七年成立，創辦人是傑弗瑞斯，他計畫操控不同酵母的遺傳路徑，創造永續性產品。自從對他最喜歡的斯氏含油酵母（Lipomyces starkeyi）的基因組進行測序後，傑弗瑞斯與他的團隊花了三年多的時間，複製並重新排列這組基因，最終獲得一種能夠產生大量油脂的酵母。如今，Xylome使用類似釀造啤酒的發酵過程，製造出化學成分與棕櫚油及棕櫚仁油幾乎相同的油。[27]該公司已經申請並取得這些菌株的專利

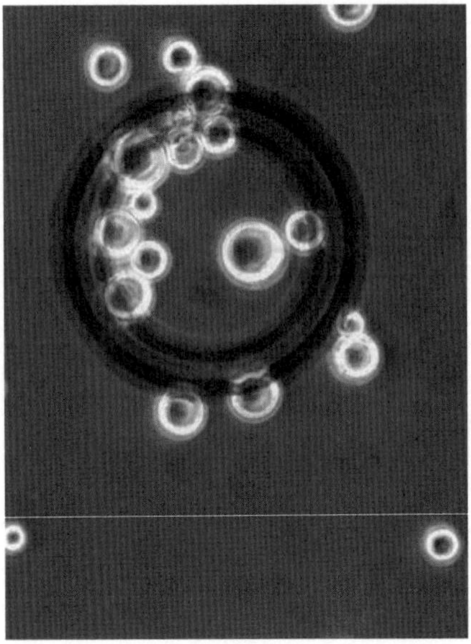

以Lipomyces starkeyi酵母製作出合成棕櫚油

權，也申請通過美國食品藥物管理局的GRAS認證（Generally Recognized as Safe），也就是公認安全的標章。我透過他們實驗室的顯微鏡，仔細看著一堆金色的斑點，也就是製作中的棕櫚油，然後將一些蠟狀、無味的完成品擦到手背上，看著它像一般商店買來的乳霜慢慢溶入我的皮膚。

Xylome於二〇一五年獲得美國國家科學基金會（National Science Foundation）的小型企業創新研究補助，他們利用這筆經費，以乙醇工廠產生的廢物製造出一種等同於棕櫚油的生質柴油。最近他們又獲得能源部國家可再生能源實驗室（National Renewable Energy Lab）所提供為期三年的補助，目標利用玉米稈（收割後留在田間的玉米棒、殼、葉子與稈）與纖維素作為原料，開發出一種能源密集的生質柴油。玉米稈不僅比通常用於生產乙醇的玉米澱粉更能有效轉化太陽能，它的優勢還包括本身並非食物來源。傑弗瑞斯與凱勒赫一直與乙醇生產商保持合作，其中包括一家名為POET的生質燃料巨頭，這家位於南達科他州蘇瀑市（Sioux Falls）的公司，計劃使用乙醇工廠所產生的廢物，作為Xylome產油酵母的營養來源。

他們最終的願景是能在美國每一家乙醇工廠都安裝一個生物反應器（bioreactor），用於製作淨碳中和的燃料。現在用來運送玉米的卡車，也可運送培養酵母用的玉米稈，而運走乙醇的軌道車則可以更常用來載運棕櫚生質柴油。

Xylome是全球少數幾家致力以合成棕櫚油替代真正棕櫚油的組織之一。比爾・蓋茲為支持對抗氣候變遷的新興計畫而合創的「突破性能源風險投資基金會」（Breakthrough Energy Ventures），最近投資了「C16 Biosciences」這家紐約市的新創公司兩千萬美元[28]，該公司與Xylome的想法類似，英國巴斯（Bath）大學的研究人員希望以微波分解的生物質作為原料，從**Metschnikowia pulcherrima**酵母中生產出棕櫚油[29]。

凱勒赫的女兒妮可（Nicole）也肩負著替換棕櫚油的使命。[30]三十八歲的妮可是名醫生，有兩個孩子，同時也是乳腺癌的倖存者，她最近創辦了一家公司——「莎娜亞（Samaya）」，公司宗旨是生產出對人類與地球都安全的美容產品。她計算過，若將世界上的護髮與護膚品製造商使用過的所有棕櫚油，都替換成合成、由酵母製造的版本，每年可以減少約一千四百萬噸的碳排放，相當於減少四百萬次的環球飛行[31]。妮可已經和一些美容與個人護理公司洽談過，對方正在試驗她的精油樣品，她希望很快就能與這些公司簽署供應商協議。

同時，凱勒赫與傑弗瑞斯正努力讓他們食品級的「類生物」棕櫚油的價格能低於原本的棕櫚油，並持續高露潔—棕欖公司、寶僑、聯合利華、百事公司與通用等公司討論可能的合作夥伴關係。雖然兩人已在密爾瓦基一家合約製造商成功完成試發酵，他們希望能成立一個由三到五個主要棕櫚油買家組成的聯合集團，以證明建造一百噸不鏽鋼生物反應器的必要性。隨著需求增長，他們將使用相同的工程規格建造更多的工廠。

當談到地球面臨的無數挑戰時，永遠保持樂觀的Xylome創辦人們告訴我，他們才剛剛起步。凱勒赫說，「未來的生物概念是，你不光是製造某個東西，然後把所有生產過程產生的廢物都扔掉。」他說，Xylome希望利用棕櫚油發酵產生的殘渣來做魚飼料，保護我們快速枯竭的河流與海洋。「你把所有的廢物都拿來製造新產品。所有的廢物都被其他生物拿來利用，這就是自然生態系統的運作方式。」[32]

重新思考製造許多廢物的資本主義制度的那一天也不遠了。二〇二〇六月初，正當「黑人生命，不容忽視」運動席捲美國各地，英國城市布里斯托（Bristol）的激進分子將繩子綁在愛德華·柯爾斯頓（Edward Colston）這名奴隸販子的雕像上，將這座雕像扳倒。柯爾斯頓於一六三六年出生於布里斯托，曾任職於皇家非洲公司，最後做到副總裁的職位，這家公司當初曾長達數十年壟斷英國的人口販運。歡呼的群眾將他的雕像一路滾過布里斯托的街道，來到港口邊，最後戲劇性地推入埃文河（River Avon）。[33]幾天後，牛津大學的抗議者發起了另一場行動，要求拆除賽西爾·羅茲的雕像；一座長達一百五十年歷史的國王利奧波德二世雕像，原本座落在比利時安特衛普的一處公共廣場上，也被移除了，另一座在根特（Ghent）的利奧波德二世雕像，則被人潑了紅色油漆。布魯塞爾的激進人士爬上了當地的利奧波德雕像，一邊高呼著「殺人犯」、「賠償」，一邊升起一面巨大的剛果民主共和國國旗。[34]六月十二日，有人呼籲要重新命名位於波頓的利華休姆公園，因為這座公園是以二十世紀初強迫剛果人民勞動的利華休姆勳爵為名。[35]

目前還不清楚英國的威廉·利華雕像與其他紀念碑最終下場如何，但這位肥皂製造商最初犯下最令人髮指的罪行之處，當地進行的補救工作已經小有成果。二〇一二年，曾任剛果綠色和平組織辦公室主任的瑞內・恩共戈（René Ngongo）與荷蘭藝術家潤佐・馬騰斯（Renzo Martens）共同成立了一個藝術家合作社，希望能挽救利華過去在該國造成的經濟與文化損害。

為了去到剛果的盧桑加[36]（後來很快就改名為利華維爾）——利華在當地取得五個特許權區域之一，我得搭乘飛往金夏沙的航班，接著登上一座十九人的飛機，穿越蓊鬱的森林，最後降落在東南方約四百英里處的基奎特鎮。我走出飛機，陽光扎眼，走過沙地的機場，進入一間昏暗的辦公室，裡頭破舊的傢俱、用手寫的機票與隨意要求賄賂的作為，預先告知了盧桑加要傳授我的：何為榨取式經濟與那些被留下來的人

我們沿著布滿車痕的小路開了兩個小時，來到一片空地，有幾間泥屋、茅草屋與利華人馬建造的泥磚房。這個原本在「利華札伊爾種植園」（Plantations Lever au Zaïre，簡稱ＰＬＺ，原名是「利華剛果種植園」〔Plantations Lever au Congo〕，簡稱ＰＬＣ）資助下營運的地方，於一九九〇年被聯合利華出售，並在十年後停止營運。

我住進一間簡陋的小木屋，（雖然利華吹噓這是最先進的工人營區，過了一個世紀，盧桑加竟然沒有電，也沒有室內抽水馬桶。）接著走到一處露天的藝術家工作室，看見二十名左右的剛果人彎腰搓揉著河泥堆，將這些泥土做成表情豐富的眼睛與嘴唇。鳥鳴聲飄進這棟位於奎盧河河岸的兩層樓建築，河水緩緩地流淌著。（利華就是在一九二四年經過這些河岸時，滿意地看見

「胖乎乎的黑人小孩們都笑得好開心。」[37]）在金夏沙當地幾位藝術家的幫忙下，恩共戈與馬騰斯舉辦了「剛果種植園工人藝術聯盟」（Congolese Plantation Workers' Art League）的公開試鏡，並從參與者當中，根據試鏡表現，招募了十幾位成員。這些藝術家的年齡介於二十三歲至八十七歲，多是貧窮農民與收割油棕的工人。許多人的先祖都曾為利華工作過。

馬騰斯十年前曾做過一項展演，他花了三年時間拍攝一部名為《第三集：享受貧窮》（*Episode 3: Enjoy Poverty*）的紀錄片，內容取景於剛果民主共和國各地。該部挑釁意味十足的影片於二〇〇八年上映，佳評如潮，片中包括大放厥詞的世界銀行高層、糊塗的種植園負責人，以及與貧窮工人的互動，這些鏡頭迫使觀眾直面殖民主義、種族主義、發展援助與全球資本主義體系等令人不安的真實現況。馬騰斯與剛果種植園工人藝術聯盟的藝術家，透過另一項類似計畫「人類活動研究所」（Institute for Human Activities），成立了「盧桑加國際藝術與經濟不平等研究中心」（Lusanga International Research Centre for Art and Economic Inequality），中心裡頭有一間工作室，二樓是會議廳。自二〇一七年以來，該中心成為一座具象徵意義的現代藝術博物館「白色立方體」（White Cube），由荷蘭建築師萊恩．庫哈斯（Rem Koolhaas）創辦的知名鹿特丹公司ＯＭＡ負責設計。恩共戈與馬騰斯解釋，他們打算透過在盧桑加建造一座藝術博物館，翻轉過去為了造福世界另一端的人，而從種植園攫取財富與文化資本的傳統。馬騰斯表示，「像這樣的種植園已經資助了這座白色立方體的存在。」他指出，聯合利華則在倫敦泰特當代美術館（Tate Modern）資助了一系列知名藝術家的展覽，包括在其渦輪大廳展出布魯斯・瑙曼（Bruce Nauman）與艾未未的作品。

一旦盧桑加的藝術家以河泥製作出他們的雕塑作品，這些作品就會被數位掃描，再將數據送至阿姆斯特丹。那裡的技術人員使用3D列印機製作出作品的中空模，裡頭灌入使用非洲可可豆製作的無糖巧克力。跟棕櫚油一樣，可可樹被種植在竊取來的土地上、工人們遭受虐待的歷史悠久。從柏林、阿姆斯特丹，到東京與紐約的畫廊與博物館相繼展出這些巧克力雕塑（《紐約時報》評選二〇一七年於紐約皇后區雕塑中心舉辦的一場展覽為年度最佳藝術品之一[38]），迄今已籌集超過十萬美元。這些錢全數都回饋到合作社，用來購買土地與種苗。該社區正以綜合農場與「後種植園」（post-plantation）來取代單一作物的油棕園，這些農產品將做為當地家庭的食物，而非用於出口的商品。他們希望最後能獲得約五千英畝沃土的所有權。

「我們相信，這種由剛果藝術家、聯合利華種植園前工人所創作出的藝術品資助模式，可以復刻於其他地方的種植園。」恩共戈告訴我，「進而結束過去為了其他國家的利益，而讓自身陷入極度貧困的這種荒謬狀況。」（博物館的落成儀式被社區稱為是「遣返白立方」〔The Repatriation of the White Cube〕，儀式還包括了與印尼種植園工人工會「Serbundo」成員的Skype通話。剛果種植園工人藝術聯盟希望最終能與全世界種植園帶的工會都建立起聯繫。

這項藝術創作計畫鏗鏘有力地說明了利華在當地的長久遺害。二十五歲的艾琳・坎加（Irene Kanga）是一位前利華札伊爾種植園員工的繼女，她所創作的第一件作品，靈感來自於潘德部落曾發生過的大規模姦殺，這場慘劇進而引起第三章提過一九三一年的起義。三十三歲、留著長髮辮的賽德里克．塔馬薩拉（Cedrick Tamasala），他的曾祖父為利華採摘油棕果實、不慎從樹上摔下而喪命，他的祖父因而成為孤兒，塔馬薩拉以此為靈感創作出「我的祖父如何倖存」。這項雕塑有兩個人物，一個身形較高大、有如慈父般身穿長袍的人，拿著一本翻開的書的一側；一個穿著短褲的小男孩，則拿著這本書的另一側。前者的頭上有對小小的角。塔馬薩拉告訴我，「這位牧師救了我的祖父，但他的使命是摧毀當地文化。他來這裡是為了促進殖民主義。」

隨著二〇二〇年的夏天即將到來，愈來愈多與種族、經濟不平等與公正有關聯的雕像陸續在世界各地倒下，我們當中有許多人也許頭一次感受到歷史鼓聲是多麼地響亮——例如，世界上有許許多多的戈迪與利華不假思索鑄下錯誤，這些過錯造成的危害將如何影響到後代子孫。正如美國有許多人呼籲的經濟賠償，非洲、東南亞、拉丁美洲的棕櫚油社群也要求最終要讓開發銀行與其他長期剝削他們選舉權的人們付出代價。[39]同時，新冠疫情在每一個緩慢流逝的日子裡都在提醒我們，我們的確搞砸了與大自然的關係。我們過去一直抱持要不斷開發的想法，如今撞上了這個星球不但有其限度且瀕臨壓力邊緣的事實。當我們思索如何從這個格外艱難的處境往前邁進時，應該看看那些一直默默管理著我們的河流與森林的人，傾聽布拉斯人、潘德與奧蘭林巴族等原住民的心聲，他們的聲音已經被我們忽略很久了。

剛果民主共和國的一座雕塑作品，象徵該國與受壓迫的棕櫚油產業的關聯

鳴謝

這本書花了太多年才完成，我獲得遍布不同大洲的許多人幫助。特別感謝全世界許許多多村莊裡的種植園勞工與農夫，特地花時間向我訴說他們的人生，很抱歉我無法在書裡寫下所有人的故事。

首先從最初賴比瑞亞的那趟採訪之旅開始，我想感謝非營利組織GRAIN的戴夫林・庫頁克（Devlin Kuyek），提供關於土地掠奪的背景知識，並引導我前往賴比瑞亞。「永續發展研究所」（Sustainable Development Institute）的研究人員阿修卡・穆可波（Ashoka Mukpo）與丹尼爾・布庫魯斯・卡拉奎（Daniel Bucurus Krakue）提供莫大的幫助。馬可・迪勞羅（Marco Di Lauro）不僅提供令人驚豔的照片，還有一路上開懷的笑聲。感謝阿弗雷德・布朗內爾、政府部門首長巴拉莫・尼爾森（Blamoh Nelson）與路易士・布朗（Lewis Brown）與縣長米爾頓・提傑（Milton Teajay）與艾倫・戈柏毅（Alan Gbowee）抽出時間，與我長談。我還要特別感謝柯瑞・湯瑪斯（Cori Thomas）與詹姆斯・伊曼紐瑞・「寇納」・羅伯特（James Emmanuel "Kona" Roberts），他們向我講解賴比瑞亞的歷史與政治，也替我聯繫蒙羅維亞的受訪者們。

任何寫棕櫚油的人最終都會花費大把時間在印尼與馬來西亞。在這兩個國家，我有好多想感謝的人。在蘇門答臘，魯迪・普特拉向我展現熱帶雨林的魔力，伊安・辛格爾頓與珍・達賴絲帶我進入他們奇特的紅毛猩猩世界。法維札・法罕（Farwiza Farhan）提供了關於亞齊省政治的洞察分析，保羅・希爾頓（Paul Hilton）以他的相機捕捉到壯麗的生物多樣性。

也要感謝柯曼・尤非瑞（Kemal Jufri）之後造訪當地拍到的動人影像。「森林之眼」的調查人員讓我了解他們的臥底生活，並在途中回答我沒完沒了的問題。非常感謝也對勞權團體OPPUK很抱歉，伊洛克・珊迪（Elok Sandhi）、赫溫・那蘇旬（Herwin Nasution）、藍波克・西波隆（Lambok Simbolon），以及「真相東南亞」（Verité Southeast Asia）的達里・德賈多（Daryll Delgado），他們傳授給我許多知識，我對有太多不得不中止的旅行感到很抱歉。我在占碑省的翻譯知道我對他有多麼感激。瑞芳・帕拉古斯提亞斯旺（Revan Pragustiawan）、伊爾桑・帕拉古斯提亞斯旺（Irsan Pragustiawan）、哈桑・巴斯利、阿布達臘・薩尼（Abdullah Sani）以及巴廷仙比蘭族與奧蘭林巴族的族人們非常歡迎我這名外來者，並教導我關於他們的原民文化。也謝謝諾曼・吉旺（Norman Jiwan）、魯凱亞・拉菲克（Rukaiyah Rafiq）、飛瑞・伊拉旺（Feri Irawan）、尤克尤克「尤齊」・哈迪普拉卡薩、迪恩・依絲瑪（Dean Ismail）、莎呢・馬克葛拉斯

（Shayne McGrath）於人權、鳥類、農學、鄉村政治等方面的指導。

在巴西，強・路易斯（Jon Lewis）提供了對於巴伊亞文化的內部看法，以及無與倫比的友誼。謝謝埃爾森・赫拉克利托、媚・芭芭拉與當地社群讓我參與candomblé，並從中學習。與阿里斯歐・沙羅斯一番深刻的談話與一頓難忘的晚餐。感謝雪莉・史托茲（Shirley Stolze）提供精美的照片。

安妮・柏得（Annie Bird）是了解瓜地馬拉歷史與政治資訊的寶貴來源。在瓜地馬拉市，勞拉・胡達多（Laura Hurtado）每天抽出數小時和我討論棕櫚油產業對當地生計與健康的影響，並替我牽線貝登省的農民們。感謝我的翻譯與在地嚮導傑夫・阿博特（Jeff Abbott），以及瓜地馬拉的尚・保羅（Saul Paau）、璜・馬紐爾・迪拉克魯茲（Juan Manuel De la Cruz）、羅倫佐・佩芮茲・曼多薩（Lorenzo Pérez Mendoza）、瑞米吉歐・卡爾（Remigio Caal）、赫馬林多・阿西諾（Hermalindo Asigno）、卡拉・赫南德茲（Karla Hernandez）、瑪莉亞・馬格瑞塔・伊娃內茲（Maria Margarita Ivanez）和我共度許多時光。

在宏都拉斯，瓦特・巴內加斯、亞蕾妮・奧提斯・梅嘉、馬賽里諾・福羅雷斯親切地邀請我到家中作客，並坦誠地談論他們的生活。亞拉馬集團的其他工人與前工人都很慷慨分享他們的時間，我在採訪期間與採訪之後問了許多問題，勞工組織者阿拉薩・馬約加（Ahraxa Mayorga）卻從未失去耐心。我也一併感謝我機警的翻譯奧斯卡・奧蘭多・漢最克斯・艾斯卡蘭特（Oscar

Orlando Hendrix Escalante）與當地記者勞德斯・拉米樂斯（Lourdes Ramirez）對本書的幫助與陪伴。

在印度，阿諾普・密斯拉醫生歡迎我到他的辦公室，並花了許多時間，不只光是討論該國飲食問題。也感謝他的同事休布拉・阿特雷、阿姆瑞塔・高許。我很感謝莎拉亞・瑞迪（Shravya Reddy）介紹她爸爸K・斯里納特・瑞迪（K. Srinath Reddy）給我認識，她爸爸又牽線我認識印度公共衛生基金會的蘇帕納・哥許—傑瑞特（Suparna Ghosh-Jerath）、許威塔・坎德瓦（Shweta Khandelwal）與蘇馬・紗央（Suma Sajan）。與印度食品安全與標準局帕灣・阿加瓦爾的談話；「KP農油」老闆卡瑪・卡普爾；「桑傑商店」老闆桑傑・庫瑪；記者阿達許・嘎格；印度嘉吉的希拉・喬追（Siraj Chaudhry）；與全印度食物加工商協會的蘇柏德・金達（Subodh Jindal），讓我更了解該國該產業交錯複雜的因素。我對墨西哥飲食與營養的了解，主要歸功於「消費者力量」（El Poder del Consumidor）的阿勒加卓・卡維羅（Alejandro Calvillo）與「反PESO聯盟」（Contra- PESO Coalition）的路易斯・馬紐爾・恩卡納丘（Luis Manuel Encarnación）。倫敦「歡迎信託」（Welcome Trust）的薩絲奇亞・海能提供了有關人類與地球健康的專業知識。

要到達剛果某個偏僻的村莊需要一點努力。我很感謝位於阿姆斯特丹的「人類活動研究所」（Institute for Human Activities）的尼可拉斯・裘莉（Nicholas Jolly）、勞倫斯・奧托（Laurens Otto）、楊可・布蘭德斯（Janke Brands）在物流方面的協助。在盧桑加，「剛果種植園工人藝術圈」的藝術家們，特別是賽德里克・塔馬薩拉、馬修・奇央布（Matthieu Kiambu）、姆布庫・奇央帕拉（Mbuku Kimpala）、艾琳・坎加在雕刻時撥出時間，和我談談自己的作品。感謝瑞內・恩共戈、倫佐・馬騰斯與艾樂歐諾・黑利歐（Eléonor Hellio），在河邊有關藝術與經濟的談話。

如果沒有在書裡提及的國家／地區工作的許多才華洋溢的記者協助，我就無法追蹤棕櫚油產業的來來往往。特別感謝賴比瑞亞的韋德・威廉斯（Wade Williams）、羅德尼・席（Rodney Sieh）、奈及利亞的桑德・歐吉（Sunday Orji）、來自英國的克萊兒・瑞克索・布朗（Clare Rewcastle Brown）撰寫關於馬來西亞的報導；美聯社駐印尼的瑪姬・馬森（Margie Mason）、羅賓森・麥多威爾（Robin McDowell）；分別派駐馬來西亞與中國的路透社記者A・阿南塔拉克斯米（A. Ananthalaksmi）、艾咪・周（Emily Chow）；進行「壁虎計畫」（Gecko Project）的湯姆・約翰森（Tom Johnson）與同事們；印度媒體《Mongabay》的瑞特・巴特勒（Rhett Butler）與員工們對任何對熱帶雨林感興趣的人們都是非常寶貴的資源。我感謝記者漢斯・尼可拉斯・瓊（Hans Nicholas Jong）、勞倫・貝爾（Loren Bell）、約翰・C・坎農（John C. Cannon），非常精闢的報導，感謝瑞特本人總是迅速且親切地回覆，也感謝讓我在書中使用的照片。

學術界的許多人更從繁忙的日子裡，撥出時間分享他們的專業領域知識，其中包括詹姆斯麥迪遜大學的約書亞・林德（Joshua Linder）與凱斯・瓦金斯（Case Watkins）（我尤其要感謝凱斯出色的學識與他的地圖）；倫敦大學東方與非洲研究學院（London's School of Oriental and

African Studies）的巴瓦尼・尚卡（Bhavani Shankar）；倫敦衛生與熱帶醫學學院（London School of Hygiene & Tropical Medicine）的理查・史密斯（Richard Smith）；哈佛大學的瓦特・C・威烈特（Walter C. Willett）、法蘭克・B・胡（Frank B. Hu）與孫琦；羅格斯大學的蕭娜・道恩斯與北卡羅來納大學的貝瑞・波普金。我要特別感謝《熱帶油作物革命》（*The Tropical Oil Crop Revolution*）一書的作者瓦力・法康（Wally Falcon）、羅茲・奈羅（Roz Naylor）、德瑞克・貝利（Derek Byerlee），寫出如此寶貴的著作，以及我讀畢後與他們的討論。前世衛組織的德瑞克・亞赫曾多次與我提及他的工作。我還要感謝生態健康聯盟（EcoHealth Alliance）的提摩西・D・瑟秦傑（Timothy D. Searchinger）與克里斯・馬林斯（Chris Malins）在生質燃料方面的貢獻。

若沒有NGO界許許多多舊識相助，這本書是沒有辦法完成的。感謝勞瑞・蘇樂林（Laurel Sutherlin）、戈馬・提拉克（Gemma Tillack）、雀兒喜・麥修斯（Chelsea Matthews）、艾瑪・瑞・莉爾莉、羅賓・阿佛貝克（Robin Averbeck）與「雨林行動網絡」辛勤工作的人們，長達數月耐心回覆我的電子郵件，並在許多國家都替我牽線受訪者；「全球見證」的瑞克・亞柏森（Rick Jacobsen）、比利・凱特（Billy Kyte）、里拉・史丹利（Lela Stanley）強納森・甘特（Jonathan Gant）；「地球之友」的傑夫・康納特（Jeff Conant）與安德魯・方迪諾（Andrew Fandino）。「美國援助行動」的道格・赫茲樂（Doug Hertzler）；「偉大地球」的格倫・胡羅維茲；綠色和平組織的索・戈塞提（Sol Gosetti）、維多莉亞・亨利、瑪雅・馬瑞烏（Maya

Marewu）；「阿庫斯基金會」（Arcus Foundation）的安妮特・藍猶（Annette Lanjouw）；雨林聯盟的奈傑・西哲與布萊特妮・維克（Brittany Wienke）；「森林民族計畫」（Forest Peoples Programme）的馬庫斯・柯卻斯特（Marcus Colchester）與派崔克・安德森（Patrick Anderson）；WWF的莎拉・佛格（Sarah Fogel）與莎拉・佛瑞斯特（Sarah Forrest）；「全球勞工正義」（Global Labor Justice）（前身為國際勞工權利論壇〔International Labor Rights Forum〕）的蓋比・羅薩札（Gabby Rosazza）與艾瑞克・戈特瓦德（Eric Gottwald）。還要感謝分別在巴布新幾內亞與喀麥隆的保羅・帕沃（Paul Pavol）與納薩扣・貝辛基（Nasako Besingi），提醒我注意他們國家的局勢。

非常感謝棕櫚油產業的高層與其他相關人士，感謝他們向我解釋自家公司運作模式，並回答我那些不太受歡迎的問題。當中撥出時間的包括歐萊雅的亞歷珊卓・佩特（Alexandra Palt）、瑞秋・貝兒（Rachel Barre）與阿德雷德・科林（Adélaide Colin）；「歐歐有機」（Oh, Oh Organic）的蓋・提摩斯（Gay Timmons）；EVOLVh的波利斯・奧克（Boris Oak）；豐益國際的佩佩圖阿・喬治（Perpetua George）、顏蘇珍（Yeap Su Jeen）、愛瑞絲・詹穗研（Iris Chan Suiet Yeng）；「自然棲息地」（Natural Habitats）的奈爾・布隆克斯特（Neil Blomquist）、佩芮斯寇特・貝赫（Prescott Bergh）、漢斯范登・豪沃（Hans van den Heuvel）與莉亞・胡柏（Lia Huber）；金光農資的阿妮塔・奈維（Anita Neville）；森那美的西蒙・羅德（Simon Lord）、詹米・葛拉漢（Jamie Graham）、卡爾・達根哈特（Carl Dagenhart）；賴比瑞亞「Golden Veroleum」的維吉・彭努度賴（Viggy Ponnudurai）、麥特・卡立能（Matt Karinen）；REPSA的璜・馬可・阿瓦瑞茲（Juan Marco Alvarez）；亞拉馬集團的索尼亞・美加（Sonia Mejia）；迪南特的羅傑・皮內達（Roger Pineda）；Berg+Schmidt的查德・瑞斯里（Chad Risley）；Xylome的湯姆・凱勒赫與湯姆・傑佛瑞；莎娜亞的妮可・凱勒赫。還要感謝聯合利華的檔案管理員維多莉亞・豪沃德（Victoria Howard）、妮可・胡伯斯提（Nicole Hubberstey），RSPO的史提凡諾・薩維（Stefano Savi）達尼樂・莫力、（Danielle Morley）、達維爾・韋伯（Darrell Webber）、丹・史崔海（Dan Strechay）。

本書有部分內容先刊載在雜誌上，我要感謝編排這些故事且資助我旅行的編輯們。包括《OnEarth》的道格・巴拉許（Doug Barasch）、喬治・貝雷克（George Black）、史考特・豆德（Scott Dodd）與珍妮特・高德（Janet Gold）；《奧杜邦》（*Audubon*）的芮妮・埃博索（Rene Ebersol）、珍妮・柏歌（Jenny Bogo）、馬克・真諾特（Mark Jannot）；《Men's Journal》的賴瑞・康特（Larry Kanter）、葛瑞格・艾馬紐爾（Greg Emmanuel）；《Vogue》的賽莉亞・艾倫伯格（Celia Ellenberg）；《Saveur》的艾力克斯・泰斯特樂（Alex Testere）、史黛西・阿迪曼多（Stacy Adimando）；《The Nation》的隆妮・凱瑞（Roane Carey）、麗茲・拉特尼（Lizzy Ratner）；newyorker.com的艾瑞克・拉赫（Eric Lach）；「國際調查記者同盟」（International

Consortium of Investigative Journalists）的麥可・胡德森（Mike Hudson）。「食物與環境報導網絡」（Food and Environment Reporting Network）的山姆・福羅馬茲（Sam Fromartz）、湯姆・拉斯卡維（Tom Laskawy）、布蘭特・康寧漢（Brent Cunningham）提供了許多寶貴的編輯建議與財務支援，次數多到我都數不清了。

二〇一七年，我很幸運獲得「阿利西亞派德森基金會」（Alicia Patterson Foundation）金額豐厚的補助。我要感謝基金會的瑪格麗特・恩格爾（Margaret Engel）與其他人，沒有他們就沒有這本書的存在。感謝出色的事實核查員班・菲藍（Ben Phelan），仔細追蹤書裡每一個日期與細節，以及「The New Press」出版社的製作編輯艾蜜莉・阿巴莉洛（Emily Albarillo），感謝她的職業道德、敏銳的眼光與無限的耐心。如果書中還有錯，都是我的錯。我很幸運在紐約有索非亞・佩樂滋（Sofia Perez）、瑪麗莎・羅伯森—特克斯特（Marisa Robertson-Textor）與辛提亞・尚美奇（Cintia Chamecki）能翻譯西班牙語、俄語與葡萄牙語的採訪、報導與通信。

「The New Press」出版社的執行編輯熱心地接手了這個計畫，並在數月間給我鼓勵與耐心——更別提編輯方面的專業知識。還要感謝布萊恩・烏力奇（Brian Ulicky）、艾蜜莉・亞納奇然（Emily Janakiram）、傑・帕巴瑞（Jay Pabarue）在市場行銷與宣傳方面的協助，以及「Hurst Publishers」出版社的麥可・杜威（Michael Dwyer）、法哈納・阿瑞分（Farhaana Arefin）與卡特林・麥（Kathleen May）於本書英國版的貢獻。

我的經紀人莎拉・拉津（Sarah Lazin）比任何人都更早看出這個想法裡的一些東西，在我花了數月時間提出建議，並最終出書的過程中，她表現了聖人般的耐心。她以熱情與幽默冷靜讓我步入正軌。同時感謝她的助手凱特琳・史壯（Catharine Strong）、瑪格麗特・修茲（Margaret Shultz）。

我很感謝我的父親，他在二〇一四年去世之前，一直嘮叨著要我寫出一本書，還要感謝我不可思議的八十二歲母親，她明白成為母親並不會削弱其它抱負的可能性。每當我開始一趟旅行，她會勇敢地從紐澤西開車到布魯克林探望我的女兒們（和我的狗），在接下來的數天裡，她總是寄給我一連串充滿表情符號的簡訊，讓我確信家中一切安好，「妳的女孩們的榜樣」，她會這麼寫道。

感謝我的天使們，黛西（Daisy）與艾拉（Ella），讓我一次又一次地離家，如今她們長成了非常善良且勇於探索的年輕女性。

最後，感謝我的丈夫比爾（Bill），感謝他在家鄉的日子游刃有餘，感謝他在許多我不相信自己的場合裡相信（或假裝相信）我，感謝他在這二十幾年裡帶給我的歡笑與愛。

注釋

前言　油的危機

1 我於二〇一三年二月二十一日至三月三日造訪賴比瑞亞。

2 事實可能並不像聽起來這麼高尚。一八一六年初——美國廢除奴隸制的五十年前——美國殖民協會（American Colonization Society）擬在非洲成立一處讓黑奴移居的殖民地。該組織在西非取得土地，並陸續將奴隸送到當地，一八四七年該殖民地成為賴比瑞亞。John Hanson Thomas McPherson, *History of Liberia* (Baltimore, MD: The Johns Hopkins Press, 1891)。

3 Fred Pearce, *The Land Grabbers: The New Fight Over Who Owns the Earth* (Boston: Beacon Press, 2012).

4 隨著我愈了解她的所作所為，欽佩之情就愈減。請見Jocelyn C. Zuckerman, "Lipstick's Steep Price: Africa's Vanishing Forests," *Salon.com*, December 11, 2013。

5 我在一九九六年至二〇〇八年任職於《美食》雜誌。

6 這個村子叫做普羅（Pluoh）。我在賴比瑞亞造訪了好幾座受棕櫚油公司「Golden Veroleum Liberia（GVL）」與森那美集團影響的村莊。GVL是「Verdant LP Fund」的子公司，主要投資者是總部位於新加坡的金光農資（Golden Agri-Resources）。森那美集團總公司位於吉隆坡。

7 我於二〇一三年二月二十七日，於蒙羅維亞綠色倡議辦公室訪談阿弗雷德 布朗內爾。之後便頻繁透過電話與電子郵件聯繫。

8 這項資訊是基於賴比瑞亞政府與ＧＶＬ於二〇一〇年八月簽署的特許權協議，且經過當時ＧＶＬ負責人麥特 卡林能（Matt Karinen）確認。確切數字是三十五萬公頃，等同於八十六萬四千八百六十八英畝。

9 一九九一年九月至一九九三年十一月，我在肯亞的布希亞（Busia）區擔任「和平工作團」志工。

10 根據賴比瑞亞統計與地理資訊服務研究院（Liberia Institute of Statistics and Geo-Information Services）所發布資料《2008 Population and Housing Census, Final Results》。

11 根據BBC News World Africa。

12 賴比瑞亞於二〇一四年八月、九月時，爆發伊波拉疫情。染疫的研究學者阿修卡 穆可波（Ashoka Mukpo），時任美國全國廣播公司（ＮＢＣ）自由記者。

13 Agriculture and Food: Overview," The World Bank. https://www.worldbank.org/en/topic/agriculture/overview.

14 我在賴比瑞亞當地與事後，與森那美集團及ＧＶＬ的高層，以及該國地方與中央的政客皆談論過此事。

15 根據世界自然基金會（World Wildlife Fund）的資料。https://www.worldwildlife.org/pages/which-everyday-products-contain-palm-oil.

16 具體而言是百分之三十五。資料來源：*OECD-FAO Agricultural Outlook, 2019–2028*, Chapter Four: "Oilseeds and Oilseed Products," 143.

17 這些產品通常含有棕櫚油的衍生物，像是油脂化學品與甘油。根據二〇一六年十月十三、十四日於歐萊雅巴黎總部，與該公司高層與實驗室技術人員的訪談。請另見，Hillary Rosner, "Palm Oil Is Unavoidable. Can It Be Sustainable?" *National Geographic*, December 2018。想知道何處可取得不含棕櫚油成分的前述產品種類，請見Bustle.com，Beautycalypse.com與Selvabeat.com官網。

18 出處為馬來西亞棕櫚油局（Malaysian Palm Oil Board）。http://palmoilis.mpob.gov.my/publications/TOT/tt196.pdf. 另請見，

Coffee- Mate label. https://www.coffeemate.com/products/powder/french-vanilla.

19 根據不同品牌的甜甜圈標示，包括「Entenmann's」在內。另見https://www.dunkinbrands.com./官網裡的「Dunkin's Donuts棕櫚油採購守則」。

20 棕櫚油裡的脂肪酸是嬰兒配方奶常見的成分。請見，例如：John B. Lasekan, Deborah S. Hustead, Marc Masor, and Robert Murray, "Impact of palm olein in infant formulas on stool consistency and frequency: a meta-analysis of randomized clinical trials," *Food & Nutrition Research* 61 (June 2017)。

21 出處為馬來西亞棕櫚油局http://palmoilis.mpob.gov.my/V4/palm-oil-in-dog-food-itex-2015.亦可參考"Palm Kernel Meal in UK Pet Food Contributing to Deforestation," Petfoodindustry .com, May 2011.

22 參考能多益的網站。https://www.nutella.com/us/en/nutella-palm-oil.

23 棕櫚仁粕常用於動物飼料。此外，一種分餾過的棕櫚油也常用來餵食泌乳中的牛。特別感謝位於美國伊利諾州利博蒂維爾鎮「Berg+Schmidt」董事長／執行長查德　瑞斯里帶我認識動物飼料裡，不同棕櫚油與棕櫚仁油衍生物的角色。

24 本書所採用的棕櫚油與其他商品的進出口量，是依據Index/Mundi。https://www.indexmundi.com/。

25 此處引述的產量根據美國對外農業局（Department of Agriculture Foreign Agricultural Service, FAS）公布的數據。二〇〇五年產量：三千六百萬公噸。二〇二〇年產量：七千兩百二十萬公噸。

26 根據聯合國糧食及農業組織（Food and Agriculture Organization of the United Nations, FAO）的資料。

27 兩千七百萬公頃等於十萬零四千兩百四十七平方英里。紐西蘭面積是十萬零三千四百八十三平方英里。

28 印尼是四千三百五十萬公噸。馬來西亞是一千九百三十萬公噸。相加為六千兩百八十萬公噸。七千兩百二十萬乘以零點八五為六千一百三十萬公噸。

29 John C. Cannon, "Palm Oil Interest Surges in Papua New Guinea," Mongabay, November 19, 2014; Rod Harbinson, "On a Philippine Island, Indigenous Groups Take the Fight to Big Palm Oil," *Mongabay*, July 11, 2019; "PM Commends PG Palm Oil Operation," *Papua New Guinea Post Courier*, March 2, 2020.

30 請見本書第六章。

31 七千兩百萬公噸等於一千五百九十億磅。一千五百九十億磅除以七十八億人口，等於每人二十點四磅。

32 查自高露潔公司歷檔案（Colgate Corporate History）。http://www.colgate.com/app/Colgate/US/Corp/History/1961.cvsp.

33 根據 Index/Mundi：二〇〇五年進口五十九萬六千公噸。二〇一九年進口一百五十六萬五千公噸。

34 二〇一五年，美國食品與藥物管理局確定部分氫化油（ＰＨＯ）不再「公認是安全的」（Generally Recognized as Safe，簡稱ＧＲＡＳ）。二〇一八年六月十八日起，製造商不得於食物內添加ＰＨＯ。https://www.fda.gov/food/food-additives-petitions/final-determination-regarding-partially-hydrogenated -oils-removing-trans-fat。

35 R.H.V. Corley and P.B. Tinker, *The Oil Palm*, 5th ed. (West Sussex, U.K.: John Wiley & Sons, 2016)。撰寫本書的過程裡，我一直十分仰賴 Corley 與 Thinker 的淵博學識。

36 本書採訪期間，我造訪了非洲（賴比瑞亞、剛果民主共和國）；歐洲（法國、英國、義大利）；亞洲（馬來西亞、印尼、印度、泰國）；中南美洲（巴西、墨西哥、厄瓜多、瓜地馬拉與宏都拉斯）。

37 Mark Kurlansky, *Salt: A World History* (New York: Penguin, 2002)（簡中譯本《萬用之物：鹽的故事》，夏業良譯，北京：中信出版，二〇一七）；Sven Beckert, *Empire of Cotton: A Global History* (New York: Alfred A. Knopf, 2014)（中譯本《棉花帝國：資本主義全球化的過去與未來》，林添貴譯，台北：遠見天下出版，二〇一七）；Sidney W. Mintz, *Sweetness and Power: The Place of Sugar in Modern History* (New York: Penguin Random House, 1985)（中譯本《甜與權力：糖——改變世界體系運轉的關鍵樞紐》，李祐寧譯，新北：大牌出版，二〇二〇。）

38 Prof. Boyd A. Swinburn, MD, Vivica I. Kraak, PhD, Prof. Steven Allender, PhD, Vincent J. Atkins, Phillip I. Baker, PhD, Jessica R. Bogard, PhD, et al., "The Global Syndemic of Obesity, Undernutrition, and Climate Change: The Lancet Commission Report," *The Lancet*, January 27, 2019.

39 Corley and Tinker, 1–2, 9; Derek Byerlee, Walter P. Falcon, and Rosamond L. Naylor, *The Tropical Oil Crop Revolution: Food, Feed, Fuel, & Forests* (Oxford, U.K.: Oxford University Press, 2017), 17.

40 Graham Greene, *A Burnt-Out Case* (1960; reprint: New York: Penguin Books, 1977), 138.

41 Corley and Tinker, 1

42 "Egyptian Mummification," Spurlock Museum of World Cultures, University of Illinois.

43 Corley and Tinker, 2–3.

44 Susan M. Martin, *Palm Oil and Protest: An Econom- ic History of the Ngwa Region, South-Eastern Nigeria, 1800–1980* (Cambridge, U.K.: Cambridge University Press, 1988), 13.

45 Corley and Tinker, 103, 261.

46 Corley and Tinker, 10.

47 *Fats and Oils in Human Nutrition*, Chapter 14:"Non-glyceride constituents of fats" (Rome: FAO, 1994). http: / /www .fao .org/ 3 / v4700e / V4700E00 .htm.

48 Kwasi Poku, *Small-Scale Palm Oil Processing in Africa* (Rome: FAO, 2002). 亦可參考 Jules Marchal, *Lord Leverhulme's Ghosts: Colonial Exploitation in the Congo* (London: Verso, 2008), 3.

49 Corley and Tinker, 309.

50 Corley and Tinker 460.

51 Tola Atinmo, PhD, and Aishat Taiwo Bakre, MSc, "Palm Fruit in Traditional African Food Culture," *Asia Pacific Journal of Clinical Nutrition*, December 2003. 另請見・Martin Lynn, *Commerce and Economic Change in West Africa: The Palm Oil Trade in the Nineteenth Century* (Cambridge, U.K.: Cambridge University Press, 1997), 46–48.

52 Corley and Tinker, 3–4.

53 J. Barbot, "A Description of the Coast of North and South Guinea and of Ethiopia Inferior, Vulgarly Angola," in A. Churchill and J. Churchill (eds.), *A Collection of Voyages and Travels*, 6 vols. (London: 1732), vol. V, 204.

54 Jessica Harris, *The Africa Cookbook: Tastes of a Continent* (New York: Simon & Schuster, 1998), 348.

55 Chinua Achebe, *Things Fall Apart* (1958; reprint, New York: Anchor Books, 1994), 7.（中譯本《分崩離析》，黃女玲譯，台北：遠流，二〇一四。）

56 《分崩離析》，頁二六。

57 Corley and Tinker, 4。請另見本書的第一章。

58 Toyin Falola, *Colonialism and Violence in Nigeria* (Bloomington: Indiana University Press, 2009), Chapter 1.

59 Corley and Tinker, 4.

60 Makale Faber Cullen, "The Oil Palm Kernel and the Tinned Can," *Limn,* May 2014.

61 Faber Cullen.

62 Lynn, 3. 另可參考 Frederick Pedler, *The Lion and the Unicorn in Africa: The United Africa Company 1787–1931* (London: Chaucer Press, 1974), 173.

63 Marchal, ix.

64 請見本書第一章與第三章。

65 Lynn, 32.

66 Judith A. Carney and Richard Nicholas Rosomoff, *In the Shadow of Slavery: Africa's Botanical Legacy in the Atlantic World* (Berkeley: University of California Press, 2009), 40, 85, 201, 254.

67 森那美集團、蘇爾芬公司與聯合種植公司最初由這些人成立。

68 Tash Aw, *We, the Survivors* (New York: Farrar, Straus & Giroux, 2019), 24.（中譯本《倖存者，如我們》，彭臨桂譯，新北：聯經，二〇二一。）

69 Corley and Tinker, 3.

70 請見本書第六章。

71 請見本書第七章。

72 *The Cost of Fire: An Economic Analysis of Indonesia's 2015 Fire Crisis* (Jakarta: World Bank, 2016). http://pubdocs.worldbank.org/en/643781465442350600/Indonesia-forest-fire-notes.pdf.

73 Georgia McCafferty, "Indonesia Begins Evacuation of Babies from Haze-Affected Regions," *CNN*, October 1, 2015.

74 Corley and Tinker, 78.

75 請見本書第八章。

76 這項數據出自馬來西亞種植產業與商品部長與馬來西亞棕櫚油理事會（六百八十億馬來西亞令吉等於一百六十二點八億美元）。

77 Reuters staff, "Indonesia Threatens to Quit Paris Climate Deal over Palm Oil," *Reuters*, March 27, 2019.

78 Research, Zion Market. "Global Report: Palm Oil Market Size & Share Estimated to Touch the Value of $92.84 Billion in 2021." *GlobeNewswire News Room*, "GlobeNewswire," July 30, 2019, www.globenewswire.com/news-release/2019/07/30/1893425/0/en/Global-Report-Palm-Oil-Market-Size-Share-Estimated-To-Touch-the-Value-Of-USD-92-84-Billion-In-2021.html.

79 請見本書第九章。

80 二〇一六年七月十二日，我與西哲在他紐約的辦公室進行採訪。

81 「二〇一九全球生物多樣性與生態系統服務評估報告」（Global Assessment Report on Biodiversity and Ecosystem Services, IPBES），由設於德國波恩（Bonn）的「政府間生物多樣性與系統生態服務之科學政策平台」協作。

82 E.O. Wilson and Frances M. Peter, eds, *Biodiversity.* Chapter 3: "Tropical Forests and their Species Going, Going...?" by Norman Myers (Washington, DC: National Academies Press, 1988).

83 European Union's Atmosphere Observation Program, referenced by Yoga Rusmana, "Forest Fires from Indonesia Worse Than the Amazon, EU Says," *Bloomberg News*, November 26, 2019. 根據彭博的報導，大約是四千平方公里，也就是兩千五百平方英里。

84 Aw, 316–17.

第一章　戈第來了

1 《分崩離析》，頁一三八。

2 J.E. Flint, *Sir George Goldie and the Making of Nigeria* (Oxford, U.K.: Oxford University Press, 1960), 5。弗林特（Flint）這本書是根據個人採訪、信件、大量政府文件所寫就，是唯一一本完整講述戈第生平的書。本章有許多資訊都來自於這本書。

3 Thomas Pakenham, *The Scramble for Africa: The White Man's Conquest of the Dark Continent from 1876 to 1912* (New York: Random House, 1991), 184。推薦對非洲有興趣的人閱讀這本書，內容博學詳盡到不可思議。我在撰寫本章描述關於非洲的段落時，大量採用本書提供的資訊。

4 Flint, 4.

5 Flint, 5.

6 Alistair Horne, The Fall of Paris: The Siege and the Commune 1870–71 (New York: Penguin Books, 1965), 176–93. 另請見，Stéphane Hénaut and Jeni Mitchell, A Bite-Sized History of France: Gastronomic Tales of Revolution, War, and Enlightenment (New York: The New Press, 2018), 221–8。雖然我沒有兩人食用狗肉與老鼠的書面證據，但考量到該市幾乎沒有其他可食用的蛋白質，且多數市民也食用這兩種肉類，因此可能性極高。

7 除了Flint 的著作，亦可參考 K. Onwuka Dike, *Trade and Politics in the Niger Delta 1830–1885: An Introduction to the Economic and Political History of Nigeria* (Oxford, U.K.: Oxford University Press, 1956), from p. 208.

8 Dike, 1–5；另根據大都會藝術博物館「Heilbrunn Timeline of Art History」研究資源：https://www.metmuseum.org/toah.

9 此數據出自於「奴隸航行」（Slave Voyages）官網，此計畫是由國家人文基金會（National Endowment for the Humanities）、艾默里數位獎學金中心（Emory Center for Digital Scholarship）、加州大學爾灣分校、加州大學聖克魯

茲分校與哈佛大學哈欽斯中心（Hutchins Center）共同贊助。https://slavevoyages.org。

10 根據「奴隸航行」與利物浦奴隸歷史博物館（Liverpool Museum's History of Slavery）。https://www.liverpoolmuseums.org.uk/history-of-slavery/europe。

11 Martin Meredith, *The Fortunes of Africa: A 5000-Year History of Wealth, Greed, and Endeavor* (London: Simon & Schuster,2014), 218.

12 The Abolition Project, East of England Broadband Network. http://abolition.e2bn.org/slavery45.html. 亦可參考 David Richardson, "The Slave Trade, Sugar, and British Economic Growth,1748–1776," *Journal of Interdisciplinary History* No. 4 (Spring 1987), The MIT Press, Volume 17.

13 大衛・凱札（David Kaiza）住在烏干達首都坎帕拉（Kampala）。

14 Dike, Chapter 1.

15 Martin Lynn, *Commerce and Economic Change in West Africa: The Palm Oil Trade in the Nineteenth Century* (Cambridge, U.K.:Cambridge University Press, 1997), 26.

16 Obaro Ikime, *Merchant Prince of the Niger Delta: The Rise and Fall of Nana Olomu, Last Governor of the Benin River* (New York: Africana Publishing Corporation, 1969), 5. 另請參考：The Abolition Project, British Involvement in the Transatlantic Slave Trade, East of England Broadband Network. http://abolition.e2bn.org/slavery 45.html.

17 Mary Kingsley, *Travels in West Africa* (1897; reprint, Washington,DC: National Geographic Society, 2002), 59.

18 *The Naval and Military Magazine*, Vol. II, 1827, 313. 亦可參考Dike, 10.

19 Dike, 8.

20 Thomas Wright, *The Life of Sir Richard Burton* (Library of Alexandria, 1906), 176. 從「古騰堡計畫」（Project Gutenberg）閱覽取用。

21 Dike, 49.

22 Flint, 10.

23 Lynn, 28–9.

24 Lynn, 154.

25 A.C.G. Hastings, *The Voyage of the Day Spring* (London: John Lane the Bodley Head, 1926), 217, 引自Dike, 112.

26 Dike, 50. 另見Lynn, 83.

27 Martin Lynn, “The Profitability of the Early Nineteenth-Century Palm Oil Trade,” *African Economic History*, no. 20 (Madison: University of Wisconsin Press, 1992), 77–97.

28 Henry Stanley, *Through the Dark Continent*,published by Stanley in 1899.

29 Pakenham, xxii.

30 Dike, 60. 亦可參考Lynn, *Commerce and Economic Change in West Africa*, 89.

31 Lynn, *Commerce and Economic Change in West Africa*, 89.

32 Flint, 4.

33 Lynn, *Commerce and Economic Change in West Africa*, 66, 92.

34 Ed Emeka Keazor, *Nigeria and the Royal Niger Company: 1879–1900* (Academia.edu, 2014). 另可參考 Lynn, “The Profitability of the Early Nineteenth-Century Palm Oil Trade”; and Toyin Falola, *Colonialism and Violence in Nigeria* (Bloomington: Indiana University Press, 2009), 4–5; and Martin, 49.

35 Lynn, *Commerce and Economic Change in West Africa*, 84. 另可參考Dike, 49.

36 Dike, 102–6. 另見 Lynn, *Commerce and Economic Change in West Africa*, 72–3.

37 Cantor Lectures, “Solid and Liquid Illuminating Agents,” *Journal of the Society of the Arts* vol. 31, 858–62. 取閱自Google Books。

38 Dike, 34–42.

39 Falola, 4. 亦可參考 Dike, 42.

40 Percy Amaury Talbot, *Tribes of the Niger Delta* (Charlottesville, VA: Sheldon Press, 1932), 9, 引自 Dike, 46.

41 出處自 Lynn, *Commerce and Economic Change in West Africa*, and Dike.

42 Flint, 21.

43 Dike, 93, 207.

44 Pakenham, 182; Dike, 203–9.

45 Dike, 198.

46 Dike, 198, 引述一八七一年十二月三日的外交部信函。

47 View of Old Calabar," *Chambers's Journal* 51, no.2, 526, 出處引用自Flint, from Parliamentary Papers 1875. LXV, MS. p.3.

48 Ockiah and other chiefs of Brass to Foreign Office, July 7, 1876, 出處引用自 Flint, 28. 另請見 Pakenham, 195.

49 Pakenham, 191.

50 Pakenham, 188.

51 Pakenham, 186.

52 C.H. Currey, *The British Commonwealth Since 1815* (Sydney, 1951), 49, 引用自Dike, 208. 另請見 Kwasi Kwarteng, *Ghosts of Empire: Britain's Legacies in the Modern World*, chapter 14; and Washington A. J. Okumu, *The African Renaissance: History, Significance and Strategy* (Trenton, NJ:Africa World Press, 2002), 44. 閱覽取用自Google Books。

53 Dike, 183. 另請見 Flint, 27.

54 Dike, 184, from Foreign Office letter from Burton to Russell, August 8, 1864. 另參考 Lynn, *Commerce and Economic Change in West Africa*, 179–180.

55 Dike, 188, quoting Foreign Office letter from Jaja, September 14, 1869. 另可參考 Pakenham, 192–3.

56 Dike, 189.

57 Walter I. Ofonagoro, "Notes on the Ancestry of Mbanaso Okwaraozurumba Otherwise Known as Jaja of Opobo, 1821–1891," *Journal of the Historical Society of Nigeria* 9, no. 3 (December 1978), 146.

58 Dike, 193, 引用一八七〇年七月十一日外交部備忘錄。

59 Meredith, 409. 另請見Falola, from p. 40.

60 Pakenham, 193.

61 Ikime, 64. 另外見Flint, 59, and Pakenham, 199.

62 Ikime, 55. 另可參閱Pakenham, 200; and Flint, 59.

63 Dike, 215.

64 Dike, 214.

65 一八八五年二月二十六日簽署的《西非柏林會議總議定書》。

66 Ikime, 57.

67 Flint, 92.

68 Ikime, 63.

69 Flint, 96.

70 Dike, 212.

71 Frederick Pedler, *The Lion and the Unicorn in Africa: The United Africa Company 1787–1931* (London: Chaucer Press, 1974),119.

72 King Jaja Death Announcement, *New York Times*, 1891. 查閱自《紐約時報》檔案庫。

73 Dike, 225.

74 Ikime, 81–3.

75 Pakenham, 464.

76 Flint, 201, 出自外交辦公室備忘錄（Foreign Office memo）〈Statement of Father Bubendorf〉（唯一一位在Nembe的歐洲人見證者）。

77 Flint, 202, 出自外交辦公室備忘錄。另見 Pakenham,462–3.

78 Flint, 201, 出自外交辦公室備忘錄。

79 Flint, 204, 出自外交辦公室備忘錄。

80 Ikime, 62. 另見 Flint, 205.

81 Flint, 205, 出自外交辦公室備忘錄。

82 Flint, 209.

83 一八九五年二月二十五日，總領事麥可唐納給外交辦公室的書函，引用自 Flint, 207.

84 Flint, 3.

85 Pakenham, 650.

86 Flint, 243–5. 另請見 Pakenham, 514–22.

87 Flint, 250–6.

88 Pakenham, 514–5, 522.

89 Flint, 307。根據英格蘭銀行通膨計算器（Bank of England Inflation Calculator）：一九〇〇年的八十六萬五千英鎊等於現今的一億零七百一十一萬八千九百六十七點三九英鎊，等於一億四千兩百三十五萬五千七百四十一美元。

90 Prinesha Naidoo, "Nigeria Now Tops South Africa as the Continent's Biggest Economy," *Bloomberg News*, March 3, 2020.

91 Dike, 213.

92 Flint, vii.

93 Bo Beolens, Michael Watkins, and Michael Grayson, *The Eponym Dictionary of Reptiles* (Baltimore, MD: Johns Hopkins University Press,2011), 103.

第二章　家鄉的滋味

1 Roger Bastide, *The African Religions of Brazil: Toward a Sociology of the Interpenetration of Civilizations* (1960; reprint, Baltimore, MD: Johns Hopkins University Press, 1978), 224.

2 Mary Kingsley, *Travels in West Africa* (1897; reprint, Washington, DC: National Geographic Society, 2002), 54.

3 我於二〇一八年二月造訪巴伊亞。

4 Jean M. Hebrard, "Slavery in Brazil: Brazilian Scholars in the Key Interpretive Debates," translated by Thomas Scott-Railton, from *Translating the Americas* (Ann Arbor: The University of Michigan Center for Latin American and Caribbean Studies, 2013).

5 John Thornton, *Africa and Africans in the Making of the Atlantic World, 1400–1800,* second edition (Cambridge, U.K.: Cambridge University Press, 1998), 134.

6 Patrick A. Polk, Roberto Conduru, Sabrina Gledhill, and Ran- dal Johnson, eds., Axé Bahia: *The Power of Art in an Afro-Brazilian Metropolis* (Los Angeles: Fowler Museum at UCLA, 2018), 58。另見，「奴隸航行」的資料庫，https://slavevoyages.org。小漢瑞・路易斯・蓋茲（Henry Louis Gates Jr.）在「The Root」網站撰文指出，離開非洲的一千兩百五十萬人裡，只有一千零七十萬人存活。（https://www.theroot.com/how-many-slaves-landed-in-the-us-1790873989）

7 Polk et al., 58.

8 Case Watkins, "African Oil Palms, Colonial Socioecological Transformation and the Making of an Afro-Brazilian Landscape in Bahia, Brazil," Environment and History, 2015。撰寫本書期間，我與瓦金斯互相通信。他慷慨地提供了他的博士論文與曾撰寫過相關主題的文章。瓦金斯的第一本著作《棕櫚油流散：巴伊亞Dendê海岸的非洲—巴西景觀與經濟》（*Palm Oil Diaspora: Afro-Brazilian Landscapes and Economies on Bahia's Dendê Coast*）由劍橋大學出版社於二〇二一年六月出版。另見，Thornton, 156; and Judith A. Carney and Richard Nicholas Rosomoff, *In the Shadow of Slavery: Africa's Botanical Legacy in the Atlantic World* (Berkeley: University of California Press, 2009), 94。

9 Adam Jones, *West Africa in the Mid-Seventeenth Century:An Anonymous Dutch Manuscript*, African Studies Association, 1994, 引用 Watkins, 22.

10 Thornton, 156. 亦可見 Marcus Rediker, *The Slave Ship, A Human History* (New York: Viking, 2007), 271–2; and C. R. Boxer, "Salvador Correia de sa e Benevides and the Reconquest of Angola in 1648," *The Hispanic American Historical Review* 28, no. 4 (Nov. 1948): 492.

11 H.W. Macaulay and R. Doherty, "Her Majesty's Commissioners to Viscount Palmerston, in 'Correspondence with the British Commissioners, at Sierra Leone, The Havana, and Rio de Janeiro, Related to the Slave Trade from February 2 to May 31, 1839' " (London: W. Clowes and Sons, 1839), 6.

12 Rediker, 240, 354.

13 Corley and Tinker, 2.

14 William Dampier, "Of the Palmberries, Physick-nuts, Mendibees, Etc, and Their Roots and Herbs, etc.," in *Dampier's Voyages*, vol. 2 (London: E. Grant Richards, 1906). 查詢取用自「古騰堡計畫」。

15 Carney and Rosomoff, 198.

16 Thornton, 191. 請見 Carney and Rosomoff, 98.

17 Arquivo Historico Ultramarino (AHU), Conselho Ultramarino, Caixa 2, Docs. 167–8, 引用自 Watkins, 25.

18 Corley and Tinker, 72, 75.

19 Stuart B. Schwartz, "The Manumission of Slaves in Colonial Brazil: Bahia, 1684–1745," *The Hispanic American Historical Review* 54, no. 4 (Nov. 1974): 608.

20 Stuart B. Schwartz, "Plantations and Peripheries, c. 1580–c. 1750," in Leslie Bethell (ed.) *Colonial Brazil* (Cambridge, U.K.: Cambridge University Press, 1987), 108. 另參考 Carney and Rosomoff, 126.

21 Carney and Rosomoff, 40. 另請參考 Watkins, 33.

22 Johann von Spix and Karl von Martius, *Atraves da Bahia*, 3d ed., trans. Manoel Augusto Piraja da Silva and Paulo Wolf (Sao Paulo: Companhia editora nacional, 1938), 引用自 Watkins, 26; and Luis Nicolau Pares, *The Formation of Candomble: Vodun History and Ritual in Brazil* (Chapel Hill: University of North Carolina Press, 2013), 298.

23 沙羅斯不會說英文，我不會說葡萄牙語。我請了一位名叫約翰・路易斯（John Lewis）的當地 fixer。

24 Sheila S. Walker, "Everyday and Esoteric Reality in the Afro-Brazilian Candomble," *History of Religions* 30, no. 2 (Nov. 1990): 104.

25 Carney and Rosomoff, 99. 另請見 Pares, 130.

26 Walker, 103.

27 Raul Lody, *Tem Dende, Tem Axe: Etnografia do Dendezeiro* (Rio de Janeiro: Pallas, 1992),引用自 Watkins, 26.

28 Watkins, 38.

29 Luis dos Santos Vilhena, *Bahia in the 18th Century*, 3 vols.(Salvador: Editora Itapua, 1969). *Compilation of News from Salvador and Brazil*, known as "The Letters of Vilhena,"引用自 Watkins, 38. 另參閱 Jeferson Bacelar, "Bahian Food in the Bitter Taste of Vilhena," *Afro-Asia*, no. 48, July/Dec 2013.

30 Watkins, 39–40.

31 R.N. Rodrigues, *Os Africanos No Brasil* (Sao Paulo:Companhia Editora Nacional, 1932), quoted in Case Watkins, "Landscapes and Resistance in the African Diaspora: Five Centuries of Palm Oil on Bahia's Dende Coast," *Journal of Rural Studies* 61 (July 2018).

32 根據我待在薩爾瓦多時的見聞。另見 Elizabeth Heilman Brooke, "In Brazil's Food Capital, Tastes to Please the Gods," *New York Times*, November 4, 1992.

33 Bruno Reinhardt, "Intangible Heritage, Tangible Controversies: The Baiana and the Acaraje as Boundary Objects in Contemporary Brazil," from Birgit Meyer and Mattijs van de Port, eds., *Sense and Essence: Heritage and the Cultural*

Production of the Real (New York: Berghahn Books, 2018), 79.

34 我在二〇一八年二月一日造訪 São Joaquim 市場。

35 Carney and Rosomoff, 194.

36 Polk et al., 29.

37 我在二〇一九年八月二十三日透過 Skype 採訪赫拉克利托。

38 想了解更多相關資訊，請見 Thornton, 183–205。

39 Parés, 41.

40 Reinhardt, 79.

41 Heilman Brooke, *New York Times*.

42 Parés, 298.

43 Walker, 106. 另見 Polk et al., 29.

44 Thornton, 243. 另參閱 Parés, 94, 106.

45 Frantz Fanon,《大地上的受苦者》, *The Wretched of the Earth* (1961; reprint, New York: Grove Press, 2004), 19.

第三章　肥皂界的拿破崙

1 Edmund Morel to Vandervelde, March 29, 1911. Morel Papers, London School of Economics, F8, File 100，被布萊恩・路易斯（Brain Lewis）引用於其著作《「好乾淨」：利華休姆爵士，肥皂與文明》（*"So Clean": Lord Leverhulme, Soap and Civilization*）(Manchester, U.K.: Manchester University Press, 2008), 168。這段話的法文原文是「*Cet homme aux idées commerciales très vastes est lancé dorénavant dans l'Afrique occidentale, dans le Congo, où il peut devenir une force enorme pour le bien ou pour le mal.*」我要感謝路易斯提供了很多關於利華生平的資訊。他所撰寫的傳記面向廣泛，並以當時社會與文化背景審視這個人。

2 使用Google地圖查詢，從曼島道格拉斯（Douglas）至波頓共九十七英里。

3 *Port Sunlight Village*, Unilever Archives & Records Management (UARM), 1.

4 J.E. Flint, *Sir George Goldie and the Making of Nigeria* (Oxford, U.K.: Oxford University Press, 1960), 3.

5 Brian Lewis, *The Middlemost and the Milltowns: Bourgeois Culture and Politics in Early Industrial England* (Stanford: Stanford University Press, 2001), 333–6.

6 Friedrich Engels,《英國工人階級狀況》, *The Condition of the Working-Class in England in 1844* (reprint, Moscow: Panther Edition, 1969, from text provided by the Institute of Marxism-Leninism), 55.

7 Goldie was born in 1846, per Flint, 3.

8 Frederick Pedler, *The Lion and the Unicorn in Africa: The United Africa Company 1787–1931* (London: Chaucer Press, 1974), 172.

9 Martin Lynn, *Commerce and Economic Change in West Africa: The Palm Oil Trade in the Nineteenth Century* (Cambridge, U.K.: Cambridge University Press, 1997), 84–5.

10 UARM, LBC 8104D, Lever to G. Edward Atkinson, November 5, 1923, 引述自Lewis, 56.

11 *Port Sunlight Village*, UARM, 1.

12 Birkenhead News, November 24, 1900, 引自W.L. George, *Engines of Social Progress* (London: Adam and Charles Black, 1907), 123, and by Lewis, 99.

13 *The Formation of Unilever*, UARM, 4.

14 Lewis, 60.

15 Thomas H. Mawson, *The Life and Work of an English Landscape Architect: An Autobiography* (New York: Charles Scribner's Sons, 1927), 116, 引自 Lewis, 2.

16 我在二〇一七年六月造訪日光港。

17 根據聯合利華官網與其永續採購（Sustainable Sourcing）網頁。

18 該官網之後就改版了。

19 我從檔案館裡讀到的信件副本。

20 Pedler, 172.

21 Encyclopedia Britannica, "Hippolyte Mège Mouriès."

22 *The Formation of Unilever*, UARM, 4.

23 Lynn, 118.

24 American Oil Chemists Society, AOCS Library entry on Wilhelm Normann. 另請見，*The Formation of Unilever*, UARM, 6.

25 *The Formation of Unilever*, UARM, 4.

26 Lewis, 11.

27 根據美國農業部網站《Giants of the Past: The Battle Over Hydrogenation (1903–1920)》, https://www.ars.usda.gov/research/publications/publication/?seqNo115=210614.

28 Colin MacDonald, *Highland Journey* (Edinburgh and London: Moray Press, 1943), 140, 引述自 Lewis, 16.

29 Pedler, 174.

30 Jules Marchal, *Lord Leverhulme's Ghosts: Colonial Exploitation in the Congo* (London: Verso, 2008), 1.

31 Pakenham, 149.

32 Adam Hochschild,《利奧波德二世的鬼魂》, *King Leopold's Ghost: A Story of Greed, Terror, and Heroism in Colonial Africa* (New York: Houghton Mifflin, 1998), 71, 109, 110. 另請見 Maya Jasanoff, *The Dawn Watch: Joseph Conrad in a Global World* (New York: Penguin Press, 2017), 176, 179.

33 Jasanoff, 178. 另見 Hochschild, 84–7.

34 Hochschild, 64.

35 Hochschild, 159.
36 Royal Botanic Gardens Kew, Plants of the World Online. http://www.plantsoftheworldonline.org/taxon/urn:lsid:ipni.org:names:79672-1.
37 Hochschild, 158–60. 另請見Pakenham, 524 and 588.
38 Pakenham, 12.
39 Hochschild, Pakenham, and Jasanoff.
40 Hochschild, 206.
41 Marchal, 2.
42 Marchal, 1; Lewis, 171.
43 Pedler, 175; Lewis, 171. 由每公頃二十五生丁（centimes，法國貨幣，即法郎的百分之一）換算而來。
44 Marchal, 2.
45 London School of Economics, Morel Papers, F8, File 100, Morel to Vandervelde, March 29, 1911.
46 Marchal, 2.
47 Hochschild, 266. 另參見Marchal, 2.
48 Pedler, 180. 另參見 Marchal, 2.
49 Joseph Conrad, *Youth/Heart of Darkness/The End of the Tether* (London: Penguin Books, 1995), 88.
50 Jasanoff, 180–200.
51 Hochschild, 144; Jasanoff, 191.
52 Conrad, 54.
53 Diary entry, January 1, 1913, 引述自Lewis,173.
54 W.P. Jolly, *Lord Leverhulme* (London: Constable, 1976), 125, 引述自Lewis, 175.

55 UARM, LBC 8104A, Lever to H.R. Greenhalgh, March 21, 1916.

56 Marchal, 6, 14–18.

57 UARM, LBC 8104A, Lever to H.R. Greehalgh, March 8, 1918,引述自 Lewis, 170.

58 UARM, LBC 118A, Lever to A.P. van Geelkerken, August 23, 1915, 引述自Lewis, 199.

59 *The Formation of Unilever*, UARM, 6. 另可見Pedler,181.

60 Susan M. Martin, *Palm Oil and Protest: An Economic History of the Ngwa Region, South-Eastern Nigeria, 1800–1980* (Cambridge,U.K.: Cambridge University Press, 1988), 57.另見Lewis, 10.

61 Martin, 57.

62 Marchal, 17–18.

63 Marchal, 27–9.

64 Marchal, 29.

65 Marchal, 30–5.

66 Unilever's World, Anti Report No. 11, Counter Information Services, London 1974, p. 2. 另可見John Tanner, "Simply... Unilever's History,"*New Internationalist*, issue 172, June 1987. https://newint.org/features/1987/06/05/simply.

67 Charles Wilson, *The History of Unilever: A Study in Economic Growth and Social Change, vol. I* (London: Cassell and Co., 1954), 150, 引述自Lewis, 121.

68 Marchal, 39–40.

69 Marchal, 62.

70 *The Formation of Unilever*, UARM, 12. 亦見Lewis,188.

71 Lewis, 200.

72 Flint, 318.

73 *Unilever House*, UARM, 4–5.

74 *Unilever House*, UARM, 5, 7.

75 *United Africa Company,* UARM, 7. 亦可見Pedler, 187.

76 UARM, LBC 4506, Lever to Annie and D'Arcy Lever, November 12, 1924, 引述自Lewis, 177.

77 Lever, Leverhulme, 310–11; Fieldhouse, Unilever Overseas, 507,引述自Lewis, 178.

78 UARM, LBC 4271, Lever to Myrtle Huband,October 27, 1924,引述自Lewis, 177.

79 Martin, *Palm Oil and Protest*, 106, 116. 亦可見Marchal, 219.

80 Charles Sikitele Gize, "The Revolt of the Pende,"*Cercle d'Art des Travailleurs de Plantation Congolaise*, Els Roelandt and Eva Barois de Caevel, eds. (Berlin: Sternberg Press, 2017), 247–75. 亦可見Marchal,148–51.

81 Marchal, 166.

82 *United Africa Company*, UARM, 3.

83 *The Formation of Unilever*, UARM, 3.

84 Marchal, 211–8.

85 Harley Williams, *Men of Stress: Three Dynamic Interpretations,Woodrow Wilson, Andrew Carnegie, William Hesketh Lever* (London:Jonathan Cape, 1948).

86 William Hulme Lever [second Viscount Leverhulme] ,Viscount Leverhulme (Boston, MA, and New York: Houghton Mifflin, 1927),67, 引述自Lewis, 2.

第四章　南中國海的花花公子

1 Henri Fauconnier, *The Soul of Malaya* (1931; reprint, Singapore:Archipelago Press, 2003), 21.

2 裡多數自傳情節來自羅蘭德・佛康涅（Roland Fauconnier）於二〇〇三年版的《馬來亞的靈魂》提供的自傳附注。

3 Henri Fauconnier, 114.

4 根據Raffles Hotel的網站。http://www.rafflessingapore.com/raffles-history.

5 Charles C. Mann, "Why We (Still) Can't Live Without Rubber," *National Geographic*, December 2015.

6 Henry S. Barlow, *The Malaysian Plantation Industry: A Brief History to the Mid-1980s* (Kuala Lumpur: Arabis, 2018).透過網路檢索。

7 T.R. McHale, *Rubber and the Malaysian Economy* (Sendirian Berhad, MPH Publications, 1967).

8 Alec Gordon, "Contract Labour in Rubber Plantations:Impact of Smallholders in Colonial Southeast Asia," *Economic and Political Weekly*, March 10, 2001.

9 Encyclopedia.com, "Harrisons & Crosfield."

10 更廣泛的歷史討論請見"The International Natural Rubber Market, 1870–1930," Economic History Association.

11 *Encyclopedia Britannica*. 另請見"A History of Indentured Labor Gives 'Coolie' Its Sting," *NPR Code Switch*, November 25,2013.

12 R. Fauconnier, notes from *The Soul of Malaya*,182. 我將六百公頃轉換為一千四百八十二英畝。

13 Madelon Lulofs, *White Money* (London and New York: The Century Co., 1933), 8.

14 Socfindo Sustainability Report 2018, p. 7. https://www.socfin.com/sites/default/files/2019-09/Socfindo%20GRI%20Report 2018 1.pdf、https://www.socfin.com/en/key-dates.

15 Valeria Giacomin, "The Transformation of the Global Palm Oil Cluster: Dynamics of Cluster Competition Between Africa and Southeast Asia (c. 1900–1970)," *Journal of Global History* 13, no. 3 (November 2018): 384. 另請見,Susan M. Martin, *The UP Saga* (Copenhagen: Nordic Institute of Asian Studies Press, 2003), 49。我要特別感謝馬丁（Martin）對馬來西亞棕櫚油業早期發展的浩瀚研究，尤其是聯合種植公司的細節。

16 R.H.V. Corley and P.B. Tinker, *The Oil Palm*, 5th ed.(West Sussex, U.K.: John Wiley & Sons, 2016), 6. 另請見,"Celebrating

100 Years of Malaysian Palm Oil," *New Straits Times*, May 19, 2017.

17 John H. Drabble, "The Economic History of Malaysia," *EH.Net Encyclopedia*, Robert Whaples, ed., July 31, 2004. http://eh.net/encyclopedia/economic-history-of-malaysia.

18 Bernard Fauconnier, *La Fascinante Existence d'Henri Fauconnier* (Saint-Malo: Gerard Desquesses, 2003), 116–117.

19 Martin, *The UP Saga*, 51.

20 Martin, *The UP Saga*, 52。我在書中將三萬一千公頃換算成七萬六千六百零二英畝；三千四百公頃換算成八千四百零一英畝；兩萬零五百公頃換算成五萬零六百五十六英畝。另見，Corley and Tinker, 6: Sumatra, 31,600 hectares. Malaya: 3,350。

21 Giacomin, 386.

22 Martin, *The UP Saga*, 68.

23 Giacomin, 389.

24 全部出處來自Martin, *The UP Saga*.

25 Martin, *The UP Saga*, 25–46. 根據Martin的說法，我將十六點七七七英里轉換成二十七公里。

26 Martin, *The UP Saga*, 60–3.

27 Jerry Hopkins, *Romancing the East: A Literary Odyssey from the Heart of Darkness to the River Kwai* (Clarendon, VT: Tuttle Publishing,2013), 65.

28 Ladislao Szekely, *Tropic Fever: The Adventures of a Planter in Sumatra* (New York: Harper & Brothers, 1937); Madelon Lulofs, *White Money: A Novel of the East Indies* (London: The Century Company, 1933), *Rubber: The 1930s Novel Which Shocked European Society* (Oxford, U.K.: Oxford University Press, 1933), and *Coolie* (Oxford, U.K.: Oxford University Press, 1936).

29 Fauconnier, 161.

30 Sunil S. Amrith, *Crossing the Bay of Bengal: The Furies of Nature and the Fortunes of Migrants* (Boston: Harvard University Press, 2013). 另請見Martin, *The UP Saga*, 58.

31 Charles Hirschman, "The Making of Race in Colonial Malaya," *Sociological Forum* 1, no. 2 (Spring 1986): 330–61.

32 Marina Carter and Khal Torabully, *Coolitude: An Anthology of the Indian Labour Diaspora* (London: Anthem Press, 2002), 22.

33 Martin, *The UP Saga*, 67.

34 The British National Archives, London, "Palm Oil Expedition to Sumatra, 1926,"引述自Giacomin.

35 Corley and Tinker, 19.

36 Corley and Tinker, 6. 一九三八年，蘇門答臘：九萬兩千公頃＝二十二萬七千英畝；馬來西亞：兩萬公頃＝四萬九千英畝。

37 "East Sumatra's Growth: Planter and Peasant, Population and Communications," Chapter IV from *Planter and Peasant: Colonial Policy and the Agrarian Struggle in East Sumatra 1863–1947* (Leiden: Brill Publishing,1978).

38 Barlow.

39 Martin, *The UP Saga*, 90–1.

40 我於二〇一六年十月造訪山打根。

41 Max Hastings, "The Untold Story of the Sandakan Death Marches, by Paul Ham," *The Sunday Times*, July 21, 2013.

42 根據能多益的網站。另亦可見Noah Kirsch, "The Nutella Billionaires: Inside the Ferrero Family's Secret Empire,"*Forbes*, June 26, 2018.

43 Martin, *The UP Saga*, 49–50. 另請見Barlow,section d.

44 Christopher Hale, *Massacre in Malaya, Exposing Britain's My Lai* (Gloucestershire: The History Press, 2013), 381. 另見Ronnie Tan, "Civilians in the Crossfire: The Malayan Emergency,"*BiblioAsia* (National Library Singapore) 15, no. 3 (2019).

45 這座俱樂部位於福隆港（Fraser's Hill），坐落在彭亨州勞勿縣。根據Google地圖，福隆港距離吉隆坡市中心約九十七公里，即六十英里。

46 Hale, 391–404. 另請見，Mark Townsend,"Revealed: How Britain Tried to Legitimise Batang Kali Massacre," *The Guardian*, May 5, 2012.

47 Geoffrey Jones and Judith Wale, "Diversification Strategies of British Trading Companies: Harrisons & Crosfield," *Business History* 41, no. 2 (1999).

48 Martin, *The UP Saga*, 149.

49 Martin, *The UP Saga*, 184–8.

50 Joan Didion, *Democracy* (1984; reprint, New York:Random House, 1995), 16.

51 Didion, 228.

52 我於二〇一四年十一月、二〇一六年十月與二〇一七年三月分別造訪吉隆坡。

53 數據出自「世界人口綜述」（World Population Review），總數是七百四十五萬八千零一十五人。https://worldpopulationreview.com/countries/malaysia-popu%20lation。

54 Derek Byerlee, Walter P. Falcon, and Rosamond L. Naylor, *The Tropical Oil Crop Revolution: Food, Feed, Fuel, & Forests* (Oxford, U.K.: Oxford University Press, 2017), 25.

55 Barlow, section d.

56 Martin, *The UP Saga*, 199–204.

57 Nita G. Forouhi, Ronald M. Krauss, Gary Taubes,and Walter Willett, "Dietary Fat and Cardiometabolic Health: Evidence, Controversies, and Consensus for Guidance," *BMJ*, June 13, 2018, Box 1.

58 Ruth DeFries, *The Big Ratchet: How Humanity Thrives in the Face of Natural Crisis* (New York: Basic Books, 2014), 193.

59 此處數據引自Index-Mundi，https://www.indexmundi.com/agriculture/?country=my&commodity%20=palm-oil&graph=production。一九六四年：十五萬一千公噸。一九八四年：三百八十一萬七千公噸。

60 Corley and Tinker, 9, 46–7. 另請見，“In Memorium: Datuk Leslie Davidson (1931–2019),” *Global Oils and Fats* no. 2 (June 2019).

61 Byerlee, Falcon, and Naylor, 30–5.

62 根據一份在二〇一七年永續棕櫚油圓桌會議上所提交的審計報告。https://rspo.org/uploads/default/pnc/PPB Terusan POM draft RSPO Audit Report_2017 final27102017 PS revised.pdf.

63 “Malaysian Palm Oil Industry Aims for 70 Percent Certification by February 2020,” *Oils & Fats International*, November 19, 2019.

64 根據國際林業研究中心（Center for International Forestry Research, CIFOR）https://www.cifor.org.另請見A. Ananthalakshmi, “Palm Oil to Blame for 39 Percent of Forest Loss in Borneo Since 2000—Study,”*Reuters*, September 19, 2019.

65 Corley and Tinker, 468–9.

66 愛瑞絲・詹水妍（Iris Chan Suet Yeng），擔任企業溝通一職。

67 Corley and Tinker, 28, 479.

68 煉油廠的技術人員。另見，Martin, 237。

69 Margie Mason and Robin McDowell, “Palm Oil Labor Abuses Linked to Top Brands, Banks,” Associated Press, September 24, 2020.

70 根據「美國農業部」（USDA）數據。https://ipad.fas.usda.gov/highlights/2019/05/malaysia/index.pdf。

71 The Observatory of Economic Complexity, https://oec.world/en/profile/hs92/31511.

72 全球森林觀察網（Global Forest Watch）。我將八百一十二萬換算成兩千零六萬英畝。

73 Mohamad Rashidi Pakri and Arndt Graf, eds., *Fiction and Faction in the Malay World* (Newcastle Upon Tyne: Cambridge Scholars Publishing, 2012), 29.

第五章 寂靜的夏天

1 Rachel Carson, *Silent Spring* (1962;reprint, New York: Houghton Mifflin Harcourt Publishing, 2002), 2.（目前尚未絕版的繁中譯本有三，分別為：李文昭譯，台中：晨星，二〇一八；黃中憲譯，新北：野人，二〇二〇；龐洋譯，台北：海鴿，二〇二三。）

2 我於二〇一五年五月、二〇一六年二月與十一月、二〇一八年七月分別造訪蘇門答臘。

3 BirdLife International, Data Zone. http://datazone.birdlife.org/sowb/casestudy/in-current-global-markets-oil-palm-plantations-are-valued-more-highly-than-ancient-forest.

4 N.J. Collar, "Helmeted Hornbills: Rhinoplax vigil and the Ivory Trade: The Crisis That Came Out of Nowhere," *BirdingASIA* 24 (2015):12–17. 另見Apriadi Gunawan, "Poachers Shift to Hornbills as Rare Animals Decline," *Jakarta Post*, June 17, 2015; 以及Bambang Muryanto, "Poaching of Endangered Hornbill Continues Amid Global Demand," *Jakarta Post*, February 26, 2016.

5 "Mapping seizures to aid conservation of imperiled Helmeted Hornbill,"見TRAFFIC網站。其根據地為英國劍橋。刊登時間：二〇一七年五月十六日。

6 "Traders of One of Indonesia's Most Hunted Bird Species Arrested," *WCS Newsroom*, June 18, 2015.

7 自二〇一六年四月起，我透過電子郵件與哈迪普拉卡薩通信。

8 約書亞・奧本海默（Joshua Oppenheimer）, "Show of Force: Film, Ghosts, and Genres of Historical Performance in the Indonesian Genocide,"PhD thesis, 2004, University of the Arts London, 13.

9 Ann Laura Stoler, *Capitalism and Confrontation in Sumatra's Plantation Belt, 1870–1979* (Ann Arbor: University of Michigan Press,1995), 2–3.

10 Oppenheimer, 15.

11 Geoffrey B. Robinson, The Killing Season: A History of the Indonesian Massacres, 1965–66 (Princeton, NJ: Princeton

University Press, 2018)。本章提及的這段歷史，我大多引自羅賓森的這本書。

12 "Indonesia—The Coup That Backfired," Research Study, December 1968, The CAESAR, POLO, and ESAU Papers, United States Central Intelligence Agency.

13 Margaret Scott, "The Indonesian Massacre:What Did the U.S. Know?" *New York Review of Books*, November 2, 2015.

14 Robinson, 126.

15 Walter P. Falcon, "Food Security for the Poorest Billion: Policy Lessons from Indonesia," in Rosamond L. Naylor (ed.),*The Evolving Sphere of Food Security* (Oxford, U.K.: Oxford University Press,2014), 33.

16 Joanne C. Gaskell, "The Role of Markets, Technology and Policy in Generating Palm Oil Demand in Indonesia," *Bulletin of Indonesian Economic Studies* 51, no. 1 (2015-03-30): 1, 12.

17 "New Order Forestry Policy and the Roots of the Crisis," Human Rights Watch, 2003. https://www.hrw.org/reports/2003/indon0103/Indon0103-02.htm.

18 "When We Lost the Forest, We Lost Everything," Human Rights Watch, 2019. https://www.hrw.org/report/2019/09/23/when-we-lost-forest-we-lost-everything/oil-palm –plantations-and-rights-violations. 另請見 Barbara Beckert, Christoph Dittrich, and Soeryo Adiwibowo, "Contested Land: An Analysis of Multi-Layered Conflicts in Jambi Province, Sumatra, Indonesia," *Austrian Journal of South-East Asian Studies* 7, no. 1 (2014): 75–92; 以及，Hannah Beech, "Their Land Defiled, Forest People Swap Flower Worship for Quran and Concrete," *New York Times*, October 14, 2018.

19 "When We Lost the Forest, We Lost Everything," Human Rights Watch, 2019.

20 *2019 Global Assessment Report on Biodiversity and Ecosystem Services*, coordinated by the Bonn-based Intergovernmental Science-Policy Platform on Biodiversity and Ecosystem Services (IPBES). 另請見，Rachel Nuwer, "Mass Extinctions Are Accelerating," *New York Times*, June 1, 2020.

21 E.O. Wilson and Frances M. Peter, eds,*Biodiversity.* Chapter 3: "Tropical Forests and their Species Going, Going...?" by

Norman Myers (Washington, DC: National Academies Press, 1988). 另見，Rhett A. Butler, "Ten Rainforest Facts for 2020," *Mongabay*, July 12, 2020.

22 Haka Indonesia. https://www.haka.or.id/?page_id=1008.

23 Rainforest Action Network, "Leuser Watch," September 2019. See also Paul Hilton, "Leuser Ecosystem: One of Most Biodiverse Places on Earth, in Pictures," *The Guardian*, September 28, 2017.

24 John MacKinnon and Karen Phillipps, *A Field Guide to the Birds of Borneo, Sumatra, Java, and Bali: The Greater Sunda Islands* (Oxford,U.K.: Oxford University Press, 1993).

25 Rainforest Action Network. https://www.ran.org/issue/leuser. 另請見，Junaidi Hanafiah, "Restoring Sumatra's Leuser Ecosystem, One Small Farm at a Time," *Mongabay*, September 30, 2019.

26 "The Bird That's More Valuable Than Ivory,"*BBC*, October 12, 2015.

27 "Seeing Red: The Often Hidden Colour of Wildlife Contraband," Environmental Investigation Agency, January 26, 2015.

28 Darren Naish, "The Ecology and Conservation of Asian Hornbills: Farmers of the Forest," *Historical Biology*, September 2014.

29 我和普特拉自二〇一六年二月二十七日至三月二日遊遍勒塞爾。

30 "Indonesian Man's Body Found Inside Python—Police,"*BBC*, March 29, 2017.

31 我在二〇一六年三月一日對亞迪門進行訪談。

32 BirdLife International. http://datazone.birdlife.org/species/factsheet/rhinoceros-hornbill-buceros-rhinoceros.

33 所有的資料與數據引用來源為國際自然保護聯盟。https://www.iucnredlist.org.

34 我在二〇一六年二月首度與辛格爾頓碰面，分別在他的辦公室以及「蘇門答臘紅毛猩猩保護計畫」隔離中心，以及二〇一六年十一月在羅蘭德餐館，都採訪過他。本書進行事實查核時，發現他最近離婚了。

35 在營業了一段很長的時間後，羅蘭德近期已結束營業。

36 富比世員工，"Almost Half of Tycoons on Forbes Indonesia Rich List See Fortunes Rise," Forbes, December 4, 2019。韋嘉

嘉（Widjaja）（第二名）、薩林姆（第六名）、卡林（Karim）（第十一名）、西托魯斯（Sitorus）（第十三名）、山波納（Sampoerna）（第十四名）。

37 考量自身在這個產業的人脈，這名朋友要求我不要公開他的姓名。

38 二〇一六年十一月我和德賴絲在隔離中心碰面。

39 Jie-Sheng Tan-Soo and Subhrendu K. Pattanayak, "Seeking natural capital projects: Forest fires, haze, and early-life exposure in Indonesia,"*Proceedings of the National Academy of Sciences* 116, no. 12: 5239–45.

第六章　露營車的夢想

1 Gabriel Garcia Marquez, *One Hundred Years of Solitude* (1967; reprint, New York: Harper Perennial, 2006), 301–2.（中譯本：《百年孤寂》，葉淑吟譯，台北：皇冠，二〇一八。）

2 二〇一八年十二月三日，我在巴內加斯家中採訪他。

3 RSPO ACOP 二〇一八年提交報告，https://www.rspo.org/members/1010/grupo-jaremar.

4 Staff writer, "Plantation Worker Dies from Electrocution in Freak Accident," *The Star*, June 20, 2013.

5 Lubulwa Henry, "Two Oil Palm Workers in Kalangala Electrocuted," *Uganda Radio Network*, September 20, 2019.

6 根據世界銀行的數據，我將十九萬公頃換算成四十六萬九千五百英畝。

7 關於宏都拉斯農業史的段落，我參考Dan Koeppel, *Banana: The Fate of the Fruit that Changed the World* (New York: Penguin, 2009); Tanya M. Kerssen, *Grabbing Power: The New Struggles for Land, Food and Democracy in Northern Honduras* (Oakland, CA: Food First Books, 2013)；與Dana Frank, *The Long Honduran Night: Resistance, Terror, and the United States in the Aftermath of the Coup* (Chicago, IL: Haymarket Books, 2018)。

8 Grace Livingstone, *America's Backyard: The United States and Latin America from the Monroe Doctrine to the War On Terror* (London: Zed Books, 2009), 32.

9 Stephen C. Schlesinger and Stephen Kinzer, *Bitter Fruit: The Untold Story of the American Coup in Guatemala* (New York: Doubleday,1982). 另請見，Nicholas Stein, "Yes, We Have No Profits: The Rise and Fall of Chiquita Banana," *Fortune*, November 26, 2001.

10 Koeppel, 116.

11 Koeppel, 126–7, 130–1, 170, 255.

12 Corley and Tinker, 22. 另請見，Koeppel, 104.

13 Michael Taussig, *Palma Africana* (Chicago:The University of Chicago Press, 2018).

14 根據RSPO最近的檔案。https://www.rspo.org/members/1010/grupo-jaremar。我將一萬四千九百零六公頃換算成三萬六千八百三十三英畝。

15 根據好時公司的產銷履歷報告（Traceability Report）。https://www.thehersheycompany.com/content/dam/corporate-us/documents/pdf/hershey-h1-2018-traceability.pdf.

16 根據百事可樂公司的煉油廠供應商清單（mill list）。https://www.pepsico.com/docs/album/esg-topics-policies/pepsico-mill-list-2019.pdf?sfvrsn=a40f742b 4.

17 根據賓波集團的煉油廠供應商清單（mill list）。https://grupobimbo.com/sites/default/files/Grupo Bimbo 2018 Clean Mill List Jan 2020.pdf.

18 我在二〇一八年十二月和蓋比・羅薩札一同旅行，並參與於華盛頓特區舉辦的國際勞權論壇。

19 我下榻的是蘇臘大飯店（Gran Hotel Sula）。

20 Alexander Main, "The U.S. Militarization of Central America and Mexico," NACLA, June 17, 2014.

21 Steven E. Sesnie, Beth Tellman, David Wrathall,Kendra McSweeney, Erik Nielsen, Karina Benessaiah, Ophelia Wang, and Luis Rey, "A Spatio-Temporal Analysis of Forest Loss Related to Cocaine Trafficking in Central America," *Environmental Research Letters*, May 2017.

22 我在二〇一七年八月造訪貝登省。

23 "Lower Aguan in Honduras and the Deadly Battle Over Land Rights," Carnegie Council for Ethics in International Affairs, June 2014.

24 Kerssen, 92.

25 "A Scorecard of the Latin American Palm Oil Sector,"Forest Heroes, 2018. https://forestheroes.com/wp-content/uploads/2018/06/Behind-the-Global-Curve-A-Scorecard-of-the-Latin-American-Palm-Oil-Sector.pdf.

26 Sasha Chavkin, "Bathed in Blood: World Bank's Business Arm Backed Palm Oil Producer Amid Deadly Land War," *International Consortium of Investigative Journalists*, June 9, 2015. 另請見，"Death Valley: The Land War Gripping Honduras," *The Irish Times*, May 8, 2015.

27 出於當地治安考量，他要求我不要使用他的真名。

28 亞拉馬集團社會責任與傳播的企業經理索尼亞・美加（Sonia Mejia），在一封電子郵件裡告訴我，該公司自二〇二〇年三月起不再使用陶斯松了。但工會領導人馬約加說，工人們既沒有被告知這項訊息，也沒有獲得使用新藥劑的指導。

29 根據國際殺蟲劑運動網絡（Pesticide Action Network International）的二〇一九年高度危險性農藥清單。http://files.panap.net/resources/Consolidated-List-of-Bans-Explanatory.pdf.

30 Patricia Cohen, "Roundup Maker to Pay $10 Billion to Settle Cancer Suits," *New York Times*, June 24, 2020。二〇二〇年，美國環境保護署做出結論，嘉磷塞不是一種致癌物質。

31 亞拉馬集團發言人美加在一封電子郵件裡告訴我，「有提供給員工的淋浴設備」，但她拒絕提供任何相關證據，也不告知設備數量。工會領導人馬約加對於公司有提供給員工的淋浴設備這一說法表示不同意。

32 Joshua Oppenheimer, "Show of Force: Film, Ghosts,and Genres of Historical Performance in the Indonesian Genocide," PhD thesis, 2004, University of the Arts London, 45–7, 82.

33 Pesticide Action Network, "PAN International Consolidated List of Banned Pesticides," pan-international.org. 另見，Stop Paraquat in Palm Plantations," blog, PAN, September 11, 2020.

34 "The Great Palm Oil Scandal," Amnesty International,2016, 9.

35 "The Great Palm Oil Scandal," Amnesty International,2016, 9.

36 根據其公司網站。https://www.wilmar-international.com/about-us/corporate-profile.

37 亞拉馬集團發言人美加告訴我，公司已在二〇〇九年逐步淘汰使用巴拉刈，但拒絕解釋五年後具爭議性的ＯＰＩＣ聲明。

38 "The Great Palm Oil Scandal," Amnesty International, 74–8.

39 Wudan Yan, "I've Never Been Normal Again: Indonesian Women Risk Health to Supply Palm Oil to the West," *STAT News*, April 2017.

40 "Women, Tree Plantations, and Violence: Building Resistances," World Rainforest Movement, Bulletin 236, March 2018.

41 Margie Mason and Robin McDowell, "Rape,Abuses in Palm Oil Fields Linked to Top Beauty Brands," *Associated Press*, November 18, 2020.

42 Syed Zain Al-Mahmood, Palm-Oil Migrant Workers Tell of Abuses on Malaysian Plantations," *Wall Street Journal*, July 26, 2015.

43 "Petition to exclude palm oil and palm oil products manufactured 'wholly or in part' by forced labor in Malaysia by FGV Holdings Berhad," August 15, 2019 letter to John P. Sanders, Acting Commissioner, U.S. Customs and Border Protection, U.S. Department of Homeland Security, from ILRF, RAN, and Sum of Us.

44 "Petition to exclude palm oil and palm oil products manufactured 'wholly or in part' by forced labor in Malaysia by FGV Holdings Berhad," August 15, 2019 letter to John P. Sanders, Acting Commissioner, U.S. Customs and Border Protection, U.S. Department of Homeland Security, from ILRF, RAN, and Sum of Us.

45 Margie Mason and Robin McDowell, "US Says It Will Block Palm Oil from Large Malaysian Producer," *AP*, September 30, 2020.

46 "The Great Palm Oil Scandal,"Amnesty International, 6, 24, 38.

47 "A Dirty Investment: European Development Banks'Link to Abuses in the Democratic Republic of Congo's Palm Oil Industry,"Human Rights Watch, November 2019, 1.

48 "A Dirty Investment," annex, Part I, footnotes 11, 15, and 10.

49 Nuruly Myzabella, Lin Fritschi, Nick Merdith, Sonia El-Zaemey, HuiJun Chih, and Alison Reid, "Occupational Health and Safety in the Palm Oil Industry: A Systematic Review," *International Journal of Occupational and Environmental Medicine*, July 2019.

50 "A Dirty Investment," Part I, "Skin Problems"; Part I, footnote 25; Part I, "Inadequate Medical Care and Monitoring."

51 "A Dirty Investment," footnote 189;Part III.

52 "A Dirty Investment," Part III, "Abusive Employment Practices and Extreme Poverty Wages"; footnote 148; Part III, footnote 191.

53 Gabriel Garcia Marquez, *One Hundred Years of Solitude* (1967; reprint, New York: Harper Perennial, 2006).

54 Koeppel, 88–9.

55 "Honduras Report: Freedom of Association and Democracy," Solidarity Center, 2017–2018.

56 我在二〇一八年十二月，在梅嘉的家中與她碰面。

57 Solidarity Center report.

58 "Schakowsky,Grijalva, Levin Lead Letter Calling on Honduras to Halt Labor Violations,"press release from U.S. Representatives Jan Schakowsky (D-IL), September 6, 2019.

59 Max Radwin, "It's Getting Worse: National Parks in Honduras Hit Hard by Palm Oil," *Mongabay*, April 2019.

60 Georgina Gustin, "Ravaged by Drought, a Honduran Village Faces a Choice: Pray for Rain or Migrate," *Inside Climate News*, July 8, 2019.

61 Jeff Abbott and Sandra Cuffe, "Palm oil industry expansion spurs Guatemala indigenous migration," Al Jazeera, February 6, 2019.

62 我在二〇一七年八月，於貝登省採訪伊萬內茲，地點在她家附近。

63 我在二〇一八年十二月於弗羅雷斯家中採訪他。

第七章　這世界好胖

1 Wendell Berry, *Sex, Economy, Freedom & Community:Eight Essays* (New York: Pantheon, 2014), 7.

2 二〇一七年十月二十四日，我前往位於新德里的辦公室拜訪密斯拉。

3 我在二〇一七年十月二十四日於阿特蕾的辦公室進行採訪。

4 "Health Effects of Overweight and Obesity in 195 Countries over 25 Years," *New England Journal of Medicine* 377, no. 1 (July 6, 2017).

5 Bee Wilson, *The Way We Eat Now: How the Food Revolution Has Transformed Our Lives, Our Bodies, and Our World* (New York: Basic Books, 2019), 60.

6 Matt Richtel, "More Than 10 Percent of World's Population Is Obese, Study Finds," *New York Times*, June 12, 2017.

7 根據ＦＡＯ提供的資料。http://www.fao.org/faostat/en/#compare.

8 Derek Byerlee, Walter P. Falcon, and Rosamond L. Naylor,*The Tropical Oil Crop Revolution: Food, Feed, Fuel, & Forests* (Oxford, U.K.:Oxford University Press, 2017), 2, 19.

9 Edy Sarif, "Huge Opportunities in Palm Oil," *The Star*,March 7, 2012.

10 Corinna Hawkes, "Uneven Dietary Development: Linking the Policies and Processes of Globalization with the Nutrition

Transition, Obesity, and Diet-Related Chronic Diseases," *Global Health*, March 2006.

11 根據國際熱帶農業中心（International Center for Tropical Agriculture）的數據，"The Changing Global Diet." https://ciat.cgiar.org/the-changing-global-diet/crop-trends。

12 Byerlee, Falcon, and Naylor, 106.

13 Hawkes.

14 Michael Pollan, *The Omnivore's Dilemma: A Natural History of Four Meals* (New York: Penguin, 2006).

15 Bee Wilson, "How Ultra-Processed Food Took Over Your Shopping Cart," *The Guardian*, February 12, 2020.

16 Bernard Srour, "Consumption of Ultra-processed Foods and Cancer Risk: Results from NutriNet-Sante Prospective Cohort," BMJ, January 10, 2018.

17 Geng Zong, Yanping Li, Anne J. Wanders, Marjan Alssema, Peter L. Zock, Walter C. Willett, Frank B. Hu, and Qi Sun, "Intake of Individual Saturated Fatty Acids and Risk of Coronary Heart Disease in US Men and Women: Two Prospective Longitudinal Cohort Studies," *BMJ*, October 2016. 另請見，Ye Sun, Nithya Neelakantan, Yi Wu, Rashmi LoteOke, An Pan, and Rob M. van Dam, "Palm Oil Consumption Increases LDL Cholesterol Compared with Vegetable Oils Low in Saturated Fat in a Meta-Analysis of Clinical Trials," *Journal of Nutrition* 145, no. 7 (July 2015).

18 我在二〇一八年五月十六日與波普金透過電話聯繫，之後又以電子郵件通信了數週。

19 根據世界銀行商品表的數據 https://knoema.com/WBCPD2015Oct/world-bank-commodity-price%20-data-pink-sheet-monthly-update?commodity=1000960&measure=1000000。這些數字顯然隨著時間不斷變動。

20 我在二〇一七年七月六日與孫琦進行電話採訪。

21 當時是蘇帕納・哥許—傑瑞特博士陪同。

22 雖然價格會變動，但棕櫚油售價基本上比其他油種來得便宜。

23 根據世界銀行的資料。

24 Vidhu Gupta, Shauna M. Downs, Suparna Ghosh-Jerath, Karen Lock, and Archna Singh, "Unhealthy Fat in Street and Snack Foods in Low-Socioeconomic Settings in India: A Case Study of the Food Environments of Rural Villages and an Urban Slum," *Journal of Nutrition Education and Behavior*, April 2016.

25 二〇一七年十月二十七日，我在阿加瓦爾位於新德里的辦公室與他進行採訪。

26 二〇一七年十一月一日，我在卡普爾位於新德里的辦公室與他進行採訪。

27 二〇二〇年九月的數字，http://worldpopulationreview.com/countries/india-population。

28 EuroMonitor. https://www.euromonitor.com/usa.

29 https://biz.dominos.com/web/public/about-dominos/fun-facts.

30 http://www.subway.com/en-in/exploreourworld.

31 http://www.yum.com/company/our-brands/pizza-hut.

32 http://www.yum.com/company/our-brands/kfc.

33 https://www.businesstoday.in/current/corporate/how-mcdonalds-is-combating-slowdown-through-its-expansive-menu-in-india/story/396058.html.

34 Aakriti Gupta, Umesh Kapil, and Gajendra Singh, "Consumption of Junk Foods by School-aged Children in Rural Himachal Pradesh, India," *Indian Journal of Public Health* 62, no. 1 (2018). 請另見，Cheryl Tay, " 'Junk food' Consumption in India a Growing Concern in Rural Areas, Research Reveals," *Food Navigator Asia*, April 18, 2018.

35 EuroMonitor. https://www.euromonitor.com/usa.

36 二〇一七年十月二十五日，於庫瑪的商店採訪他。

37 David Stuckler, Martin McKee, Shah Ebrahim, and Sanjay Basu, "Manufacturing Epidemics: The Role of Global Producers in Increased Consumption of Unhealthy Commodities Including Processed Foods, Alcohol, and Tobacco," *PLoS Medicine* 9, no. 6 (June 2012).

38 Ratna Bhushan, “PepsiCo Takes ‘Snack Smart’ Logo Off Lays, Moves Away from Rice Bran Oil to Cut Costs,” *Economic Times*, March 26, 2012.

39 Mehmood Khan, MD, and George A. Mensah, MD, “Changing Practices to Improve Dietary Outcomes and Reduce Cardiovascular Risk: A Food Company’s Perspective,” IOM Heart Health. 這份備忘錄成為已公開。

40 https://www.who.int/news-room/fact-sheets/detail/healthy-diet.

41 根據RSPO二〇一九年的檔案。

42 Pearly Neo, “ ‘In India, for India’: PepsiCo Looks to Double Local Snacks Business,” *Food Navigator Asia*, September 4, 2019.

43 根據RSPO二〇一九年的檔案。

44 根據百勝餐飲集團全球媒體與外部傳播部門麥可・麥爾杜納多（Michael Maldonado），於二〇一七年十二月一日寄來的電子郵件。

45 根據RSPO二〇一九年的檔案。

46 阿德雷亞・阿貝特（Andrea Abate），於二〇一八年八月二十四日寄來的電子郵件。

47 Hawkes.

48 “Against the Grain: Free Trade and Mexico’s Junk Food Epidemic,” GRAIN, February 2015.

49 根據IndexMundi的數據。https://www.indexmundi.com。

50 Andrew Jacobs and Matt Richtel, “A Nasty, NAFTA-Related Surprise: Mexico’s Soaring Obesity,” *New York Times*, December 11,2017.

51 Jacobs and Richtel.

52 GRAIN, 2.

53 Barry Popkin, “Obesity and the Food System Transformation in Latin America,” *Obesity Review*, September 1, 2018, 9.

54 我在二〇一七年八月二日透過電話聯繫海能。

55 "Instant Noodles: A Potential Vehicle for Micronutrient Fortification," Fortification Basics," USAID. https://www.dsm.com/content/dam/dsm/nip/enUS/documents/noodles.pdf.

56 二〇一五年五月至二〇一八年七月間，我數度造訪占碑省。

57 Ratna C. Purwestri, Bronwen Powell, Dominic Rowland, Nia N. Wirawan, Edi Waliyo, Maxi Lamanepa, Yusuf Habibie, and Amy Ickowitz,"From Growing Food to Growing Cash: Understanding the Drivers of Food Choice in the Context of Rapid Agrarian Change in Indonesia," *CIFOR InfoBrief*, July 2019.

58 Purwestri et al.

59 我在二〇一八年七月二十一日採訪巴斯利。

60 我在二〇一五年五月二十六日採訪薩尼。

61 二〇一七年八月十五日，我在貝登省卡爾居住的村莊裡採訪他。

62 Andrew Jacobs, "A Shadowy Industry Group Shapes Food Policy Around the World," *New York Times*, September 16, 2019.（國際生命科學研究院〔International Life Sciences Institute〕在網站上回應了紐時的文章，請見https://ilsi.org/ilsi-response-to-the-new-york-times。）

63 Sanjay Basu, Kimberly Singer Babiarz, Shah Ebrahim, Sukurmar Vellakkal, David Stuckler, and Jeremy Goldhaber-Fiebert, "Palm Oil Taxes and Cardiovascular Disease Mortality in India: Economic-Epidemiologic Model," *British Medical Journal* 2013: 347.

64 "Healthier Hawker Centre Business Model Catches on as Stallowners Switch to Healthier Oil and Salt," press release from Health Promotion Board, September 30, 2012.

65 二〇一七年十一月十五日，我在蕭娜・道恩斯位於紐布倫斯威克（New Brunswick）的辦公室採訪她。

66 二〇一七年EAT亞太食物論壇。

67 薩塔斯萬的新聞秘書是斯瓦庫瑪・可瑞斯庫瑪（Sivakumar Krishnan）。我第一次寄電子郵件給他是為了要安排二〇一七年十月三十日早晨的會面。他取消了我與部長的採訪後，當天下午我們在大廳碰面。

第八章　煙霧籠罩著新加坡

1 我和森林之眼的成員們於二〇一八年七月一同進行臥底調查。

2 Hans Nicholas Jong, "Indonesia to Investigate Death of Journalist Being Held for Defaming Palm Oil Company," *Mongabay*, June 21, 2018.

3 The Gecko Project and Mongabay, "Follow the Permits: How to Identify Corrupt Red Flags in Indonesian Land Deals," *Mongabay*, December 4, 2019.

4 John M. Broder, "Bush Signs Broad Energy Bill," *New York Times*, December 19, 2007.

5 Susanne Retka Schill, "EU Adopts 10 Percent Biofuels Mandate," *Biodiesel Magazine*, January 1, 2009.

6 Rosidah Radzian, "The Impact of Renewable Fuel Standard (RFS2) on Palm Biodiesel's Market Access to the United States of America," Malaysian Palm Oil Board, 2011. http://palmoilis.mpob.gov.my/publications/OPIEJ/opiejv12n1-Rosidah.pdf. 另請見，Abrahm Lustgarten, "Palm Oil Was Supposed to Help Save the Planet. Instead It Unleashed a Catastrophe," *New York Times*, November 20, 2018.

7 Eoin Bannon, "Cars and Trucks Burn Almost Half of All Palm Oil Used in Europe," Transport & Environment, May 31, 2016. 另見，IndexMundi.com。二〇一一年：五百七十萬七千公噸。二〇一二年：六百八十一萬兩千公噸。

8 Arthur Nelson, "Leaked Figures Show Spike in Palm Oil Use for Biodiesel in Europe," *The Guardian*, June 1, 2016.

9 "Palm Oil Biofuels Market May See Shake-up in 2020, Heightening Leakage Risks," Chain Reaction Research, November 21, 2019.

10 Jong, "Indonesia to Investigate Death of Journalist."

11 The Gecko Project, "The Making of a Palm Oil Fiefdom:The Story of Money, Power and Politics Behind the Devastation of a Forest-Rich District in Indonesian Borneo," October 11, 2019.

12 Nathalia Tjandra, "Indonesia's Lax Smoking Laws Are Helping Next Generation to Get Hooked," *Jakarta Post*, June 4, 2018.

13 Rhett A. Butler, "Despite Moratorium, Indonesia Now Has World's Highest Deforestation Rate," *Mongabay*, June 29, 2014.

14 K.G. Austin, A. Mosnier, J. Pirker, I. McCallum, S. Fritz, and P.S. Kasibhatla, "Shifting Patterns of Oil Palm Driven Deforestation in Indonesia and Implications for Zero-Deforestation Commitments,"*Land Use Policy*, Vol. 69, December 2017.

15 根據美國農業部統計。https://ipad.fas.usda.gov/highlights/2007/12/indonesia palmoil.

16 我在二〇一九年五月十五日、九月二十九日透過電話採訪胡羅維茲。

17 The Gecko Project, "How Corrupt Elections Fuel the Sell-off of Indonesia's Natural Resources," *Mongabay*, June 7, 2018

18 The Gecko Project, "Abdon Nababan: 'North Sumatran Land Mafia Offered Me $21m to Win Election—and Then Hand Over Control of Government,'" *Mongabay*, June 21, 2018.

19 The Gecko Project, "Comment: It's Time to Confront the Collusion Between the Palm Oil Industry and Politicians That Is Driving Indonesia's Deforestation Crisis," *Mongabay*, April 18, 2018.

20 Donal Fariz, "Battling Corruption in Indonesia's Elections," *The Diplomat*, May 15, 2019.

21 Joshua Oppenheimer, "Why Today's Global Warming Has Roots in Indonesia's Genocidal Past," *The Guardian*, May 3, 2016.

22 二〇一六年十一月我和這個人一同造訪蘇門答臘（為了他的安全，在此不寫出他的名字。）

23 《IPCC氣候變遷特別報告》（*IPCC Special Report on Climate Change*）, Chapter 4, Land Degradation, 2018.

24 Juka Miettinen, Chenghua Shi, and Soo Chin Liew,"Land Cover Distribution in the Peatlands of Peninsular Malaysia, Sumatra and Borneo in 2015 with Changes Since 1990," *Global Ecology and Conservation* 6 (April 2016).

25 Loren Bell, "Indonesia's Anti-corruption Agency Questions Former Minster of Forestry," *Mongabay*, November 21, 2014.

26 Hans Nicholas Jong, "Indonesia Forest-Clearing Ban Is Made Permanent, but Labeled 'Propaganda,' " *Mongabay*, August

14,2019.

27 Shannon N. Koplitz, Loretta J. Mickley,Miriam E. Marlier, Jonathan J. Buonocore, Patrick S. Kim, Tianjia Liu, Melissa P. Sulprizio, Ruth S. DeFries, Daniel J. Jacob, and Joel Schwartz, "Public Health Impacts of the Severe Haze in Equatorial Asia in September–October 2015: Demonstration of a New Framework for Informing Fire Management Strategies to Reduce Downwind Smoke Exposure," *Environmental Research Letters*, September 19, 2016.

28 P. Crippa, S. Castruccio, S. Archer-Nicholls,G.B. Lebron, M. Kuwata, A. Thota, S. Sumin, E. Butt, C. Wiedinmyer, and D.C. Spracklen, "Population Exposure to Hazardous Air Quality Due to the 2015 Fires in Equatorial Asia," *Scientific Reports*, November 16, 2016.

29 我在二〇一五年五月與這名翻譯合作採訪占碑省，至今保持聯繫。

30 G.C. Schoneveld, D. Ekowati, A. Andrianto, and S. van der Haar, "Modeling Peat- and Forestland Conversion by Oil Palm Smallholders in Indonesian Borneo," *Environmental Research Letters*, January 9, 2019.

31 Mongabay staff, "Indonesia's Anti-graft Agency 'Eager to Intervene' in Palm Oil Sector,"*Mongabay*, October 25, 2018.

32 Brad Plumer, "The EPA's Most Important Decision This Year Could Be over... Vegetable Oil?" *Washington Post*, April 27, 2012.

33 Thomas Guillaume, Martyna M. Kotowska, Dietrich Hertel, Alexander Knohl, Valentyna Krashevska, Kukuh Murtilaksono, Stefan Scheu, and Yakov Kuzyakov, "Carbon Costs and Benefits of Indonesian Rainforest Conversion to Plantations," *Nature Communications*, 2018.

34 Miettinen et al.

35 Hans Nicholas Jong, "Indonesia Fires Emitted Double the Carbon of Amazon Fires, Research Shows," *Mongabay*, November 25, 2019. 另請見，Hans Nicholas Jong, "Indonesia Fires Cost Nation $5 Billion This Year: World Bank," *Mongabay*, December 20, 2019.

36 Dian Afriyanti, Lars Hein, Carolien Kroeze, Mohammad Zuhdi, and Asmadi Saad, "Scenarios for Withdrawal of Oil Palm Plantations from Peatlands in Jambi Province," *Regional Environmental Change*, February 28, 2019.

37 Mongabay staff, "Indonesian President Signs 3-Year Freeze on New Oil Palm Licenses," *Mongabay*, September 20, 2018.

38 Hans Nicholas Jong, " 'We've Been Negligent,' Indonesia's President Says as Fire Crisis Deepens," *Mongabay*, September 17, 2019.

39 "Palm Oil Biofuels Market May See Shake-Up in 2020, Heightening Leakage Risks," Chain Reaction Research, November 21, 2019.

40 Chris Malins, "Biofuel to the Fire: The Impact of Continued Expansion of Palm and Soy Oil Demand Through Biofuel Policy,"Rainforest Foundation Norway, 2020. 另見，Nithin Coca, "As Palm Oil for Biofuel Rises in Southeast Asia, Tropical Ecosystems Shrink," *Chinadialogue*, April 20, 2020.

41 Malins.

42 David Smith, "Peat Bog as Big as England Found in Congo," *The Guardian*, May 27, 2014.

第九章　Nutella與其他抹醬

1 Abraham Lincoln, 引用自Ida Minerva Tarbell, *In the Footsteps of the Lincolns* (New York: Harper & Brothers, 1924), 380。從Google Books閱覽。

2 Sarah Butler and Mark Sweney, "Iceland's Christmas TV Advert Rejected for Being Political," *The Guardian*, November 9, 2018.

3 Magda Ibrahim, "Iceland's 'Rang-Tan' Ad Hits 30m Views Online and Prompts Petition," *PR Week*, November 13, 2018.

4 根據IndexMundi。https://www.indexmundi.com/agriculture/?country=us&commodity=palm-oil&graph=domestic-consumption。一九八一年：十萬零四千公噸。一九八五年：二十六萬八千公噸。

5 Susan M. Martin, *The UP Saga* (Copenhagen: Nordic Institute of Asian Studies Press, 2003), 276.

6 Carole Sugarman, "A Slick War of Words," *Washington Post*, April 29, 1987.

7 Barbara Crossette, "International Report: Malaysia Opposes Labels on Palm Oil," *New York Times*, October 19, 1987.

8 Sugarman.

9 Shakila Yacob, "Government, Business and Lobbyists: The Politics of Palm Oil in US–Malaysia Relations," *The International History Review*, May 1, 2018: 921.

10 Steven Pratt, "World Grease War Slides into a Slugfest,"*Chicago Tribune*, October 15, 1987.

11 Martin, *The UP Saga*, 277.

12 Yacob.

13 Martin, *The UP Saga*, 277.

14 Douglas C. McGill, "Tropical-Oil Exporters Seek Reprieve in U.S.," *New York Times*, February 3, 1989.

15 "Tropical Fats Labeling: Malaysians Counterattack ASA Drive," *Journal of the American Oil Chemists Society* 64, no. 12 (1987): 1956，引自Nina Teicholz, *The Big Fat Surprise* (New York: Simon & Schuster, 2014), 236.

16 Yacob, 910.

17 CIFOR, "An Open Letter About Scientific Credibility and the Conservation of Tropical Forests," *Forest News*, October 26, 2010. 另請見，Rhett Butler, "Scientists Blast Greenwashing by Front Groups," *Mongabay*, October 27, 2010.

18 Alex Helan, "Greenwash and Spin: Palm Oil Lobby Targets Its Critics," *The Ecologist*, July 8, 2011. 另請見，Hanim Adnan, "Up Close with Pro-Palm Oil Lobbyist Alan Oxley," *The Star*, August 14, 2010.

19 根據公司的網站資料。http://www.simedarbyplantation.com/corporate/overview/about-us.

20 Ian Burrell and Martin Hickman, "Special Investigation:TV Company Takes Millions from Malaysian Government to Make Documentaries for BBC... About Malaysia," *The Independent*, August 17, 2011.

21 "Taib Paid Out $5 Million to Attack Sarawak Report!—International Expose," *Sarawak Report*, August 1, 2011.

22 Ian Burrell, "Firm in BBC News-Fixing Row Targeted Poverty Guru," The Independent, November 17, 2011。（薩赫士有一次告訴《衛報》的達米恩・卡靈頓（Damian Carrington），他「從來沒想過也從未收過森那美集團的一毛錢」，也「不會擔任森那美的「大使」或「冠軍」。」對於該公司支付ＦＢＣ錢一事，他表示並不知情。請見"Jeffrey Sachs Stung by the Corrosive Mix of Palm Oil and Publicity," The Guardian, November 17, 2011。）

23 Ian Burrell, "Company in News-Fixing Row Goes into Administration," *The Independent*, October 28, 2011.

24 Sarah Hucal, "The Italians Fighting Against 'an Invasion' of Palm Oil," *The Guardian*, December 9, 2015.

25 Hucal.

26 Niamh Michail, "Ferrero Defends Palm Oil in Nutella with Advert Against 'Unfair Smear Campaign,' " *Food Navigator*, December 5, 2017.

27 EFSA Panel on Contaminants in the Food Chain, "Risks for Human Health Related to the Presence of 3- and 2-monochloropropanediol (MCPD), and Their Fatty Acid Esters, and Glycidyl Fatty Acid Esters in Food," *EFSA Journal*, May 10, 2016.

28 Francesca Landini and Giancarlo Navach, "Nutella Maker Fights Back on Palm Oil After Cancer Risk Study," *Reuters*, January 11, 2017.

29 Sybille de La Hamaide, "French Parliament Scraps Planned Extra Tax on Palm Oil," *Reuters*, June 23, 2016.

30 Arthur Neslen and Joe Sandler Clarke, "French Politicians Scrapped Palm Oil Tax After Indonesia Execution Warning," *DeSmog*, March 18, 2019.

31 Niamh Michail, "French MPs Drop Palm Oil Tax—but Accuse Producer Countries of Blackmail," *Food Navigator*, June 26, 2016.

32 Loren Bell, "139 Scientists Shoot Down 'Misleading' Reports from Malaysia Peat Congress," *Mongabay*, October 4, 2016.

33 A. Ananthalaksmi and Emily Chow, "Fearing Tobacco's Fate, Palm Oil Industry Fights Back," *Reuters*, August 21, 2019.

34 Jake Tapper and Max Culhane, "Al Gore YouTube Spoof Not So Amateurish," *ABC News*, August 5, 2006.

35 "DCI Group Background," *DeSmog*. https://www.desmogblog.com/dci-group.

36 Dave Levinthal, "Lobbying Firm Fires 12," *Politico*, April 17, 2012.

37 Marc Ambinder, "The DCI Group Responds on Burma," *The Atlantic*, May 19, 2008.

38 Mike McIntire, "Odd Alliance: Business Lobby and Tea Party," *New York Times*, March 30, 2011.

39 Ananthalaksmi and Chow, of Reuters.

40 Joe Sandler Clarke, "How Palm Oil Sparked a Diplomatic Row Between Europe and Southeast Asia," *Unearthed*, March 18, 2009.

41 Ananthalaksmi and Chow.

42 Hans Nicholas Jong, "Indonesian Oil Palm Smallholders Sue State over Subsidy to Biofuel Producers," *Mongabay*, April 24, 2018.

43 Laura Villadiego, "Precarious Employment, Lower Pay and Exposure to Chemicals: The Gender Divide in the Palm Oil Industry," *Equal Times*, July 3, 2017.

44 Malay Mail staff, "Migrant Workers in Oil Palm Plantations Deserve Better Treatment—Tenaganita," Malay Mail, September 25, 2018。三十八點四六馬來西亞令吉等於九點二三美元。

45 數據出自於"Malaysia's Richest"與"Indonesia's Richest," *Forbes*, October 2020. 另請見，"*Tycoons in the Indonesian Palm Oil Sector 2018*," TuK Indonesia. https://www.tuk.or.id/2019/03/08/tycoon-in-the-indonesian-palm-oil/?lang=en.

46 我和菲佛在二〇一七年十一月二十九日通電話。Dr. Bruce Fife, The Palm Oil Miracle (Colorado Springs: Picadilly Books, 2007)。

47 Stan Diel, "Birmingham-Based Internet College to Close, Blames Economy," *Alabama.com*, July 10, 2010.

48 Stan Diel, "Former Clayton College Students to Get up to $2.31 Million, Tuition Discounts," *Alabama.com*, November 18, 2011.

49 Sowmya Kadandale et al., "Palm Oil Industry and Noncommunicable Diseases," *World Health Organization Bulletin*, January 2019.

50 Bernama, "Council Accuses WHO of 'Cherry-Picking'in Study Against Palm Oil," *FMT News*, January 10, 2019.

51 Ananthalaksmi and Chow.

52 "Diet, Nutrition and the Prevention of Chronic Diseases:Report of the Joint WHO/FAO Expert Consultation," WHO Technical Report Series, No. 916.

53 自二〇一六年起，我和亞赫進行過多次對話。二〇一九年五月，我和他在無菸世界基金會（Foundation for a Smoke-Free World）位於曼哈頓中城的辦公室會面，如今他是該基金會主席。

54 Emily Chow and Joseph Sipalan, "Malaysia Could Curb French Purchases If Palm Oil Use Restricted," *Reuters*, January 23, 2019.

55 "Teresa Kok Blasts EU's Palm Oil Decision Based on 'Politics of Protectionism,' " *The Star*, May 15, 2019.

56 A. Ananthalakshmi and Mei Mei Chu, "Malaysian Palm Oil Bosses Urge Action Against 'Toxic' Environmental Groups," *Reuters*, February 4, 2020.

57 Richard C. Paddock, "American Journalist Is Arrested in Indonesia Over Visa Issue," *New York Times*, January 22, 2020.

第十章　對抗強權

1 葛蕾塔・通貝里，TED演講，二〇一八年五月。

2 我和亨利於二〇一九年七月三十一日通電話。我於二〇一九年七月三十日，採訪登上「Stolt號」的印尼激進人士瑪雅・馬瑞烏（Maya Marewu）。

3 “The Final Countdown: Now or Never to Reform the Palm Oil Industry,” Greenpeace International, September 19, 2018. Available on the organization’s website.

4 Kevin Barry, *Night Boat to Tangier* (New York: Doubleday, 2019), 1.

5 二〇一五年三月二十九日至三十一日，我都和ＲＡＮ成員們在一起。

6 “The Snack Food 20,” Rainforest Action Network. https://www.ran.org/sf20scorecard.

7 艾倫此後便離開了該組織。

8 Hillary Rosner, “Palm Oil and Scout Cookies—the Battle Drags On,” *New York Times*, February 13, 2002.

9 Elizabeth Shogren, “Two Scouts Want Palm Oil Out of Famous Cookies,” *NPR*, July 4, 2011.

10 根據ＲＳＰＯ官網。https://www.rspo.org。

11 我參與了ＲＳＰＯ於吉隆坡、曼谷、米蘭、倫敦召開的會議。

12 “Who Watches the Watchmen?” published by the EIA on November 16, 2016. https://eia-international.org/report/who – watches-the-watchmen.

13 Mongabay staff, “PanEco Resigns from RSPO Over ‘Sheer Level of Inaction,’ ” *Mongabay*, June 3, 2016.

14 Reuters staff, “Liberia’s Biggest Palm Oil Project Quits Eco-Certification Scheme,” *Reuters*, July 21, 2018.

15 “Who Watches the Watchmen 2,” EIA.

16 根據ＲＳＰＯ官網。

17 Rhett A. Butler, “Palm Oil Giant Profiting Off Tiger Habitat Destruction, Alleges Greenpeace,” *Mongabay*, October 22, 2013.

18 Mongabay staff, “Norway’s Wealth Fund Dumps 23 Palm Oil Companies Under New Deforestation Policy,”*Mongabay*, March 11, 2013.

19 根據與胡羅維茲的對話。另見，Nathanael Johnson, “48 Hours That Changed the Future of Rainforests,” Grist.com, April 2, 2015。

20 Jeremy Hance, "Scientists Say Massive Palm Oil Plantation Will 'Cut the Heart Out' of Cameroon's Rainforest," *Mongabay*, March 15, 2012.

21 Christiane Badgley, "When Wall Street Went to Africa," *Foreign Policy*, July 11, 2014.

22 Front Page Africa staff, "Sime Darby Finally Shuts Down; Leaves Liberia," *Front Page Africa*, January 17, 2020.

23 "Defending Tomorrow," 二〇二〇年七月由全球見證發布。https://www.globalwitness.org/en/campaigns/environmental-activists/defending-tomorrow.

24 Human Rights Watch, "Thailand Land Rights Activist Gunned Down," *On Dangerous Ground*, 8. https://www.hrw.org/news/2015/02/14/thailand-land-rights-activist-gunned-down.

25 Action Aid, "Guatemalan Activist Murdered Protesting Chemical Leak at Palm Oil Plant," September 2015. https://www.actionaidusa.org/2015/09/guatemalan-activist-murdered-protesting-chemical-leak-palm-oil-plant.

26 Borneo Post staff, "PKR Miri Branch Secretary Bill Kayong Shot Dead in Drive-by," *The Borneo Post*, June 21, 2016.

27 Jocelyn C. Zuckerman, "The Violent Costs of the Global Palm Oil Boom," *newyorker.com*, December 10, 2016.

28 Ayat S. Karokaro, "Indonesian Journalists Critical of Illegal Palm Plantation Found Dead," *Mongabay*, November 4, 2019. 另請見，Richard C. Paddock, "A Hard-Fighting Indonesian Lawyer's Death Has Colleagues Asking Questions," *New York Times*, October 24, 2019.

29 "Indonesian Forest Fires Crisis: Palm Oil and Pulp Companies with Largest Burned Land Areas Are Going Unpunished,"Greenpeace Southeast Asia, September 24, 2019.

30 "Large Scale Bribery and Illegal Land-Use Violations Alleged on Large Parts of Golden Agri-Resources Palm Oil Plantations," Forest Peoples Programme, March 20, 2020.

31 "Indofood Withdraws from RSPO," *Oils & Fats International*, February 11, 2019.

32 可以在該公司官網讀到芬克的信「獲益與目的」。

33 MI News Network, "Photos: Six Greenpeace Activists Arrested on Board Ship Loaded with Palm Oil," *Shipping News*, November 20, 2018.

後記 後疫情時代的棕櫚

1 "Neglected Tropical Diseases," World Health Organization. https://www.who.int/neglected diseases/diseases/zoonoses/en.

2 Kate E. Jones, Mikkita G. Patel, Marc A. Levy, Adam Storeygard, Deborah Balk, John L. Gittleman, and Peter Daszak, "Global Trends in Emerging Infectious Diseases," *Nature* 451, 990–993, 2008.

3 Simon L. Lewis, David P. Edwards, and David Galbraith, "Increasing Human Dominance of Tropical Forests," *Science* 349, no. 6250 (August 22, 2015): 827–32.

4 我和達斯札克於二〇二一年三月二十二日通電話。

5 The Oxford Martin Programme on Global Development, University of Oxford, "Agricultural Land by Global Diets," 51 million square kilometers. World Bank: 48.6 square kilometers in 2016.

6 *The State of Food Security and Nutrition in the World 2019*, Food and Agriculture Organization of the United Nations.

7 根據世界衛生組織。https://www.who.int/news-room/fact-sheets/detail/obesity-and-overweight。

8 IPCC, "Special Report: Global Warming of 1.5°: Summary for Policymakers."

9 David Gibbs, Nancy Harris, and Frances Seymour, "By the Numbers: The Value of Tropical Forests in the Climate Change Equation,"World Resources Institute, October 4, 2018.

10 Rachel Nuwer, "Mass Extinctions Are Accelerating, Scientists Report," *New York Times*, June 1, 2020.

11 我這一段的討論從下列報導中獲益良多："Covid 19: Urgent Call to Protect People and Nature," published by WWF in Spring of 2020; Timothy D. Searchinger, Chris Malins, Patrice Dumas, David Baldock, Joe Glauber, Thomas Jayne, Jikum Huang, and Paswel Marnya, "Revising Public Agricultural Support to Mitigate Climate Change," published by the World Bank

Group in 2020; "The 2020 Global Nutrition Report," Development Initiatives Poverty Research, Ltd, Bristol, U.K.; Timothy Searchinger, Richard Waite, Craig Hanson, and Janet Ranganathan, "Creating a Sustainable Food Future: A Menu of Solutions to Feed Nearly 10 Billion People by 2050," World Resources Institute, 2019; and The IPCC Special Report on Climate Change, issued in August of 2019。

12 "The 2020 Global Nutrition Report." Development Initiatives Poverty Research, Ltd, Bristol, U.K., 16. https://globalnutritionreport.org/reports/2020-global-nutrition-report.

13 根據疾控預防中心。https://www.cdc.gov/coronavirus/2019-ncov/need%20-extra-precautions/people-with-medical-conditions.html。

14 CarbonBrief, "The Carbon Brief Profile, Indonesia."https://www.carbonbrief.org/the-carbon-brief-profile-indonesia.

15 Hannah V. Cooper, Stephanie Evers, Paul Aplin, Neil Crout, Mohd Puat Bin Dahalan, and Sofie Sjogersten, "Greenhouse Gas Emissions Resulting from Conversion of Peat Swamp Forest to Oil Palm Plantation,"*Nature Communications* 11, 407 (January 2020). 另請見，Sophie Sjogersten, "Palm Oil: Research Shows That New Plantations Produce Double the Emissions of Mature Ones," *The Conversation*, January 22, 2020. 我將三百萬公頃轉換成七千四百萬英畝。

16 更多請見Anuradha Raghu, "New Dwarf Trees Set to Revolutionize Palm Oil Market," *BNN Bloomberg*, October 3, 2018.

17 "Indigenous Peoples: The Unsung Heroes of Conservation,"United Nations website. See also The World Bank, "Indigenous Peoples."

18 David M. Lapola, Luiz A. Martinelli, Carlos A. Peres, Jean P.H.B. Ometto, et al., "Persuasive Transition of the Brazilian Land-Use System," *Nature Climate Change* 4 (December 20, 2013). 另請見，Wayne S. Walker, Seth R. Gorelik, Alessandro Baccini, Jose Luis Aragon-Osejo,Carmen Josse, Chris Meyer, Marcia N. Macedo, Cicero Augusto, Sandra Rios, Tuntiak Katan, Alana Almeida de Souza, Saul Cuellar, Andres Llanos, Irene Zager, Gregorio Diaz Mirabal, Kylen K. Solvik, Mary K. Farina, Paulo Moutinho, and Stephan Schwartzman, "The Role of Forest Conversion, Degradation, and Disturbance in the Carbon Dynamics

of Amazon Indigenous Territories and Protected Areas," *Proceedings of the National Academy of Sciences*, February 11, 2020.

19 John Cumbers, "There Is More Money in the Borneo Rainforest's Biodiversity Than in Its Deforestation," *Forbes*, September 12, 2019.

20 Carol J. Clouse, "The U.N.'s Grand Plan to Save Forests Hasn't Worked but Some Still Believe It Can," *Mongabay*, July 14, 2020. 另見，Hans Nicholas Jong, "Indonesia to Get First Payment from Norway Under $1Bn REDD+ Scheme," *Mongabay*, February 20, 2019, and "Norway to Complete $1 Billion Payment to Brazil for Protecting Amazon," *Reuters*, September 15, 2015.

21 "230 Investors with $16.2 trillion in AUM Call for Corporate Action on Deforestation, Signaling Support for the Amazon," *Principles for Responsible Investment*, September 18, 2019.

22 Michael Taylor, "Norway's Wealth Fund Ditches 33 Palm Oil Firms Over Deforestation," *Reuters*, February 28, 2019.

23 Larry Fink, "A Fundamental Reshaping of Finance,"BlackRock, https://www.blackrock.com/corporate/investor-relations/larry-fink-ceo-letter.

24 Andrew Ross Sorkin, "BlackRock C.E.O. Larry Fink:Climate Crisis Will Reshape Finance," *New York Times*, January 14, 2020.

25 根據前森那美集團永續發展負責人西蒙・羅德。

26 我在二〇二〇年二月十日與十一日，於威斯康辛麥迪遜訪問兩人。

27 Bonnie A. McNeil and David T. Stuart, "*Lipomyces starkeyi*: An Emerging Cell Factory for Production of Lipids, Oleochemicals and Biotechnology Applications," *World Journal of Microbiology and Biotechnology* 34, 147 (2018).

28 Akshat Rathi, "Bill Gates–Led Fund Invests in Synthetic Palm Oil Startup," *Bloomberg Green*, March 2, 2020. 另請見，Jeffrey J. Bussgang and Olivia Hull, "C16 Biosciences: Lab-Grown Palm Oil," Harvard Business School case study, November 12, 2019.

29 "Developing an Alternative to Palm Oil from Waste Resource, Using Yeast," from the website of the Department of Chemical Engineering, University of Bath.

30 我在二〇二〇年二月十日與十一日，於威斯康辛麥迪遜訪問妮可・凱勒赫。

31 凱勒赫以下列方法得出她的數據：根據國際乾淨交通理事會（International Council on Clean Transportation），與每年砍伐熱帶森林造成與棕櫚油相關的碳排放總量約七億公噸（https://theicct.org/blog/staff/palm-oil-elephant-greenhouse）。根據《食物科學與科技研究所期刊》（Journal of the Institute of Food Science and Technology），美妝業佔棕櫚油市場的百分之二。(https://fstjournal.org/features/33-1/sustainable-palm-oil)。七億公噸的碳，百分之二的碳排放量即為一千四百萬公噸。凱勒赫假設「莎娜亞」會以不含棕櫚油的甘油（一種廢棄物產品）作為其碳源。

32 更多請見Sophie Parsons, Sofia Raikova,and Christopher J. Chuck, "The Viability and Desirability of Replacing Palm Oil," *Nature Sustainability* 3 (March 9, 2020): 412–18.

33 Anna Russell, "How Statues in Britain Began to Fall,"*newyorker.com*, June 22, 2020.

34 Monika Pronczuk and Mihir Zaveri, "Statue of Leopold II, Belgian King Who Brutalized Congo, Is Removed in Antwerp,"*New York Times*, June 9, 2020.

35 Jamie Bowman, "Calls for Debate on Bolton Park Name and Lord Leverhulme's Slave Labour Links," *Bolton News*, June 12, 2020.

36 我在二〇一九年二月十四日至十九日造訪盧桑加，採訪恩共戈、馬騰斯與其他幾位藝術家。

37 請見本書的第三章。

38 Roberta Smith, Holland Cotter, and Jason Farago,"The Best Art of 2017," *New York Times*, December 6, 2017. 另請見，Randy Kennedy, "Chocolate Sculpture, with a Bitter Taste of Colonialism," *New York Times*, February 2, 2017.

39 Hans Nicholas Jong, "Seeking Justice Against Palm Oil Firms, Victims Call Out Banks Behind Them," *Mongabay*, October 10, 2019. 請另見，Chris Arsenault, "Congo Plantation Firm Financed by U.K. Aid Accused of Breaking Promise to Help Workers," *Reuters*, February 28, 2017; Claire Provost, "Farmers Sue World Bank Lending Arm Over Alleged Violence in Honduras," *The Guardian*, March 8, 2017; and Hans Nicholas Jong, "Indonesian Oil Palm Smallholders Sue State over Subsidy to Biofuel Producers,"*Mongabay*, April 24, 2018.

版權說明

書籍引用授權

卷首語 *The Wretched of the Earth*, by Frantz Fanon. English language translation copyright © 1961 by Presence Africaine. 經由Grove / Atlantic, Inc. 授權。

頁22、26 *We, the Survivors*, by Tash Aw. Copyright © 2019 by Farrar, Straus & Giroux. Used by permission of Farrar, Straus & Giroux.

頁53 *The African Religions of Brazil: Toward a Sociology of the Interpenetration of Civilizations*, by Roger Bastide. Copyright © 1960; reprinted in 1978 by Johns Hopkins University Press. Used by permission of Presses Universitaires de France / Humensis.

頁97 *Democracy*, by Joan Didion. Copyright © 1984 by Joan Didion; reprinted in 1995 by Random House. Used by permission of the Didion Dunne Literary Trust

頁117 *Silent Spring*, by Rachel Carson. Copyright © 1962, by Rachel L. Carson.Copyright © renewed 1990 by Roger Christie. Used by permission of Frances Collin, Trustee.

頁145 *One Hundred Years of Solitude*, by Gabriel Garcia Marquez. Translated by Gregory Rabassa. English translation copyright© 1970 by Harper & Row Publishers, Inc. Used by permission of HarperCollins Publishers.

圖片出處

頁12 Marco Di Lauro

頁17 Cirad

頁22 Jason Taylor

頁35 National Portrait Gallery, London

頁54 Used with permission of Case Watkins, from his book *Palm Oil Diaspora:Afro-Brazilian Landscapes and Economies on Bahia's Dende Coast*, coming in June 2021 from Cambridge University Press.

頁60 Jocelyn Zuckerman

頁64 Edson Varas. Used with permission of Ayrson Heraclito.

頁72 Topical Press Agency / Stringer

頁107 Rhett A. Butler / Mongabay

頁110 Jocelyn Zuckerman

頁112 Jocelyn Zuckerman

頁119 Paul Hilton
頁123 The World Factbook
頁128 Paul Hilton
頁134 Paul Hilton
頁137 Paul Hilton
頁140 Paul Hilton
頁141 Paul Hilton
頁147 Courtesy of STAS
頁157 Marco Di Lauro
頁162 Jason Motlagh
頁164 Luciana Tellez / Human Rights Watch
頁175 Jocelyn Zuckerman
頁180 Jocelyn Zuckerman
頁186 Jocelyn Zuckerman
頁191 Kemal Jufri
頁198 Rhett A. Butler / Mongabay
頁204 Jocelyn Zuckerman
頁213 Greenpeace

頁215　Courtesy of Karen Sokolof Javitch
頁221　Jeff Koehler
頁231　Greenpeace
頁242　Goldman Environmental Prize
頁247　Rainforest Action Network
頁258　Courtesy of Tom Kelleher
頁266　Leonard Pongo

外文名詞對照表

原文	譯文
Aboh	埃伯（非洲地名，棕櫚油產區）
absinthe	艾碧斯；也可稱為苦艾酒，書中採前者
Accra	阿克拉（地名，位於今迦納）
ActionAid USA	美國援助行動
Agriculture Subcommittee on Wheat, Soybeans, and Feed Grains	小麥、大豆與飼料穀物農業小組委員會
Akassa	阿卡薩（地名，位於奈及利亞沿海）
All India Food Processors' Association	全印度食物加工商協會
American Colonization Society	美國殖民協會
American Enterprise Institute	美國企業研究所
American Soybean Association, ASA	美國大豆協會
Anchuria	安楚里亞（作家歐．亨利虛構的國家）
Anti-British National Liberation War	反英民族解放戰爭
Archer-Daniels-Midland Company, ADM	阿徹丹尼爾斯米德蘭公司
Asia Pulp & Paper	亞洲漿紙（印尼公司名，屬金光集團）
Asian fairy-bluebird	和平鳥
Banana republic	香蕉共和國（作家歐．亨利虛構的名稱）
Batang Kali	峇冬加里（地名，位於馬來西亞）
Batin Sembilan	巴廷仙比蘭族
Bay of Pigs	豬羅灣事件
Benue River	貝努埃河
Bight of Benin	貝寧灣
Bight of Biafra	比亞法拉灣
biomass	生物質

原文	譯文
bioreactor	生物反應器
Black America	黑色美洲
black-eared barbet	黑耳擬啄木
Blackfriars Bridge	黑衣修士橋
Bonny	邦尼（地名，位於非洲）
Brass	布拉斯（地名，位於非洲）
Breakthrough Energy Ventures	突破性能源風險投資公司
bulbul	鵯
Canola oil	芥花油
Center for International Forestry Research, CIFOR	國際林業研究中心
Central American Free Trade Agreement	《中美洲自由貿易協定》
Cercle d'Art des Travailleurs de Plantation Congolaise	剛果種植園工人藝術圈
chain-of-custody	監管鏈
Chiquita Brands International	金吉達品牌國際公司
Clayton School of Natural Healing	克萊頓自然健康學院
Climate Advisers	氣候顧問
Colgate-Palmolive	高露潔—棕欖公司
commodity fetishism	商品拜物教
Competitive Enterprise Institute	競爭企業研究所
conga line	康加舞
Congo Free State	剛果自由邦
Congolese Plantation Workers' Art League	剛果種植園工人藝術聯盟
Congregationalist	公理會
Corruption Eradication Commission (KPK)	根除腐敗委員會
Council of Palm Oil Producing Countries	棕櫚油生產國委員會
COVID-19	新型冠狀病毒
customary land rights	傳統土地權

原文	譯文
dendê	棕櫚油（葡萄牙文）
East Africa	英屬東非；東非保護國
EcoHealth Alliance	生態健康聯盟
El Poder del Consumidor	消費者力量
El Pulpo	章魚
Energy Independence and Security Act	能源自主與安全法
Environmental Investigation Agency, EIA	環境調查機構
Environmental Protection Agency	美國環境保護署
European Food Safety Authority	歐洲食品安全局
Eyes on the Forest, EoF	森林之眼
Federal Land Development Authority, FELDA	馬來西亞聯邦土地發展局
Felda Global Ventures Holdings Berhad,FGV Holdings Berhad, FGV	聯邦土地發展局控股公司
Ferrero	費列羅
Food and Agriculture Organization	聯合國糧食暨農業組織
Food and Drug Administration, FDA	美國食品藥物管理局
Food Safety and Standards Authority of India, FSSAI	印度食品安全與標準局
force publique	公安軍
Forest Peoples Programme	森林民族計畫
French Riviera	蔚藍海岸
Friends of the Earth	地球之友
fuel-economy standard	油耗標準
Garden of Allah	真主花園
General Act of the West Africa Conference of 1884-1885	柏林西非會議
Global Canopy	全球林冠計畫
Global Forest Watch	全球森林觀察網
Global Labor Justice	全球勞工正義

原文	譯文
Global Witness	全球見證
glyphosate	嘉磷塞
Gold Coast	黃金海岸（地名，指西非幾內亞灣地區）
Golden Agri-Resources, GAR	金光農業資源公司
Goldman Environmental Prize	高曼環境獎
Government Pension Fund Global	政府養老基金
Green Advocates	綠色主張
green-washing	漂綠
Grupo Jaremar	亞拉馬集團
Gulf of Cadiz	加地斯灣
hardwood tree	闊葉樹
Harrisons & Crosfield	夏利臣（公司名）
Harvard T.H. Chan School of Public Health.	哈佛陳曾熙公共衛生學院
helmeted hornbill	盔犀鳥
Herakles Farms	赫拉可農場
Heritage Foundation	傳統基金會
High Commissioner	高級專員
Holland, Jacques & Company	荷蘭賈克公司
Horsfield’s babbler	霍氏雅鶥
Huileries du Congo Belge,HCB	比屬剛果棕櫚油廠
Human Faces of Palm Oil	棕櫚油人類群像
Ilorin	伊羅林（十九世紀非洲部落國家）
Indofood	營多食品
Indofood Agri Resources	營多農業資源公司
Indonesia Hornbill Conservation Society	印尼犀鳥保護協會
Initiative for Public Policy Analysis	公共政策分析倡議
Institute for Human Activities	人類活動研究所
Intergovernmental Panel on Climate Change, IPCC	聯合國政府間氣候變遷專門委員會

原文	譯文
International Finance Corporation	國際金融公司
International Life Sciences Institute	國際生命科學研究所
International Trade Strategies Global	全球國際貿易策略
Isle of Man	曼島
Italian Association of Confectionery and Pasta Industries	義大利糕餅糖果義大利麵業協會
Journal of the American College of Nutrition	《美國營養學會期刊》
Kimbundu	金邦杜語
Knock-on effect	連鎖反應
La Lima	拉利馬（地名，位於宏都拉斯）
Lancetilla	蘭榭堤拉（地名，位於宏都拉斯）
laughing thrush	噪鶥
Leuser Conservation Forum	洛伊澤保育論壇
Leuser Ecosystem	勒塞爾生態區（位於印尼蘇門答臘）
Lever House	利華大樓
Luhya	盧希亞（主要居住在肯亞的族群）
Lusanga International Research Centre for Art and Economic Inequality	盧桑加國際藝術與經濟不平等研究中心
Malayan Emergency	馬來亞緊急狀態
Malayan National Liberation Army	馬來亞全國民族解放軍
Malaysian Palm Oil Board, MPOB	馬來西亞棕櫚油委員會
Malaysian Palm Oil Council, MPOC	馬來西亞棕櫚油理事會
Middle Passage	販奴航線
Mighty Earth	偉大地球（NGO名）
Mobile Brigade Corps	機動部隊
Mondelez	億滋（公司名）
Monrovia	蒙羅維亞（地名，賴比瑞亞首都）
Musim Mas	春金集團
Mustard oil	芥子油

原文	譯文
Nagoya Protocol on Access and Benefit Sharing	《名古屋議定書》
National Assembly	國民議會
National Association of Small Holders, NASH	全國小園主協會
National Renewable Energy Lab	國家可再生能源實驗室
Nembe	內貝（地名，位於奈及利亞）
neo-colonialists	新殖民主義者
Network against Anti-Union Violence	反對工會暴力行動組織
New Calabar	新卡拉巴（地名，位於非洲）
New Jersey Turnpike	紐澤西收費高速公路
New World	新大陸
Niger Coast Protectorate	尼日海岸保護國
Niger Convention	《尼日公約》
Niger Delta	尼日河三角洲
non-Hodgkin's lymphoma	非何杰金氏淋巴瘤
North American Free Trade Agreement, NAFTA	《北美自由貿易協定》
North Carolina–Chapel Hill	北卡羅來納大學教堂山分校
Nupe	努佩（十九世紀非洲部落國家）
Oakland Institute	奧克蘭研究所
Office of the Compliance Adviser/ Ombudsman	合規顧問／巡查官辦公室
Oil Rivers Protectorate	油河保護國
olein	軟質棕櫚油
oleochemicals	油脂化學品
Ombudsman Republik Indonesia	印尼國家監察使公署
On Ne Se Taira Pas	我們不會閉嘴
Onitsha	奧尼查（非洲地名，棕櫚油產區）

原文	譯文
Orang Rimba	奧蘭林巴族（印尼蘇門答臘島上原住民）
Palm Oil Farmers United	棕櫚油聯合農民組織
Palm Oil Registration and Licensing Authority	馬來西亞棕櫚油註冊許可局
Palm Oil Research Institute of Malaysia, PORIM	馬來西亞棕櫚油研究所
partridge	鷓鴣
Peace Corps	和平工作團
peatland	泥炭地
Pemuda Pancasila	五戒青年團
petrochemicals	石油化學
Plantations et Huileries du Congo, PHC	剛果種植園與油廠公司
Popeyes	大力水手炸雞
premature death	早逝
Prince of Wales	威爾斯親王
Prix Goncourt	龔固爾文學獎
Proceedings of the National Academy of Sciences	《美國國家科學院院刊》
Procter & Gamble	寶僑
Pseudohaje goldii	樹眼鏡蛇
Rainforest Action Network, RAN	雨林行動網絡
Rainforest Alliance	雨林聯盟
Rainforest Foundation Norway	挪威雨林基金會
Rapeseed oil	菜籽油
Renewable Energy Directive, RED	歐盟再生能源指令
Renewable Fuel Standard	再生燃料標準
rhinoceros hornbill	馬來犀鳥
Rock of Gibraltar	直布羅陀之石
Rothko-esque	羅斯科式

原文	譯文
Roundtable on Sustainable Palm Oil, RSPO	棕櫚油永續發展圓桌組織
Royal African Company	皇家非洲公司
Royal Engineers	英國皇家工兵部隊
Royal Military Academy	英國陸軍軍官學院
Royal Niger Constabulary	皇家尼日警察部隊
Rück's blue-flycatcher	呂克藍鶲
Salim Group	三林集團
Samsu	三蒸酒
Sawit Watch	棕櫚油觀察
Senegambia	塞內甘比亞
Shortening and Edible Oils	酥油與食用油協會
Sierra Leone	獅子山
Sime Darby	森那美（馬來西亞集團企業）
Sinar Mas	金光集團（印尼集團企業）
Sinoe	錫諾縣（地名，位於賴比瑞亞）
Society for Industrial Microbiology and Biotechnology	工業微生物學與生物技術學會
stearin	硬質棕櫚油
Stockholm Environment Institute	斯德哥爾摩環境研究所
Sumatran Orangutan Conservation Programme, SOCP	蘇門答臘紅毛猩猩保護計畫
Sustainable Development Institute	永續發展研究所
Syndemic	併發性流行病
The Big Lebowski	〈謀殺綠腳趾〉（電影名）
the Earl of Scarbrough	斯卡伯勒伯爵
The Forest Trust	森林信託
The Lancet	《刺胳針》
The Repatriation of the White Cube	遣返白立方
The Tariff Act of 1930	《美國一九三〇年關稅法》

原文	譯文
threatened species	受威脅物種
tidal creek	潮溝
Transmigration program	印尼國內移民計畫
Transparency International	國際透明組織
Tripa Swamp	赤巴沼澤
U.S. Customs and Border Protection	美國海關暨邊境保護局
ultra-processed food	超加工食品
Unilever International Plantations Group	聯合利華國際種植集團
United African Company, UAC	聯合非洲公司
vanaspati	氫化植物油
Verité Southeast Asia	真相東南亞（勞工權益倡議組織）
Victoria Embankment	維多利亞堤岸（位於英國倫敦）
Wilmar International	豐益國際（新加坡控股公司）
Windward Coast	迎風海岸（地名，位於非洲）
World Wildlife Fund, WWF	世界野生生物基金會
wreathed hornbills	花冠皺盔犀鳥
Yale Student Environmental Coalition	耶魯學生環境聯盟
zero-deforestation	森林零砍伐；零毀林

國家圖書館出版品預行編目資料

棕櫚油帝國：搾出權力，殖民與當代政經貿易角力，影響全球生態的關鍵原物料／喬瑟琳．祖克曼（Jocelyn C. Zuckerman）作；黃文鈴譯. -- 初版. -- 臺北市：麥田出版：英屬蓋曼群島商家庭傳媒股份有限公司城邦分公司發行, 2023.07
面；　公分. --（麥田叢書；116）
譯自：Planet palm : how palm oil ended up in everything-and endangered the world
ISBN 978-626-310-467-9（平裝）
1.CST: 植物油脂　2.CST: 油脂工業　3.CST: 棕櫚科
466.171　　112007156

麥田叢書116

棕櫚油帝國

搾出權力，殖民與當代政經貿易角力，影響全球生態的關鍵原物料

Planet Palm: How Palm Oil Ended Up in Everything—and Endangered the World

作　　者／喬瑟琳．祖克曼（Jocelyn C. Zuckerman）
譯　　者／黃文鈴
責任編輯／許月苓
主　　編／林怡君

國際版權／吳玲緯
行　　銷／闕志勳　吳宇軒　余一霞
業　　務／李再星　陳美燕　李振東
編輯總監／劉麗真
總 經 理／陳逸瑛
發 行 人／凃玉雲
出　　版／麥田出版
10483臺北市民生東路二段141號5樓
電話：(886)2-2500-7696　傳真：(886)2-2500-1967
發　　行／英屬蓋曼群島商家庭傳媒股份有限公司城邦分公司
10483臺北市民生東路二段141號11樓
客服服務專線：(886) 2-2500-7718、2500-7719
24小時傳真服務：(886) 2-2500-1990、2500-1991
服務時間：週一至週五09:30-12:00．13:30-17:00
郵撥帳號：19863813　戶名：書虫股份有限公司
讀者服務信箱E-mail：service@readingclub.com.tw
麥田網址／https://www.facebook.com/RyeField.Cite/
香港發行所／城邦（香港）出版集團有限公司
香港灣仔駱克道193號東超商業中心1/F
電話：(852)2508-6231　傳真：(852)2578-9337
馬新發行所／城邦（馬新）出版集團 Cite (M) Sdn Bhd
41, Jalan Radin Anum, Bandar Baru Sri Petaling, 57000 Kuala Lumpur, Malaysia.
Tel: (603) 90563833　Fax: (603) 90576622　Email: services@cite.my

封面設計／張巖
印　　刷／前進彩藝有限公司

■2023年7月　初版一刷

定價：420元
ISBN／978-626-310-467-9
其他版本ISBN／978-626-310-468-6 (EPUB)